中国粮食　中国饭碗系列：寒地粮食育种志
中国科普作家协会农业科普创作专业委员会推荐

近十年黑龙江玉米品种及骨干自交系

主　编　来永才　于　洋　马启慧

哈尔滨工程大学出版社
Harbin Engineering University Press

内容简介

本书对近十年黑龙江省玉米品种布局做了总结和归类，系统介绍了黑龙江省不同积温带的玉米主栽品种及特性，对玉米品种骨干亲本自交系按熟期分类，采集关键时期照片，系统介绍自交系特征、特性及遗传血缘。本书旨在展示骨干自交系研究利用现状，挖掘玉米骨干自交系种质资源创新利用潜力，为黑龙江省寒地玉米育种研究提供理论依据。

本书可为广大从事玉米育种一线的青年科研工作者进行高产、优质、多抗和广适玉米新品种选育及自交系选育提供参考和借鉴，同时可供从事玉米育种研究、技术推广的科技工作者和大中专院校师生参考。

图书在版编目(CIP)数据

近十年黑龙江玉米品种及骨干自交系／来永才，
于洋，马启慧主编.—哈尔滨：哈尔滨工程大学出版社，
2020.6
　　ISBN 978 - 7 - 5661 - 2679 - 5

　　Ⅰ.①近…　Ⅱ.①来…②于…③马…　Ⅲ.①玉米 -
品种 - 黑龙江省　Ⅳ.①S513.029.2

　　中国版本图书馆 CIP 数据核字(2020)第 098272 号

选题策划　史大伟　薛　力
责任编辑　薛　力
封面设计　李海波

出版发行　哈尔滨工程大学出版社
社　　址　哈尔滨市南岗区南通大街 145 号
邮政编码　150001
发行电话　0451 - 82519328
传　　真　0451 - 82519699
经　　销　新华书店
印　　刷　哈尔滨市石桥印务有限公司
开　　本　787 mm×1 092 mm　1/16
印　　张　15.25
字　　数　396 千字
版　　次　2020 年 6 月第 1 版
印　　次　2020 年 6 月第 1 次印刷
定　　价　129.00 元
http://www.hrbeupress.com
E-mail:heupress@ hrbeu.edu.cn

编 委 会

前 言

黑龙江省是我国第一大玉米主产区,2015年玉米种植面积突破1.1亿亩,2016—2019年玉米种植面积维持在8 500万亩~9 400万亩之间,玉米总产量约占全国的15%。玉米播种面积、总产和商品率均位居全国第一,是我国最重要的玉米产区。近十年,黑龙江省玉米种植面积和总产量分别占全省粮食作物总面积和粮食总产的42%和48%,最高曾分别达52%和56%。黑龙江省粮食产量十二连增,玉米起到了至关重要的作用,对促进我国粮食增产增收发挥了重要的作用。

黑龙江省玉米种质创新与品种改良始于20世纪50年代,经历了农家品种、双交种、三交种和单交种的选育与应用。历经几代人的努力,黑龙江省玉米育种事业快速发展,种植面积迅速增加,单产水平显著增长,品种不断推陈出新。1949—1999年,黑龙江省先后育成玉米新品种200余个,而近十年之间,新审定品种500余个,推广种植面积100万亩以上的品种每年约15个,品种更新很快,品种数可谓日新月异,异常丰富。在玉米种质创新研究中,黑龙江省创造了一大批拥有自主知识产权的育种基础材料和优良自交系。近十年黑龙江省新育玉米骨干自交系200余份,为黑龙江省玉米品种更新换代做出了重要贡献。

本书对近十年黑龙江省玉米主栽品种及骨干自交系进行了梳理,对不同积温带主栽玉米品种特性、栽培方法和血缘进行了详尽说明,对黑龙江省的玉米遗传基础与结构进行了评价,可帮助玉米育种工作者系统了解黑龙江省主栽玉米品种遗传信息的"来龙去脉",有针对性地利用或改良现有骨干材料,取长补短,提高育种效率,为进一步提高黑龙江省玉米育种研究水平提供参考与借鉴资料。

本书得到了黑龙江省应用技术研究与开发计划重大项目"主要农作物种质资源创新与规模化制繁种技术研究"和黑龙江省农业科学院农业科技创新跨越工程专项"主要农作物提质增效栽培技术专项"的资助,在此一并致谢!

由于编者水平有限,加之时间仓促,书中的缺点、错误和不足之处在所难免,希望广大读者和科技人员对本书提出批评指正,愿本书成为编者与读者沟通的桥梁。

本书编委会
2020年5月

目　录

目　录

第一章　黑龙江省玉米生产概况

第一节　黑龙江省玉米生产自然条件

黑龙江省位于中国东北部,欧亚大陆东部,是中国位置最北、最东,纬度最高的省份。东经 121°11′~135°05′,北纬 43°26′~53°33′。东西长约 930 km,跨 14 个经度,南北相距约 1 120 km,跨 10 个纬度。黑龙江省北部和东部隔黑龙江、乌苏里江与俄罗斯相望。西部与内蒙古自治区相邻,南部与吉林省接壤。全省辖区面积47.3 万 km²,占全国总土地面积的4.9%,居全国第 6 位。黑龙江地势西北部、北部和东南部高,东北部、西南部低,主要由山地、台地、平原和水面构成。西北部为东北—西南走向的大兴安岭山地,北部为西北—东南走向的小兴安岭山地,东南部为东北—西南走向的张广才岭、老爷岭、完达山脉,山地约占全省总面积的24.7%;海拔高度在300 m 以上的丘陵地带约占全省的35.8%;东北部的三江平原、西部的松嫩平原,是中国最大的东北平原的一部分,平原占全省总面积的37.0%,海拔高度为 50 ~ 200 m。现有耕地1 594.1 万 hm²,占全省土地总面积的33.9%。

黑龙江省属于寒温带与温带大陆性季风气候。全省从南向北,依温度指标可分为中温带和寒温带。从东向西,依干燥度指标可分为湿润区、半湿润区和半干旱区。全省气候的主要特征是春季低温干旱,夏季温热多雨,秋季易涝早霜,冬季寒冷漫长,无霜期短,气候地域性差异大。虽然年平均气温低、无霜期短、有效积温少,但夏季气温高、光照充足、雨热同季、土壤肥沃、耕地平坦,有利于发展玉米生产。玉米是黑龙江省第一大粮食作物,种植区域遍布全省。

一、气候条件

(一)气温

黑龙江省是全国气温最低的省份,年平均气温为2.6 ℃。从空间分布上看,年平均气温平原高于山地,南部高于北部。年平均气温的低温中心在北部大兴安岭,高温中心分别为松嫩平原西部的泰来和牡丹江的东宁。北部大兴安岭年平均气温在 -4 ℃ 以下,东宁一带达 4 ℃ 以上。全省 1 月份平均气温 -30.9 ~ -14.7 ℃,漠河最低气温曾达到 -52.3 ℃,为全国最低纪录。夏季普遍高温,平均气温在18 ℃ 左右,极端最高气温达

41.6 ℃。无霜期多在100~160 d,平原多于山地,南部多于北部,北部的大兴安岭地区无霜期只有80~90 d,而松嫩平原西南部和三江平原大部分地区无霜期超过140 d,泰来县最长,超过170 d。全省≥0 ℃积温平均值在2 000~3 200 ℃,大兴安岭腹地不足1 600 ℃,西南部的泰来、肇源等地多达2 800 ℃。

（二）降水

黑龙江省的降水表现出明显的季风性特征。夏季受东南季风的影响,降水充沛,占全年降水量的65%左右;冬季在干冷西北风控制下,干燥少雪,仅占全年降水量的5%左右;春秋季降水量分别占13%和17%左右。1月份降水量少,7月份最多。年平均降水量等值线大致与经线平行,这说明南北降水量差异不明显,东西差异明显。降水量从西向东增加,西部平原区年降水量仅400~450 mm,东部山前台地平均500 mm左右,东部山地为500~600 mm。山地降水量大于平原,迎风坡大于背风坡。因此,降水量分布极不平衡。小兴安岭和张广才岭地区年平均降水量为550~650 mm,在小兴安岭南部伊春附近及东南部山地尚志市形成多雨中心,降水量在650 mm以上。西部松嫩平原降水量只有400~450 mm,肇源西部、泰来和杜尔伯特蒙古族自治县（简称杜蒙）在400 mm以下,形成少雨中心。降水日数的分布差异极大,松嫩平原地区在100 d以下,其中多数为80~90 d,个别地区80 d以下。杜蒙(76.7 d)、泰来(73.1 d)、龙江(79 d)为黑龙江省降水日数最少地区;兴安山地与东部山地多数在110 d以上,五营(149.2 d)、伊春(137.7 d)是黑龙江省降水日数最多地区。降水日数的分布与降水量分布基本是一致的。

（三）日照

黑龙江省年可照时数为4 443~4 470 h,年日照时数为2 300~2 900 h,为可照时数的55%~70%。夏季日照时数为700 h以上,为全年最高季节,而日照百分率(以7月份为代表)是一年中最低季节,仅55%左右;冬季日照时数是一年中最小的季节,绝大多数地区在500 h以上;春秋界于冬夏之间,春季(700~800 h)大于秋季(600 h左右)。年日照时数松嫩平原西部最高可达2 600~2 800 h,日照百分率为59%~70%,泰来、安达等地在2 800 h以上。北部山地在2 400 h以下,五营仅2 268.5 h,日照百分率在55%以下。

（四）湿度

黑龙江省年平均水汽压为6~8 hPa。松花江流域和东南大部地区在8 hPa左右,向西北逐渐减少,加格达奇以北山地多不足6 hPa。一年内1月份水汽压最小,7月份最大。全省年平均相对湿度为60%~70%,其空间分布与降水量相似,呈径向分布。中、东部山地最大,达70%以上,西南部最小,多不足65%。年内变化夏季最大,在70%~80%,春季最小,为37%~68%,各地不等。

二、土壤条件

黑龙江省耕地面积为1 594.1万 hm²,约占全国耕地总面积的1/10,居全国首位。耕地相对集中连片,主要分布在三江平原和松嫩平原。黑龙江省土壤类型繁多,大部分比较肥沃,有机质和养分储量比全国其他省、市、自治区高 2~5 倍。全省耕地总面积中,黑土、黑钙土、草甸土等肥力高的土壤占70%;林地中有80%左右是肥力较高的暗棕壤和棕色针叶林土;牧草地中主要是盐碱土、盐化碱化草甸土和草甸土。根据黑土耕地的地形特征、自然条件及农业生产实际等因素,将黑土耕地划分为平原旱田、坡耕地、风沙干旱和水田等 4 个类型区。

(一)平原旱田类型区

该区主要分布在三江、松嫩平原中东部,主要土类为黑土、黑钙土、草甸土、白浆土。该区地势平坦,土壤有机质含量普遍较高。玉米连作土壤养分偏耗大。

(二)坡耕地类型区

该区主要分布在大小兴安岭、完达山、张广才岭和老爷岭等浅山区向低平原过渡带。该区域自然土壤属性为黑土层薄,土体砂砾较多,土壤贫瘠,水土流失严重。

(三)风沙干旱类型区

该区主要分布在松嫩平原西部,土壤类型主要为风沙土、黑钙土等。该区风蚀严重、干旱,土壤结构不良、保水性差、肥力低,作物单产水平不高且不稳。

(四)水田类型区

该区主要分布在三江平原及松嫩平原中南部,土壤类型主要以草甸土、沼泽土、低地白浆土、水稻土为主。该区土壤结构不良、透水性差、养分低;土壤酸化加剧,井灌区地下水位下降。

三、限制黑龙江省玉米生产的主要因素

(一)热量资源较少

热量是作物生长发育所必需的因子之一,一个地区的作物种类、品种类型、种植方式、栽培措施的确定,以及产量的高低、品质的优劣等在很大程度上受着生育期间热量条件的限制。由于黑龙江省纬度偏高,是我国热量资源最少的省份之一,而且黑龙江省幅员辽阔,南北相差 10 个纬度,地形地势也较复杂,地区热量资源差异悬殊。全省大于等于 10 ℃活动积温超过 2 600 ℃的耕地只占33.9%左右,60.3%左右的耕地在 2 200~2 600 ℃之间,其余的耕地不足 2 200 ℃。

(二)低温早霜灾害

低温早霜是黑龙江省气象灾害之一,给玉米生产带来很大威胁。平均初霜冻日西北早而东南晚,山区、丘陵早而平原晚,终霜冻日则相反。20 世纪50~70 年代,每隔2~3 年即发生一次低温早霜灾害。20 世纪 80 年代以来气候明显变暖,低温冷害出现的频率和强度均有明显降低,但是人们为了获取更高经济效益,开始选择生育期更长、所需积温更

多、产量更高的玉米品种进行播种,使玉米遭受低温冷害的现象时有发生。据调查统计,1980—2009 年间,黑龙江省共发生了 14 次玉米低温冷害,其中 1987 年冷害最严重,造成玉米等农作物严重减产。

(三)干旱

干旱是导致黑龙江省尤其是松嫩平原西部半干旱地区玉米产量低、波动较大的主要原因。近年来,随着全球气候变暖,黑龙江省旱灾发生频率、发生范围、持续时间、危害程度都呈上升趋势。尤其春旱现象比较严重,有"十年九春旱"之说,影响种子萌发,降低出苗率。而俗称"卡脖旱"的伏旱灾害,会使玉米营养生长受阻,开花延迟、花粉败育、雌雄开花间隔变长和授粉不良,进而导致小穗、空秆、秃尖现象发生,尤其是耐旱性较差的品种更为严重,造成玉米生产田大幅度减产甚至绝收。

第二节　黑龙江省玉米生产发展概况

黑龙江省是全国著名的产粮大省和国家重要的商品粮基地,自 20 世纪 90 年代后期以来,每年向国家提供商品粮 2 000 万 t 以上,对保障国家粮食安全发挥了重要作用。玉米是黑龙江省主要粮食作物,近十年种植面积约占全省粮食作物播种面积的42%,总产量约占全省粮食总产量的48%,由此可见玉米生产在黑龙江省粮食生产中的重要地位和支柱性作用。

一、新中国成立前黑龙江省玉米种植情况

6 000～7 000 年前玉米起源于美洲大陆的墨西哥、秘鲁、智利沿安第斯山麓狭长地带。据考古资料证明,玉米大约在 16 世纪初期传入我国南北各省,最初只作为辅助食品,从清朝以后的 200 年间(17—18 世纪)玉米才传播到全国各地而大面积种植。黑龙江省是开始种植玉米较晚的省份。据黑龙江省志记载,清朝建立后,清朝政府对黑龙江地区实行近 200 年的封禁政策,严禁汉人入垦,直到清咸丰十一年(1861 年)部分放禁,逐渐准许中原地区移民进入呼兰、绥化、宾县、五常、双城、依兰等地领荒垦地,这些移民把玉米作为随身携带的粮食或耕作种子,玉米开始有小面积零星种植。清光绪三十年(1904 年)后黑龙江地区全部开放,移民日渐增多,放荒面积扩大,玉米逐渐开始成为主要种植作物之一。1912 年后,黑龙江地区推行移民垦殖政策,种植业生产有了较大发展。1922—1931 年玉米种植面积占五大作物种植面积的7.3%～7.7%,主要集中在松花江上、中游地区。此时,黑龙江省种植的玉米日趋商品化,居住于铁路沿线的农户出售玉米占产量的 55% 左右。至此,玉米在黑龙江省仍为次要作物,其主要原因是玉米单产不高,种植玉米的经济效益不如种植大豆、小麦、高粱等作物。日伪统治时期(1931—1945 年),玉米生产发展速

度较快,玉米种植面积逐渐增加,1941 年 90. 2 万 hm²,至 1945 年发展到 133. 7 万 hm²,总产量达 178. 1 万 t。该时期玉米生产规模迅速扩大的主要原因是日伪政权对农民残酷压榨,把黑龙江地区作为掠夺农产品的基地之一,强迫农民除交纳田赋外,还必须交纳大量的出口粮,生产力遭受严重破坏。由于农民无力精耕细作,粗放管理致使地力下降,大豆、谷子、小麦等作物对地力和生产条件要求较严格,粗放管理产量下降较大,相反,玉米比较耐瘠薄,粗放管理下产量较为稳定。因此,玉米种植面积有了较大增长。日本投降后,日本"开拓团"的耕地大部分撂荒,加之当时土匪滋扰,黑龙江地区种植业生产又一次遭到破坏。中共黑龙江地区各级人民政府结合本地实际情况,开展了农业生产运动,制定了促进种植业生产的方针、政策和具体措施,调动了农民发展生产的积极性。到 1948 年,黑龙江省玉米种植面积恢复到 96. 6 万 hm²,总产达到 125. 5 万 t,单产 1 605 kg/hm²,是当年东北地区玉米种植面积、总产量和单产均最高的省份。

二、新中国成立后黑龙江省玉米生产的发展

自新中国成立 70 年来,黑龙江省的玉米种植面积、单产和总产量总体呈明显增长趋势。其中全省玉米种植面积从 1949 年的 151 万 hm² 增至 2018 年的 641. 3 万 hm²,扩大了490. 3 万 hm²,增加了 3. 2 倍;总产量由 197. 5 万 t 提高到 3982. 0 万 t,净增 3784. 5 万 t,增加了 19. 2 倍;玉米单产从 1312. 5 kg/hm² 增至 6209kg/hm²,提高了 4896. 5 kg/ hm²,增加了 3. 7 倍,年均增加 70. 96 kg/hm²。2006 年以来,黑龙江省玉米种植面积和总产量迅速增加,跃居全国第 1 位。新中国成立 70 年以来,黑龙江省玉米生产不断发展进步,作为粮食增产的主力军,玉米已成为黑龙江省农业生产的支柱产业,在平衡全国粮食供求、增加国家粮食储备方面做出了突出的贡献,如图 1 -1 和图 1 -2 所示。

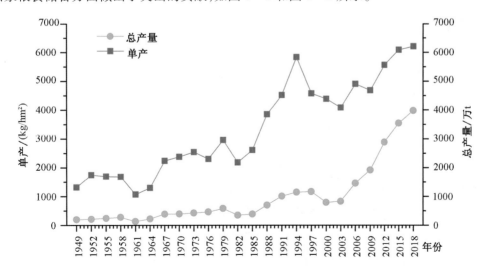

图 1 -1　黑龙江省玉米产量变化(1949—2018 年)

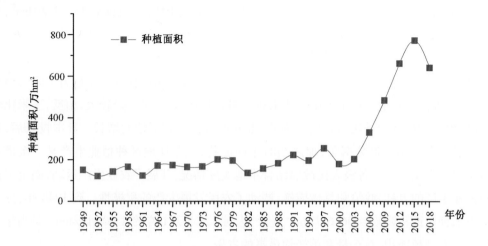

图1-2 黑龙江省玉米种植面积变化（1949—2018年）

表1-1 不同年份黑龙江省玉米种植面积、总产量和单产变化特征

年份	种植面积/万 hm²			总产量/万 t			单产/（kg/hm²）		
	平均	变异系数/%	较上一年代增幅/%	平均	变异系数/%	较上一年代增幅/%	平均	变异系数/%	较上一年代增幅/%
1949—1959	135.4	15.12		212.3	16.00		1573.8	10.67	
1960—1969	161.8	13.15	19.5	252.5	34.06	18.9	1529.1	26.02	-2.8
1970—1979	185.4	7.52	14.6	478.8	18.74	89.6	2571.7	14.30	68.2
1980—1989	173.6	11.37	-6.4	541.4	22.51	13.1	2998.6	20.40	16.6
1990—1999	230.7	12.85	32.9	1142.0	12.70	110.9	4972.9	8.84	65.8
2000—2009	287.4	35.03	24.6	1270.5	32.93	11.3	4569.4	8.21	-8.11
2010—2018	639.1	12.20	122.4	3200.5	16.19	151.9	5920.0	5.18	29.6

（一）20世纪50年代（1949—1959年）

新中国成立初期，20世纪50年代由于人口压力不大，粮食供求矛盾不突出，加之玉米的单产水平与高粱、谷子相比并不高，这一时期玉米面积增加不大，年平均种植面积为135.4万 hm²。该时期由于整体生产水平和科技水平不高，技术推广体系尚不健全，耕作栽培管理粗放，生产上应用的玉米品种主要是低产的农家品种，以及受农业"大跃进"等人为因素的影响，玉米生产起伏动荡，单产没有明显提高，平均产量为1 573.8 kg/hm²，年平均总产量为212.3万 t。

（二）20世纪60年代（1960—1969年）

自20世纪60年代开始，我国人口增加迅猛，加之极其特别的三年困难时期，粮食极度匮乏,供求矛盾十分突出。为了解决温饱扭转粮食短缺局面,玉米面积大幅度增加,种植面积从 1960 年的 121.2 万 hm² 发展到 1969 年的 165.0 万 hm²,增加了36.1%。该时期生产上应用的品种主要还是农家品种和品种间杂交种。玉米双交种开始推广,但应用面积有限,玉米生产、技术水平仍不高,而且自然灾害频发,玉米单产较 50 年代平均减少2.8%。但面积较 50 年代增加19.5%,因此与 50 年代相比总产仍表现为增大趋势,平均增长 18.9%。

(三)20 世纪 70 年代(1970—1979 年)

20 世纪 70 年代,黑龙江省玉米进入空前大发展的快速转折时期,在贯彻"以粮为纲"过程中,特别强调"突出抓好粮食",大力推动"四级农业科学试验网"建设,对作物尤其玉米生产促进作用明显。玉米种植面积由 60 年代的年平均 161.8 万 hm² 上升到185.4 万 hm²,增幅 14.6%。这一阶段普及推广了玉米杂交种,三交种、单交种大面积应用,加之化肥及农药等农用物资投入量增加,科学种田水平和生产管理水平普遍提高,促使玉米的单产水平大幅度提高。玉米单产由 60 年代的平均 1 529.1 kg/hm² 上升到2 571.7 kg/hm²,增幅68.2%。种植面积和单产两项因素同步提高,使玉米的总产由 60 年代的年平均252.5 万 t 上升到478.8 万 t,增幅89.6%。这一时期,玉米成为左右黑龙江省粮食形势的重要作物。

(四)20 世纪 80 年代(1980—1989 年)

进入 20 世纪 80 年代后,特别是十一届三中全会以后,实行了家庭联产承包责任制,黑龙江省在进一步强化农业主体地位的同时,实施优化和调整作物结构,鼓励发展经济作物,玉米面积有所降低。玉米种植面积由 70 年代的年平均 185.4 万 hm² 下降到173.6 万 hm²,减幅6.4%。该时期实行家庭联产承包责任制,农民科学种田的积极性普遍提高。龙单 1 号、嫩单 3 号、东农248、绥玉 2 号等一批优良高产杂交种及配套技术的应用,以及科学施肥技术、病虫害防治技术的研究与推广为推动本时期玉米单产水平提高发挥了重要作用。玉米单产由 70 年代的平均2 571.7 kg/hm² 上升到2 998.6 kg/hm²,增幅16.6%。该阶段由于单产提高较快,虽然种植面积有所减少,但玉米总产仍较 70 年代增加13.1%。

(五)20 世纪 90 年代(1990—1999 年)

1990 年以后,随着畜牧养殖业的快速发展,作为饲料用的玉米需求量大增,极大地拉动了黑龙江省玉米生产的快速发展。玉米种植面积由 20 世纪 80 年代的年平均 173.6 万hm² 大幅度提高到230.7 万 hm²,增幅32.9%。同时,农业科技的进步成为玉米生产大发展的坚强后盾。一大批高产稳产玉米新品种迅速推广应用,玉米单交种全面普及。测土配方施肥、赤眼蜂生物防治玉米螟、化学除草、种子包衣、生长调节剂等一系列先进技术大面种推广应用,以及玉米生产机械化程度的进一步提高,为玉米的高产创造了有利条件。90 年代玉米单产达到 4 972.9 kg/hm²,比 80 年代增加65.8%。由于单产和面积均增加较快,该阶段玉米总产量快速增长,增幅为110.9%。实现了黑龙江省玉米生产的第一次大飞跃。

(六)21世纪00年代(2000—2009年)

进入21世纪以来,前一阶段玉米生产相对过剩,导致玉米价格降低,农民种植玉米积极性不高,投入和管理水平明显下降。2000年,政府部门开始调整种植结构,减少了玉米种植面积。2000年黑龙江省玉米种植面积、单产和总产分别下滑到180.1万 hm²、4 390 kg/hm²、790.8万 t。较1999年下降了32.1%、5.2%和55.3%。自2004年起,国家相继出台了粮食直补、良种补贴、农机购置补贴、免征农业税等一系列惠农政策和农业科技入户示范工程、国家粮食丰产科技工程、测土配方施肥工程和高产创建等一系列行之有效的措施,加上受玉米工业消费量迅速增长和畜牧业恢复性增长的拉动,玉米价格持续上涨,充分调动了农民种植玉米的积极性,玉米生产开始恢复性增长。2006年,黑龙江省玉米种植面积扩大到330.5万 hm²,总产达到1 453.5万 t,一跃成为全国玉米生产第一大省。尤其自2008年国家出台玉米临储最低收购政策后,黑龙江省玉米播种面积和产量继续呈现逐年上升趋势。至2009年,黑龙江省玉米种植面积、单产和总产已分别发展至485.4万 hm²、4 685 kg/hm²、1 920.2万 t,实现了黑龙江省玉米生产的再次飞跃。

(七)21世纪10年代(2010—2018年)

随着玉米价格持续走高,种植效益远高于大豆、杂粮等作物,致使第四积温带原本种植大豆的大部分区域改种早熟玉米。自2010年起,黑龙江省玉米种植面积超过500万 hm²,单产超过5 300 kg/hm²,总产突破了2 000万 t。直至2015年,黑龙江省玉米种植面积和总产分别达到772.3万 hm²和3 544.1万 t,均为历史最高水平。由于全国玉米种植面积急剧扩大,国内库存不断堆积,中国玉米市场呈现严重结构性过剩的局面。2016年起,国家取消了实行9年的东北地区玉米临时收储政策,而是实行"市场化收购+补贴"新机制,同时,黑龙江省政府为推动农业供给侧结构性改革,调减了非优势产区玉米播种面积,玉米生产由主要满足量的需求向更加注重质的需求转变。2018年,黑龙江省玉米种植面积、单产和总产分别为641.3万 hm²、6 209 kg/hm²、3 982.0万 t。玉米对黑龙江省农业及经济社会发展乃至国家粮食安全仍然起着至关重要作用。

第三节　黑龙江省玉米生态区划

一、以活动积温为主要指标的玉米生产区划

依照地区间地理、物候特征、活动积温的差异,以及作物品种所需积温的不同,从南到北每隔200 ℃划一条积温带,共分为6个积温带,并以此为依据指导农业生产和玉米品种选择。

(一)第一积温带

哈尔滨以南生长季日平均气温大于等于10 ℃活动积温2 700 ℃以上的地区为第一

积温带。该积温带包括哈尔滨市、双城、宾县、大庆市红岗区、大同区、让湖路区南部、肇州、肇源、杜尔伯特蒙古族自治县、肇东、齐齐哈尔市富拉尔基区、昂昂溪区、泰来、东宁。

（二）第二积温带

哈尔滨以北、绥化以南，生长季日平均气温大于等于 10 ℃活动积温 2 500～2 700 ℃的地区为第二积温带。该积温带包括巴彦、呼兰、五常、木兰、方正、绥化市、庆安东部、兰西、青冈、安达、大庆南部、齐齐哈尔市北部、林甸、富裕、甘南、龙江、牡丹江市、海林、宁安、鸡西市恒山区、城子河区、密山、八五七农场、兴凯湖农场、佳木斯市、汤原、依兰、香兰、桦川、桦南南部、七台河市西部、勃利。

（三）第三积温带

绥化以北、海伦以南，生长季日平均气温大于等于 10 ℃活动积温 2 300～2 500 ℃的地区为第三积温带。该积温带包括延寿、尚志、五常北部、通河、木兰北部、方正林业局、庆安北部、绥棱南部、明水、拜泉、克山、依安讷河、甘南北部、富裕北部、齐齐哈尔市华安区、林口、穆棱、绥芬河南部、鸡西市梨树区、麻山区、滴道区、虎林、七台河市、双鸭山市岭西区、岭东区、宝山区、桦南北部、桦川北部、富锦北部、同江南部、鹤岗南部、宝泉岭农管局、绥滨、建三江农管局、八五三农场。

（四）第四积温带

海伦以北、嫩江以南，生长季日平均气温大于等于 10 ℃活动积温 2 100～2 300 ℃的地区为第四积温带。该积温带包括延寿西部、苇河林业局、亚布力林业局、牡丹江西部、牡丹江东部、绥芬河南部、虎林北部、鸡西北部、东方红、饶河、饶河农场、胜利农场、红旗岭农场、前进农场、青龙山农场、鹤岗北部、鹤北林业局、伊春市西林区、南岔区、带岭区、大丰区、美溪区、翠峦区、友好区南部、上甘岭区南部、铁力、同江东部、北安、嫩江、海伦、五大连池、绥棱北部、克东、九三农管局、黑河、逊克、嘉荫、呼玛东北部。

（五）第五积温带

嫩江以北、加格达奇以南，生长季日平均气温大于等于 10 ℃活动积温 1 900～2 100 ℃的地区为第五积温带。该积温带包括绥芬河北部、穆棱南部、牡丹江西部、抚远、鹤岗北部、四方山林场、伊春市五营区、上甘岭区北部、新青区、红星区、乌伊岭区、东风区、黑河西部、嫩江东北部、北安北部、孙吴北部。

（六）第六积温带

加格达奇以北，生长季日平均气温大于等于 10 ℃活动积温在 1 900 ℃以下的地区为第六积温带。该积温带包括兴凯湖、大兴安岭地区、沾北林场、大岭林场、西林吉林业局、十二站林场、新林林业局、东方红、呼中林业局、阿木尔林业局、漠河、图强林业局、呼玛西部、孙吴南部。

二、以玉米播种面积及产量水平划分玉米主产区

苏俊等（2011）根据黑龙江省各地区农业自然资源特点和玉米生长发育对环境条件

要求以及玉米在各区农作物中所占的地位、比重及其发展前景,将玉米生产划分4个生态区:松嫩平原中南部玉米区、松嫩平原西部玉米区、三江平原东部低温玉米区、丘陵及其他玉米区,主要集中在玉米第一、二、三积温带。

(一)松嫩平原中南部玉米区

该区主要包括哈尔滨市、双城、呼兰、巴彦、宾县、绥化、兰西、肇州、肇源、肇东等。该地区地势平坦,土壤为黑土、黑钙土,土质较肥沃,大于等于10 ℃积温在2 700 ℃左右,年降水量500 mm左右。该区是全省温度、水分、土壤条件最优越地区。该区农民有种植玉米的习惯和丰富的生产经验,农业生产水平较高。玉米播种面积占粮食作物播种面积比例大于50%,约占全省玉米播种面积的1/3。玉米产量占全省玉米产量的1/3 ~ 1/2。单产达到6 000 kg/hm² 左右。玉米种植面积大、产量高。种植品种的有效积温在2 500 ℃以上,种植方式以清种为主,是全省玉米主产和高产区。该区玉米产量的主要障碍因素是春旱,因此农民播种多采用坐水播种。春季若能保苗,基本上就可保丰收。

(二)松嫩平原西部玉米区

该区包括齐齐哈尔市所辖(市)县、大庆所辖县、绥化市所辖部分县区,如安达、明水、望奎、青冈等县市。该区是黑龙江省玉米主产区之一,南部玉米种植面积占粮食作物面积的50%以上。该区南部活动积温在2 500 ℃以上,降水较少,年降水量在400 mm左右,土壤多为风沙土,该区热量资源充足,水分是主要限制因素,尤其是齐齐哈尔西部甘南等地区风沙大,降雨量不足400 mm,主要障碍因素是生育期阶段性干旱严重,为保证玉米单产持续稳定地增长,此地区必须以节水为中心、推广抗旱节水、补水及保水技术。该区中北部大于等于10 ℃积温在2 300 ~ 2 500 ℃,年降雨量400 ~ 500 mm,土壤多为黑土,较肥沃,温度是该区玉米产量的主要限制因素,栽培技术以增温促早熟为主。

(三)三江平原东部低温玉米区

该区主要包括佳木斯所辖三江平原部分县(市),该区玉米面积较前两个区小,玉米种植面积占粮食作物比例30%左右。该区主要特点是降水充足,地势较低,易遭受涝灾,大于等于10 ℃活动积温在2 400 ℃左右,年降水量为500 ~ 600 mm,土壤多为草甸土,较肥沃。该区玉米产量主要限制因素是易发生内涝、水渍,栽培技术要点是抗涝增温。

(四)丘陵及其他地区

该区主要包括完达山西段低山丘陵区、张广才岭、老爷岭山间沟谷区,以及松嫩平原向大小兴安岭过渡地段的山前地。该区雨量较充沛,年降水量在500 ~ 650 mm,积温在2 400 ℃左右,土壤多以黑土、草甸土、白浆土、暗棕壤为主。该区玉米产量主要限制因素是积温较低且种植零散不易管理,栽培技术以增温促早熟为主。

三、黑龙江省玉米品种区域试验、生产试验区

依据黑龙江省自然生态区划、耕作制度及玉米品种成熟期类型,并结合生产实际,将全省划分为8个试验区。

1区:第一积温带南部温暖半干旱区。1区包括哈尔滨、双城、肇东、肇州以及阿城、呼兰、宾县、五常和肇源的部分地区,常年平均活动积温大于2 800 ℃。

2区:第一积温带松嫩平原温暖风沙干旱区。2区包括齐齐哈尔、大庆、安达、杜蒙、泰来、龙江,以及富裕、青冈和兰西的部分地区,常年平均活动积温大于2 800 ℃。

3区:第二积温带松嫩平原中部温和半干旱区。3区包括明水、望奎、绥化、巴彦、木兰以及庆安、依兰的部分地区,常年平均活动积温2 600 ~2 700 ℃。

4区:第二积温带三江平原西南温和半湿润区及两岭山地多种气候区。4区包括佳木斯、双鸭山、桦南、勃利、牡丹江、鸡西、鸡东、方正、海林、宁安,以及尚志、延寿的部分地区,常年平均活动积温2 500 ~2 700 ℃。

5区:第二积温带完达山丘陵温和半湿润区。5区包括密山、虎林、宝清、穆棱,以及林口、桦川、富锦的部分地区,常年平均活动积温2 500 ~2 600 ℃。

6区:第三积温带松嫩平原中西部温凉半湿润区和三江平原东部温凉半湿润区。6区包括甘南、讷河、依安、克山、克东、鹤岗、萝北、同江、饶河,以及富锦和绥滨的部分地区,常年平均活动积温2 300 ~2 500 ℃。

7区:第四积温带大小兴安岭山麓冷凉半湿润区。7区包括北安、五大连池,以及嫩江、黑河的部分地区,常年平均活动积温2 100 ~2 300 ℃。

8区:第五积温带地区。8区包括孙吴、呼玛和大兴安岭的部分地区,常年平均活动积温低于2 100 ℃。

参考文献

[1]石剑,杜春英,王育光,等.黑龙江省热量资源及其分布[J].黑龙江气象,2005(4):29 –32.

[2]朱海霞,陈莉,王秋京,等.1980—2009年期间黑龙江省玉米低温冷害年判定[J].灾害学,2012,27(1):44 –47.

[3]潘华盛,张桂华,徐南平.20世纪80年代以来黑龙江气候变暖的初步分析[J].气候与环境研究,2003,8(3):348 –355.

[4]杜春英,宫丽娟,张志国,等.黑龙江省热量资源变化及其对作物生产的影响[J].中国生态农业学报,2018,26(2):24 –252.

[5]李秀芬,陈莉,姜丽霞.近50年气候变暖对黑龙江省玉米增产贡献的研究[J].气候变化研究进展,2011,7(5):336 –341.

[6]王冬冬,朱海霞,李秀芬,等.未来气候情境下黑龙江省玉米低温冷害特征分析[J].黑龙江农业科学,2018,(2):20 –23.

[7]王振华,张林.黑龙江省松嫩平原中南部玉米生产限制因素及对策[J].玉米科学,2018,16(5):147 –149.

[8]闫平,杨明,王萍,等.基于GIS的黑龙江省积温带精细划分[J].黑龙江气象2009,26(1):26 –29.

［9］聂堂哲,张忠学,林彦宇,等．1959—2015年黑龙江省玉米需水量时空分布特征［J］．农业机械学报,2018,49(7):217－227.

［10］姜丽霞,孙孟梅,于荣环,等．黑龙江省玉米品种布局的农业气候依据［J］．资源科学,2000,22(1):60－64.

［11］宫丽娟,李宇光,王萍,等．黑龙江省玉米气候适宜度变化分析［J］．吉林农业科学,37(5):75－80.

［12］苏俊．黑龙江玉米［M］．北京:中国农业出版社,2011.

［13］黑龙江年鉴编委会．黑龙江统计年鉴2017［M］．哈尔滨:黑龙江年鉴社,2017.

［14］黑龙江省志编纂委员会．黑龙江省志.农业志［M］．哈尔滨:黑龙江人民出版社,1993.

［15］佟屏亚．中国玉米科技史［M］．北京:中国农业科技出版社,2000.

［16］万国鼎．中国种玉米小史［J］．作物学报,1962,1(2):175－178.

［17］李少昆,王崇桃．中国玉米生产技术的演变与发展［J］．中国农业科学,2009,42(6):1941－1951.

［18］赵久然,王荣焕．中国玉米生产发展历程、存在问题及对策［J］．中国农业科技导报,2013,15(3):1－6.

［19］苏俊,曹靖生．入世后黑龙江省玉米生产面临的挑战与对策［J］．黑龙江农业科学,2013(2):23－25.

［20］杨金兰．黑龙江玉米种植小史［J］．黑龙江农业科学,2008(6):169－170.

［21］苏俊．黑龙江省玉米育种研究回顾与展望［J］．玉米科学,2007,15(3):144－146,149.

［22］郭晓明．黑龙江省玉米生产现状及发展对策［J］．黑龙江农业科学,2006(4):39－41.

［23］佟屏亚．黑龙江省玉米生产和品种布局新形势［J］．中国种业,2013(2):23－25.

第二章 黑龙江省玉米种质资源概况

一、什么是玉米种质资源

玉米种质资源是选育优良品种的遗传物质基础。玉米种质资源包括自交系、育种群体和中间材料,以及野生近缘种、地方品种等。但根据来源和育种价值可分为三大类,即地方品种、外来种质(包括温带、热带或亚热带材料及野生近缘种)和当代主栽品种(包括生产上应用的杂交种、组合、自交系等)。

搜集玉米种质资源,拓宽种质基础,开展种质资源鉴定、创新与利用,在玉米品种选育工作中始终占有重要地位。早在 1950 年 3 月,农业部发布《五年良种普及计划(草案)》,要求以县为单位,发掘优良农家品种,就地繁殖推广应用。许多省、自治区、直辖市也成立了相应的机构。在 1979 年 6 月,国家科学技术委员会和农业部召开"全国农作物品种资源科研工作会议"后,联合发出《关于开展农作物品种资源补充征集的通知》,并由科研机关进行保存、整理、研究和利用。据 1980 年统计,全国共保存玉米品种资源 1.2 万份,其中硬粒型占60.2%,马齿型占 12.7%,中间型占 11.6%。

1983 年国家科学技术委员会成立了全国玉米品种资源攻关协作组,组织科研和教学单位开展玉米品种资源协作研究。在整理、鉴定和研究的基础上,由中国农业科学院作物品种资源研究所主持,编著了《全国玉米种质资源目录》。

二、黑龙江玉米种质资源类型

对地方品种资源进行归类整理是种质资源研究的重要工作之一。根据植物学特征、生长发育特性及特殊用途,对征集的玉米地方品种进行归类整理,有利于更全面地掌握和了解品种的特征、特性,便于更好地加以研究、改良利用和保存。

按穗部性状,玉米资源可归类划分为 9 个类型。黑龙江省主要有硬粒型、马齿型、半马齿型以及糯质型等。

(1)硬粒型 该类果穗多为圆锥形。籽粒顶部和四周的胚乳均为角质淀粉,只有居中的小部分为粉质淀粉。

(2)马齿型 该类果穗多为圆柱形。籽粒两侧为角质淀粉,顶部及中部为粉质淀粉。成熟时,由于顶部的粉质淀粉较两侧角质淀粉缩小得多,因而籽粒顶部呈马齿状下陷,故名马齿型。粉质淀粉越多,籽粒顶部凹陷越深。

(3)半马齿型 籽粒粉质淀粉较马齿型少,较硬粒型多,籽粒顶部的凹陷深度较马齿型浅。

(4)糯质型　籽粒不透明,表面平滑但无光泽,外观蜡状。玉米粒胚乳淀粉主要由支链淀粉组成。

三、黑龙江省玉米种质资源情况

种质资源遗传基础狭窄是限制黑龙江省玉米育种研究进程及可持续发展的主要因素之一。黑龙江省的玉米种质主要有改良 Reid 群、Lancaster 群、塘四平头群、旅大红骨群等4 大种质类群材料。黑龙江主要种质类群划分主要有改良 Reid 群:K10、东237、沈5003、8112、478、B73、7884－7。Lancaster 群:龙抗11、Mo17、KL4、龙系95、C103、杂 C546、甸莫17、吉846、合344、9015、4F1 等由 Mo17 及其衍生系组成。塘四平头群:黄早四、四－444、扎461、黄野四、L105、四－287、吉853。旅大红骨群:丹340、E28、自330、四－446。东北地方种质群:东237、东46、KL3、706、冬10、冬17、冬96。桦甸红骨亚群:甸11、434、龙系53、桦94。铁岭黄马牙亚群:吉818、吉842。苏联血统:垦44。基础不详的自交系有红玉米、海014、1028 等。

据统计,2001—2010 年间,黑龙江省种植面积较大的玉米品种前57 个,共涉及45 个自交系。从血缘利用情况看,地方血缘、Lancaster 血缘利用较多,特别是 Lancaster 血缘的 Mo17、龙抗11、合344、KL4、甸莫17、杂 C546 占全部自交系的27%,并且个别自交系已成为该区的骨干系,如自交系合344 共涉及组配7 个品种,并且成为我省第三积温带主栽品种,合344 是利用本土资源改良外来种质的好例子。同时表明 Lancaster 血缘群比较适合该区,在今后的育种工作中应该继续加以利用。总体来看,该时期黑龙江省玉米种质血缘过于集中,遗传基础比较脆弱。

黑龙江省玉米种质利用不平衡,Lancaster 群利用占绝对优势,含 Lancaster 血缘自交系参与组配的杂交种占播种面积的 2/3;其次是综合种选亚群、改良 Reid 群、塘四平头群。由此看出黑龙江省种质遗传基础狭窄。加快优良自交系的选育和种质资源的拓宽是一项长期而艰巨的任务。首先,系统地挖掘、整理、筛选、研究当地现有的种质资源,充分发挥当地玉米种质资源的适应性强等特点,改良与创新玉米种质,拓宽类群内的遗传基础;其次,利用黑龙江省现有种质资源的基础上,加大力度引入国内外优良的种质资源,拓宽黑龙江省玉米种质的遗传基础。

第一节　黑龙江省玉米种质资源演变历程

一、品种演变历程

黑龙江省生产上应用的玉米品种包括普通玉米、糯玉米、青贮玉米和高赖氨酸玉米等。

（一）普通玉米

黑龙江省生产上应用的玉米品种,从最初农家品种的收集整理、鉴定、筛选评优和示范推广,优良农家品种及综合种的应用,到杂种优势的利用,双交种、三交种、单交种的大面积推广,每次的变革都带动黑龙江省玉米产业的快速发展。

新中国成立初期到20世纪50年代前期,黑龙江省生产上应用的玉米品种都是农家品种。50年代中期,育种家栗振铺先生在东北农学院农学系和黑龙江省农业科学院(简称黑龙江省农科院)作物育种研究所开创了黑龙江省玉米育种的相关研究工作。

黑龙江省农科院从1955年开始,在全省范围内对应用的品种进行了调查,一共收集了农家品种929份。在这之后,又利用了三年时间对这些农家种进行整理,并进行了系统的鉴定,筛选出了火苞米、马牙子、英粒子、马尔冬瓦沙里、白头霜、黄金塔、金顶子、长八趟等农艺性状相对优异的农家品种提供给生产应用。

20世纪50~60年代前期,这个阶段全省玉米产量增长比较缓慢。组配和利用品种间杂交种是玉米主要的增产措施之一。育种家利用硬粒型农家品种(大穗黄、牛尾黄、道白罗齐、小金黄等)与马齿型农家品种(马尔冬瓦沙里、加645、黄金塔、英粒子等)杂交育成了"黑玉号""合玉号""克字号""牡单号""嫩双号"等一批优良的品种间杂交种,以及黑玉42、齐综2号等优良综合种用于生产。

20世纪60年代中后期至70年代中期(1965—1975),这段时期低温冷害发生比较频繁,环境因素对玉米产量的影响比较大,为了减少低温冷害对玉米产量造成的损失,一方面继续筛选应用相对安全的品种,另一方面陆续开展了低温冷害对玉米生长发育的影响研究,并对玉米自交系和杂交种对光温感应进行了一系列的研究。栗振铺、姜明玉、杨绪武研究结果表明,感温性弱,并且苗期发苗快的自交系和杂交种能有效地减少低温冷害对玉米生长生育期延迟的影响。玉米苗期颜色的差异,能够表现出对温度反应的差异。同时期省农科院栗振铺先生开始了黑龙江省玉米杂种优势利用的玉米育种研究工作。开始利用农家品种选育一环系,并通过引进一批自交系,选育成了一批自交系间双交种。在这批优良的双交种中,以黑玉46最具代表性。其农艺性状和抗性性状表现比较突出。双交种黑玉46的选育成功和推广应用,加快了双交种在黑龙江省的应用进程,本省的玉米产量得到了大幅度提高,玉米的单产水平第一次实现了质的飞跃。

1976—1981年,黑龙江省玉米育种研究工作重心逐步从双交种过渡到玉米三交种和单交种的研究和选育时期。其中三交种的代表品种是钟占贵主持选育出的松三1号,单交种的代表品种是杨绪武主持选育出的嫩单1号,这些三交种和单交种在黑龙江省玉米生产上的应用越来越广泛。

黑龙江省的第一个玉米单交种是1972年杨绪武先生育成的嫩单1号,单交种的选育和应用开创了黑龙江省玉米生产的新纪元。在这之后,黑龙江省玉米单交种育种工作和应用推广得到迅速发展。单交种以其独特的优势,快速在黑龙江省普及推广,到1982年,黑龙江省在玉米生产上应用的品种全部为单交种。单交种的应用推广,使玉米的单产和总产都得到了巨大提升,实现了黑龙江省玉米产量第二次飞跃。

当时,黑龙江省玉米杂交育种研究之初没有较明确的杂优模式和较系统的类群划分。黑龙江省农科院玉米专家苏俊、曹靖生等从育种实践中不断总结,逐步形成了硬粒×马齿,国内×国外的杂种优势模式。苏俊、李春霞通过对 1980—1999 年 20 年间玉米育种的发展历程分析结果表明:黑龙江省玉米杂种优势模式在 20 世纪 80 年代以综合种选亚群×外杂选亚群和综合种亚群×Mo17 亚群为主。90 年代以改良 Reid 群×Mo17 亚群和塘四平头×Mo17 亚群模式为主。史桂荣将黑龙江省常用 20 个玉米自交系根据血缘关系、聚类结果划分为 5 大优势类群:①长 3、K10、东 237、446、7884 - 7;②龙抗 11、杂 C546、Mo17、合 344;③红玉米、东 46、169、海 014;④L105、444、黄早 4;⑤434、甸 11、熊掌、吉818。曹靖生研究认为:长 3 群×Mo17 群为长穗、大粒、熟期适宜类型,是适于黑龙江省生态条件要求的杂优模式;Mo17 群×塘四平头群为大穗、大粒型、中晚熟杂优模式;长 3 群×红玉米群为稳产、早熟杂种优势模式;长 3 群×塘四平头群及甸 11×塘四平头群、吉818×Mo17 群具有较高产量的杂优模式。

利用育种的杂优模式,单交种的推广应用和育种水平得到了较大提高,黑龙江省玉米产量稳步增长。黑龙江省育成的有代表性的单交种有嫩单 3 号、龙单 1 号、龙单 5 号、龙单 8 号、东农248、绥玉 2 号、龙单 13、龙单 16、克 8、绥玉 7 等;先后育成并推广应用“龙单号”“绥玉号”“合玉号”“东农号”“嫩单号”“克字号”等系列单交种共 103 个,为黑龙江省玉米生产的发展做出了重要贡献。其中嫩单 3 号、东农 248、龙单 13、克 8、绥玉 7 等品种在生产中发挥了重要作用,其应用面积之大、增产效果之显著是当之无愧的佼佼者。

黑龙江省玉米生产应用品种历程显示,在 20 世纪 70 年代中期以前,“黑玉号(龙单号)”玉米品种在生产上占有绝对优势,70 年代后期到 80 年代前期以“龙单号”为主,同时“绥玉号”“嫩单号”“合玉号”“克字号”“牡单号”等品种并用,但仍以本省品种为主。80 年代中期以后,由于受世界性温室效应的影响,黑龙江省气温升高,霜期延迟,以及生产管理水平的提高,地膜覆盖、规范化栽培等新技术的应用,加之 70 年代过多强调早熟高产,育种目标与现实生产脱节,育种单位淘汰大量晚熟育种材料,育成品种熟期过早,致使“南种北移”,大量“吉字号”玉米品种长驱直入,使得黑龙江省中晚熟玉米育种工作处于被动局面。

20 世纪 90 年代中后期,我省从事玉米育种研究的科技人员,积极开展中晚熟玉米育种研究工作,从育种基础材料抓起,通过开展“玉米综合群体轮回选择”“玉米热带种质与温带种质互导研究”,创造晚熟育种材料,选育出一批产量水平、抗病性和品质等方面都明显优于“吉字号”的玉米新品种,使我省自育品种逐步回归到主导地位。

进入 21 世纪,玉米种植面积逐年扩大,玉米机械化生产是黑龙江省玉米产业发展的必然趋势,国外优良品种进入黑龙江省,给黑龙江省玉米品种带来了新的挑战,也给我省的育种工作带来了新的机遇。育种基础材料越来越丰富,国外材料被广泛应用,选育出一系列适于机械化生产的品种,黑龙江省玉米生产也朝着机械化方向迈进。

(二)糯玉米育种

黑龙江省的糯玉米育种工作主要由黑龙江省农垦科学院张亚田老师主持开展。从

1984 年开始对糯玉米种质资源进行收集、整理及创新改良。通过糯普杂交、少次回交的快速改良方法,育成了一批优质早熟糯玉米自交系和杂交种。1993 年育成了东北第一个糯玉米杂交种垦粘 1 号,在全国二十几个省市推广,年种植面积达 6.7 万 hm^2,2001 年被确定为国家东华北区糯玉米对照品种。现已先后育成糯玉米杂交种 8 个,垦粘系列品种的推广应用拉动了北方速冻玉米产业的形成和发展。

(三)青贮玉米育种

黑龙江省的青贮玉米育种研究工作,主要是由省农科院玉米所、草业所、东北农大农学院等单位承担的。20 世纪 90 年代后期,随着人民生活水平的提高,对畜产品的需求日益增大,特别是在黑龙江省委、省政府提出"奶牛振兴计划"和农牧主辅换位产业调整重大决策之后,我省养殖业特别是奶牛业养殖发展迅速,对青贮饲料的需求日益增加。为了满足生产需求,一些育种单位相继开展青贮玉米育种工作,引进、筛选晚熟、抗性好的育种材料,组配强优势组合,通过适应性、抗病、抗倒性、产量、持绿性鉴定和品质分析以及饲喂效果比较试验,于 21 世纪初先后选育出一批优良青贮玉米品种应用于生产,如龙辐 208、黑饲 1 号、龙青 1 号、东青 1 号、龙育 1 号、阳光 1 号、中东青 1 号等,这些品种满足了我省畜牧业快速发展对青贮玉米品种的需要。

(四)高赖氨酸玉米育种

黑龙江省高赖氨酸玉米育种工作主要由省农科院玉米室高产课题组主持开展,经历了三个阶段:第一个阶段从 20 世纪 70 年代初到 80 年代初,主要是从中国农科院引进少量的含有 O_2 基因的高赖氨酸自交系,然后通过回交的手段将这些 O_2 基因转入普通自交系中,选育出一批软质胚乳的高赖氨酸系;第二阶段从 80 年代中期到 90 年代初期,全国高赖氨酸玉米育种单位协作研究,交换材料。这一阶段在进行回交转育的同时,还开展了二环系的选育工作,选育出了一批软质胚乳的高赖氨酸系;第三个阶段,90 年代中期开始,引进了两个硬质胚乳的高赖氨酸综合种,开始了硬质胚乳的高赖氨酸自交系的选育工作。选育出了一批硬质胚乳的高赖氨酸系。同时,开始了杂交种的选育工作,1999 年育成了龙高(L)1 号,2004 年、2005 年分别育成了龙高(L)2 号、龙高(L)3 号。

二、自交系的选育和基础材料创造

黑龙江省的玉米自交系选育工作始于 1956 年省农科院建院之初,在栗振镛主持下进行的。首先是利用收集和整理的农家品种,育成了一批配合力较高,农艺性状优良的自交系即一环系,如牛 11、大 33B、朝马、铁 13、大黄 46、英 64、冬黄、甸 11 等,利用这些自交系育成了一批优良的双交种、三交种和单交种。如黑玉 46,"龙单号""嫩单号""绥玉号""合玉号""牡单号""克字号"等系列杂交种。这些一环系的育成,对杂交种的迅速推广发挥了重要的先驱作用。如甸 11 自交系在当时参加组配的杂交种就有 8 个,占当时玉米种植面积的 50% 以上。如今这些选自农家品种的一环系已成为重要的种质资源正在被改良应用着。

20 世纪 60 年代中期以后黑龙江省利用外引的杂交种或外引的晚熟自交系与当地早熟自交系杂交作基础材料开始了二环系的选育工作,由于杂交种聚集了较多的优良基因,育成的二环系在配合力、抗逆性、株型结构等方面都得到了明显的改善;育成了以单 891、东 46、龙抗 11 等自交系为代表的优良二环系,组配了绥玉 2 号、东农 248、龙单 13 等优良杂交种。如今二环系选育的自交系仍被育种家们广泛采用,而杂交种的组配及选育方法已有了明显的改善和提高。

20 世纪 70 年代以来在继续二环系选育的同时,黑龙江省针对低温冷害及大斑病、丝黑穗病的发生,开展了耐低温、发苗快、抗病自交系的选育工作。对黑龙江省省内及引入的种质资源进行抗性鉴定,筛选出了一批抗大斑病自交系,如 H84、Mo17、ROH43Ht、RW64AHt、RC103Ht 等;抗丝黑穗自交系大化 A1、原皇 22、红玉米、凤 1B、W153R 等;弱感温材料金蹲黄、W9、05、甸 11、九双 172、野鸡红等。利用这些抗原采用回交转育等方法育成抗甸 11、合 344、K10 等优秀的改良自交系。这些改良的骨干自交系如 K10、合 344 已成为北方早熟春玉米育种的骨干自交系和重要的种质资源,并被多家育种单位利用。这些系的育成对黑龙江省玉米种质遗传基础的拓宽和育种研究的进步做出了贡献。玉米种质遗传基础狭窄是玉米主产区普遍存在的问题,黑龙江省由于受地域条件限制,这一问题更为突出。半个世纪以来,特别是近些年通过挖掘地方品种资源,引进外来种质,综合群体、复合杂交和窄基因群体的建立和改良,以及导入热带、亚热带种质等手段,不断丰富育种的原始材料,有效地缓解了我省玉米种质遗传基础狭窄的矛盾,为自交系的选育和杂交种的选配奠定了坚实基础。如窄基因群体选系 HR034、HR25、龙抗 349、龙抗 3288,外引群体选系 HR78(豫缘 2 号)、HR65(中综 3 号),热导选系 HR3788、HR02 等其组配的杂交种龙单 19、龙单 25、黑饲 1 号等,龙早群选系龙系 33、龙系 14、G109,龙晚群选系龙系 69、龙系 185 等组配的杂交种龙单 26、龙单 27、龙单 28 等均已大面积用于生产。

第二节　玉米种质利用现状

一、地方种质利用

黑龙江省幅员辽阔,玉米种植面积逐年增大,生态类型复杂多样,优质高产品种较少,地方品种资源较多。由于我国不是玉米的起源中心,黑龙江省又位于我国的最北端,气候条件独特,不但自有种质资源少,而且引入的国内外种质,由于受熟期、日照和生态适应性等因素的影响,直接应用难度较大。由此出现了黑龙江省特有的玉米品种资源较少,遗传基因型单一,杂种优势模式不清等问题,给育种工作带来了一定困难。

近年来,生产上大面积使用的玉米杂交种的种质资源基本上以 Lancaster 群、改良 Reid 群、塘四平头群、旅大红骨群等四大种质类群材料为主,还有东北地方特有种质群,而且这部分在黑龙江省早、中早熟地区有不可替代的作用。黑龙江省玉米杂交种的亲本种类较少,骨干系集中,种质遗传基础较为狭窄。其中,Lancaster 群:龙抗 11、杂 C546、Mo17、合 344、吉 846 等由 Mo17 及其衍生系组成的。Lancaster 群由于穗细长、高抗玉米丝黑穗病的特点,成为黑龙江省最重要的种质类群。改良 Reid 群:长 3、K10、东 237、7884-7。塘四平头群:黄早四、四-444、吉 853、L105。旅大红骨群:丹 340、E28、自 330、四-446。东北地方特有种质群有冬黄亚群:冬 17、冬 96、冬 10。桦甸红骨亚群:434、甸 11、龙系 53、桦 94。铁岭黄马牙亚群:吉 818、吉 842。红玉米群:红玉米、东 46、海 014、169。苏联血统:垦 44。

在黑龙江的高纬度地区和一些丘陵山地,只有早熟品种能种植,早熟品种所用种质中,地方种质有不可替代的作用,黑龙江省地方玉米种质资源丰富,具有耐旱、耐寒、耐瘠、抗病和适应性强的特点;而 Lancaster 群主要种质多数对黑龙江省主要病害(玉米丝黑穗病)有良好的抗性,并且具有千粒重高,果穗细长的特点,在黑龙江省表现脱水快,适应黑龙江省降温快的特点;旅大红骨群的特点是穗粗,生育期晚,这种特点就很难适应黑龙江省的生态特点;Reid 群的优点是行粒数较多,果穗较长;塘四平头群优点是能增加果穗粗度,单株产量一般配合力较高,这两个群种质的优点与 Lancaster 群种质穗行数少、穗细、产量一般配合力低的特点有互补作用。

杂优模式也是黑龙江省特有的。早熟品种主要应用的模式,包括地方种质桦甸红骨×红玉米的地方种质、苏联血统×冬黄血统。中熟品种主要杂种优势模式,Lancaster 群×非 Lancaster 群(主要为地方种质改良、创新系)、红玉米群×改良 Reid 群。晚熟品种的主要杂优模式:Lancaster 群×非 Lancaster 群(外引系:塘群、改良 Reid 群、旅群及其他种质材料)。

目前,种质资源面临着地方品种加速丧失、利用率低下等问题。当前黑龙江省种质资源的利用率较低,要么被一些育种家攥在手里,要么躺在库里"沉睡"。资源很多,用得很少,发挥重要作用的更少。由于目前黑龙江省种子企业"小多乱杂"的局面还未彻底改观,资源大量分散在育种家手上。同时,部分企业和科研机构更愿意去"模仿""抄袭"别人的新品种,而不愿意投入精力和资金进行自主研发,这不仅导致雷同品种一大堆,也导致大量种质资源都缺少相应的基础性研究,一个品种好在哪里,有哪些特性无人知晓。因此,要加快对黑龙江省玉米种质资源的保护和利用,同时要加大种质资源的开发力度,重点加强优质、抗病、抗逆等重要功能基因的挖掘,加快优质、抗病虫等骨干育种材料的创制,为突破性品种选育提供有力支撑。

二、国外种质利用

国外玉米种质蕴藏丰富的优良遗传基因,具有较高的利用价值,利用这些宝贵的资源逐渐地改变我国由遗传基础狭窄造成的组配强优势组合难的局面,提高了育种水平和育种目标的准确率,在玉米育种中发挥了重要的作用。引进、改良和利用外来种质资源,是拓宽玉米种质遗传基础的重要途径之一。

美国先锋种子公司在我国试验的先玉系列品种先玉335,具有突出的丰产性、广适性和多抗性。从德国 KWS 公司引进的德美亚系列品种以其早熟、高产、优质、抗病、耐密、农艺性状好、适应性强、适合全程机械化栽培等特点,创造了在高寒、高纬度、冷凉地区玉米种植上的新突破,在种植密度上的新突破,在早熟品种产量上的新突破,在栽培措施上的新突破。全国多数育种单位都将此作为玉米种质扩增的首选材料,以此为基础选育的自交系组配的杂交种在国家及省级区域试验中参试组合较多,表现较好,成为我国玉米育种新的骨干材料。

从世界范围来看,玉米的遗传资源相当丰富,对玉米的任何性状进行改良,都可以找到所需的遗传资源。热带高原种质通常耐低温和抗倒伏;欧洲国家有丰富的早熟、耐低温资源;而北美种质经过长期的人工改良,携带有较高频率的高产与高配合力等位基因,适合商业育种使用。CIMMYT 拥有丰富的优质蛋白玉米和耐旱、耐贫瘠、抗多种病害的种质资源。美国有许多高淀粉和高油玉米自交系和群体。通过对引入的国外玉米种质在进行农艺性状、抗病性、适应性鉴定的基础上,弄清它们与国内核心种质遗传关系,对综合性状优良的种质直接选系;对综合性状较优良,但具有某一缺点的种质,选择性状能够互补的材料加以改良创新选系;对符合育种目标的种质,按亲缘关系和远缘杂种优势类群组建长期基因库。如果能合理有效地将分布在世界各地的基因资源用于我国的玉米种质改良与创新研究,一定能够培育出合乎上述目标的新种质,进而育成突破性的新自交系和杂交种。

三、热带种质利用

中国国内热带和亚热带玉米种质的导入利用研究始于 20 世纪 80 年代初。当时从墨西哥(CIMMYT)和泰国等地引入了 Tuxpeno、Suwanl、Across 和 Poo133 等一批热带和亚热带材料,将原有的温带材料与之杂交,组建了一些温热杂种群体,并对其进行改良,直接或间接地选育出了一批新的自交系,并且开始构建新的杂交模式。张志国认为来自 CIMMYT 的种质在我国南方地区可直接用来选系或与适应种质结合进行种质改良创新,而在我国北方的温带玉米主产区,则最好通过各种渐进杂交的方式导入种质,再选系利用。刘治先等用 CIMMYT 群体 Pob68、Pob70 和 Tuxpeno 等作为热带亚热带种质的供体,掖 107、U8112 等国内自交系和群体作为受体,通过杂交、混合授粉和自交等方法选育的热带自交系种质基础较宽、配合力较高,大小斑病、青枯病和病毒病均有所减轻,表明杂交导入热带、亚热带种质是拓宽温带种质基础、丰富遗传多样性、提高综合抗性的有效途径。李新海等指出在 10 个来自 CIMMYT 并经过适应性改良的群体中,Tuxpeno、Staygreen 和 Pob500 的一般配合力较高,是我国温带玉米育种有潜在利用价值的杂种优势群。番兴明等用代表我国北方温带四大玉米种质的代表系黄早 4、Mo17、B73 和丹 340 与来自 5 个热带亚热带群体的 25 个自交系测交鉴定它们的产量配合力和杂种优势,结果发现来自 Suwanl 和 Pob28 的自交系一般配合力较高,来自 Suwanl 的自交系与 B73 的杂种优势最大,其次为来自 Pob32(ETO)的自交系与 B73,说明这两个亚热带群体都可与 B73 所代表的 Reid 种质构成杂种优势利用模式。刘志新等根据 14 份 CIMMYT 种质与国内四大系统代表系的测交试验结果认为 Pob21、Pob28、Pob43 和 Pob45 在东北春玉米区有应用前景。樊荣峰等在沈阳和三亚两地的试验结果表明,CML27 等热带种质自交系与丹 340 有较大的产量杂种优势,认为 CIMMYT × 丹 340 杂种优势模式在温带玉米中选育出了自交系 81565。

但是,在吉林和黑龙江省这样的高纬度地区,低纬度热带和亚热带玉米种质固有的光周期特性妨碍了其直接利用。玉米是起源于低纬度地区的短日照植物,长期生长在低纬度地区的热带和亚热带种质的光周期反应比较明显,一旦在温带环境中生长往往表现出一定程度的生态不适应。在中纬度地区出现营养生长旺盛、植株高大、穗位过高、晚熟等现象。在高纬度地区则出现营养生长过于旺盛、植株繁茂、熟期过晚、雌雄不协调、不能正常开花结实、空秆率高、果穗发育不良、籽粒成熟不好、农艺性状差、收获指数低、籽粒含水量过高等现象。大多数热带和亚热带种质不能对抗中国高纬度地区玉米生产危害最大的丝黑穗病。因此从中直接选系利用的难度很大,必须先进行一定的改良。

接力式改良指对热带和亚热带种质进行从低纬度地区经过中纬度地区再到高纬度地区的多年逐步适应性驯化,逐渐提高它们对高纬度地区的生态适应性。接力式改良的实质是自然选择,一般采用适度规模的控制双亲的混合选择法,可钝化热带和亚热带种质对光周期的敏感性,同时最大限度地保留其原有的遗传变异。不同种质的适应性改良效果不同,有些种质改良效果明显,可以较快地到达中国华北甚至东北地区,有些则不行,多年后仍停留在长江流域不能北上。例如中国农业科学院作物科学研究所在主持的"优质、抗逆玉米种质的引进、评价、改良与创新"项目中,将多个来自 CIMMYT 的群体先在云南和广西种植,大多数都能正常开花结实,少数不适应的材料经过 2~3 轮的驯化也可以开花结实供育种项目利用。然后在湖南、湖北、河南和北京等地接力种植,其中一些光周期反应较弱的群体如 Pob101、Pob45、Pob46、Pob69 和 Pob70 等先后到达了辽宁和黑龙江,但也有一些光周期反应强烈的群体如 Staygreen 等只能停留在湖北,在河南和北京种植则不能正常开花结实。

在纬度较高的地区将光周期反应较明显的热带和亚热带种质尤其是其中接力改良效果不明显的种质与适当的温带种质混合组建适合当地生态条件的半外来种质是改良和利用这些种质的实用方法。檀国庆等将 Suwanl 导入温带自交系 Mo17,于 1992 年育成了含 25% 热带种质的 Mo17 改良系吉 1037,其丰产性、抗病性、保绿度和配合力均好于 Mo17,并用其组配了吉单 342 和吉单 507 等杂交种。

为了获得较好的改良效果和更好地利用改良后的材料,应根据杂种优势类群和杂种优势模式理论,先通过配合力和杂种优势测定摸清热带和亚热带种质与温带种质的杂种优势关系,然后用热带和亚热带种质与杂种优势关系最近的温带种质组配半外来群体。金益和李严等在位于北纬 45°5′ 的哈尔滨对来自 CIMMYT 并经过中国农业科学院作物科学研究所主持的接力式改良后到达哈尔滨的亚热带群体和国内核心种质代表系间的配合力和杂种优势关系的研究表明,Pob45 与 B73 的特殊配合力和杂种优势最低,Pob69 与掖107 的特殊配合力和杂种优势最低,Pob101 与掖 478 的特殊配合力和杂种优势最低,说明这 3 个亚热带群体与 B73、掖 107 和掖 478 所代表的 Reid 种质有较近的杂种优势关系,因此将 Pob45 分别与 B73 杂交、Pob69 与掖 107 杂交、Pob101 与掖 478 杂交,构建了 3 个半外来群体 B73×Pob45、掖 107×Pob69 和 Pob101×掖 478,Pob46 与 Mo17 的特殊配合力和杂种优势最低,说明它与以 Mo17 为代表的 Lancaster 种质的杂种优势关系较近,因此将 Pob46 与 Mo17 杂交,构建了半外来群体 Mo17×Pob46,Pob70 与丹 340 的特殊配合力和杂种优势最低,说明其与以丹 340 为代表的旅大红骨种质的杂种优势关系较近。因此将 Pob70 与丹 340 杂交,构建了半外来群体丹 340×Pob70。然后又将这些半外来群体与相应的自交系或亚热带群体回交,构建了含不同温带种质比例的半外来群体系列。在这些半外来群体系列中采用边自交边测配的技术从中选育自交系,已获得了一批杂种优势关系明确、特定组配方向配合力较高的优良系。对含不同温带种质比例的半外来群体系列选系测配结果的比较表明,含 75% 温带种质的 B73×Pob45、掖 107×Pob69 和 Pob101×掖 478 群体选系的一般配合力相对较高,与来自旅大红骨群和 Lancaster 群的自交系都有较大的杂种优势。虽多数来自 CIMMYT 的种质不抗玉米丝黑穗病,但其中也有一些相对较抗病的群体,如亚热带群体 Pob46 对丝黑穗病具有一定的抗病性。郭满库等在甘谷试验站对 Pob46 多年田间人工接种的平均病株率为 13.6%。2007 年罗娜等在哈尔滨对 Pob46 田间人工接种的病株率为 0,与 Mo17、B73、掖 107、齐 319、丹 340 和 444 等温带自交系杂交组合的平均病株率为 3.19%。从总体上看,CIMMYT 种质的引进有利于提高黑龙江省玉米种质资源对丝黑穗病的抗性。董玲等测定了 174 份半外来群体选系对丝黑穗病的抗性,其中有 10 份达到了高抗水平,占 5.75%,有 25 份达到了抗病水平,占 14.37%。

总之,热带、亚热带玉米种质资源的改良和利用研究是一个长期的过程。有序引进、正确改良并充分利用热带亚热带玉米种质资源是相当长的时间内国内外玉米育种和生产可持续发展的主要物质基础和技术保障。

四、野生种质利用

玉米学名玉蜀黍,原产地为墨西哥或中美洲,在分类学上属于禾本科玉蜀黍族中最重要的一个属,该属中除玉米亚种这个栽培种外,其余分类单位统一称为类玉米,又称大刍草。已知的大刍草有一年生也有多年生,有二倍体也有四倍体,但不管其倍性如何,都具有高产、抗逆、抗病虫、品质佳等诸多优点。因此在育种过程中,通过技术手段克服杂交中存在的困难,将这些近缘种类玉米中有益基因导入栽培玉米中,创制出具有优良性状的新种质材料,对拓宽玉米种质遗传基础、提高育种效率和加速育种进程有重大意义。

近年来,作为重要饲料和粮食作物的玉米在抗性和品质方面都没有大的突破,其主要原因是我国大多利用玉米栽培品种内的基因资源来开展遗传育种工作,这也直接导致用于杂交的亲本种类少,骨干自交系集中,育种材料遗传基础越来越狭窄,基因库越来越贫乏等问题出现。一切育种工作的基础和前提是种质资源,关键是优良丰富的遗传变异,如果育种工作长期局限于少数种质类群,势必很难有大突破,也存在着诱发突发性病虫害很难选育出高产、多抗、适应性强、有特色的新品种等问题。玉米野生近缘种在长期的自然选择下形成了很多优良特性,因此通过杂交育种方法将其有利基因导入栽培玉米中,是丰富栽培玉米种质遗传基础的有效手段之一,同时也可创新基因库,提高育种的效率和水平,加快育种进展。

近年来,对玉米野生近缘种的研究和利用越来越多,四川农业大学以玉米综合种为母本,以一年生二倍体大刍草为父本进行杂交育种,F1 代早穗增多、籽粒变小,更像野生种,同时出现的分蘖也增多,经过多代自交、回交和选择,最终获得具有大刍草遗传种质的自交系,该自交系根系发达,坚秆抗倒,株型紧凑,配合力高,并能抗御多种病害。新型青饲玉米品种 8493 是以二倍体多年生大刍草为母本导入一年生大刍草种质而选育出来的。中科院利用远缘杂交法将大刍草导入自交系 330,从中选育出 540 自交系再与 5003 自交系组配,最终获得遗单 6 号单交种,该品种品质好,产量高,抗大、小斑病和青枯病,茎秆坚硬,抗倒伏,保绿性能好。广西畜牧研究所选育出的多年生高产优质青饲类玉米新品种 8374 是利用四倍体多年生类玉米为母本与一年生类玉米杂交后所获得。曹利萍以一年生二倍体大刍草 KIH1556、KIH1558 为基础材料和普通玉米自选自交系 236,237,238 进行杂交,利用田间调查和茎叶消化性检测,经过常规杂交、自交等手段,最终获得抗病能力强、农艺性状优良的 3 个高消化性饲用玉米自交系,组配出一批高产、多抗、优质的饲用玉米杂交组合。

目前黑龙江省关于大刍草的研究并不多,已有的研究也都集中在核型、倍性、新品种选育及利用等方面。大刍草与栽培玉米间的成功杂交,为玉米远缘杂交和染色体工程开辟了新的种质资源,同时也丰富了饲用玉米的遗传基础。今后的研究可多利用分子手段进行,寻找大刍草上与高产、高抗等相关的基因并加以利用,为栽培玉米的定向育种奠定基础。

参考文献

[1]王羡国.浅析近十年黑龙江省玉米种质资源利用情况[J].种子世界,2013(3):18－19.

[2]白艳凤.黑龙江省牡丹江地区主要玉米种质资源和杂优模式[J].黑龙江农业科学,2009(4):24－25.

[3]苏俊,李春霞,龚士琛,等.北方早熟春玉米种质创新及利用研究[J].玉米科学,2008,16(3):4－7.

[4]荆绍凌,孙志超,陈达,等.黑龙江省玉米育种现状及对策[J].玉米科学,2006,14(4):165－168.

[5]苏俊,李春霞.黑龙江省玉米品种的种质基础和杂优利用模式分析[J].中国农业科学,2000,33(s1):72－79.

[6]史桂荣.玉米种质基础研究现状分析[J].黑龙江农业科学,2002(2):35－37.

[7]魏国才,南元涛,唐跃文,等.黑龙江省玉米地方种质资源的筛选分析利用研究[J].玉米科学,2001,9(3):32－33.

[8]苏俊.黑龙江省玉米育种现状、问题及对策[J].黑龙江农业科学,1998(1):45-49.

[9]曹靖生.黑龙江省玉米主要种质基础现状分析[J].玉米科学,2000,8(1):21-22.

[10]李春霞,苏俊.黑龙江省玉米品种发展历程及其遗传组成分析[J].玉米科学,1999,7(1):36-40.

[11]滕文涛,曹靖生,陈彦惠,等.十年来中国玉米杂种优势群及其模式变化的分析[J].中国农业科学,2004,37(12):1804-1811.

[12]史桂荣.东北早熟春玉米主要种质优势类群的划分[J].玉米科学,2001,9(4):27-30.

[13]曾三省.中国玉米杂交种的种质基础[J].中国农业科学,1990,23(4):1-9.

[14]吴景锋.我国主要玉米杂交种种质基础评述[J].中国农业科学,1983,16(2):1-8.

[15]王懿波,王振华,王永普,等.中国玉米主要种质的改良与杂优模式的利用[J].玉米科学,1999,7(1):1-8.

[16]王懿波,王振华,陆利行,等.中国玉米种质基础、杂种优势群划分与杂优模式研究[J].玉米科学,1998,6(1):9-13.

[17]刘兴贰,郭海鳌,李春霞.东北春玉米育种现状、问题及发展对策[J].吉林农业科学,2002,27(5).

[18]史桂荣.黑龙江省玉米杂种杂优利用与创新现状分析[J].中国农学通报,2002,8(4):106-107.

[19]苏俊,李春霞,龚士琛,等.热带亚热带玉米种质在北方早熟春玉米育种中利用研究[C].中国作物学会.2010中国作物学会学术年会论文摘要集,2010:103.

[20]张晓春,艾振光,程建梅,等.浅谈玉米种质改良及新品种选育[J].农业科技通讯,2017.10.

[21]张洪权.黑龙江省早熟玉米自交系的遗传分析及应用评价[J].农学学报,2015,5(10):27-32.

[23]尹振功.黑龙江省不同年代玉米自交系表型性状的变化趋势[J].黑龙江农业科学,2013(3):1-2.

[24]高兴武,董玲,金益.黑龙江省常用玉米自交系的杂种优势类群研究[J].玉米科学,2010,18(6):8-10,14.

[25]苏俊,刘志增.热带种质在北方早熟春玉米改良中的利用[J].玉米科学,2005,13(4):8-12.

[26]刘治先,贾世锋.热带亚热带玉米种质的导入和改良创新研究[J].中国种业,1999(1):5-7.

[27]番兴明,谭静,杨峻芸,等.外来热带、亚热带玉米自交系与温带玉米自交系产量

配合力分析及其遗传关系的研究[J].中国农业科学,2002,35(7):743-749.

[28]刘志新,张喜华,江丹,等.CIMMYT玉米群体材料在东北春玉米区利用价值评价[J].杂粮作物,2005,25(2):63-66.

[29]董玲,杨德光.热带亚热带玉米种质的研究和利用[J].湖北农业科学,2015,54(12):2835-2839.

[30]张效梅,曹利萍,任元,等.高消化性饲用玉米的种质创制及利用研究[C].中国作物学会学术年会,2012.

[31]何小红,盖钧镒.回交自交系群体数量性状遗传体系的分离分析方法[J].作物学报,2006,32(2):210-216.

[32]王空军.玉米高产优质生产中若干生理生态问题的研究[D].中国科学院植物研究所,2005.

[33]董玲,王庆祥,金益,等.含CIMMYT种质的半外来玉米群体对丝黑穗病的抗性研究[J].中国农学通报,2010,26(3):121-125.

[34]董玲,王庆祥,金益.不同温热比例的半外来群体选系的丝黑穗病抗性鉴定[J].吉林农业大学学报,2011,33(1):26-30.

[35]郭然,金益,董玲,等.玉米改良自交系对丝黑穗病的抗性研究[J].东北农业大学学报,2009,40(5):1-6.

第三章 黑龙江省玉米
自交系的选育与杂种优势利用

第一节 玉米自交系选育

一、选系的原始材料

(一)地方品种群体

地方品种群体是早期用来选育自交系的原始材料。用地方品种选系,可以得到具有特殊适应的自交系,例如我国西南山区部分特殊生态条件区,一般外来的自交系的杂交种都难以适应,只有少数来自地方品种的自交系及其组配的杂交种,才能适应当地条件。从地方品种中,出现高配合力的优良株型的自交系的概率一般较低,所以应从较多的品种和较大的群体中进行筛选,或从有地方品种血缘的原始材料中间接筛选。随着育种的进展,以及大量自交系和杂交种的引进和交流,它逐渐被地方品种选育自交系逐渐被忽视。

(二)窄基杂交种

窄基杂交种指利用 2~3 个优良自交系组配的杂交种,即通常的单交种和三交种。包括当地推广的和从外地或外国引进的适应当地条件的单交种与三交种,以及为选系而自行组配的单交种和三交种。这是现在普遍利用的原始材料,而利用单交种选系则更为广泛。加列耶夫(1974)提出,以国内外高产的杂交种为原始材料选育自交系最有效,Dudley(1984)认为,对一定地区有利的等位基因高度集中在该地区使用的最优单交种中。在一定生态地区推广的最优单交种或三交种必然集中了较多的有利等位基因。同样道理,从外地和国外引进,但适应当地种植的优良单交种或三交种,也是有利等位基因的高度集中类型。因此,从这类原始材料中较容易选出性状优良并有较高配合力的自交系。

(三)广基杂交种

广基杂交种指多系复交种和综合杂交种群体。这类杂交种具有广泛的遗传多样性,用来作为选系的原始材料,可以选出在性状上有较大差异的自交系,因此也是现在普遍采用的原始材料。从理论上分析,这类杂交种虽然具有较多的有利等位基因,但因受连锁群的影响,很难在少数世代达到基因间的充分重组,所以有利等位基因是处于相对分散的状态,而不像窄基杂交种那样,有利等位基因是处于高度集中的状态。因此,用综合杂交种等广基杂交种选系,出现高配合力的概率并不太高,国内外育种实践也证实了这一点。为了克服这一弱点,在选系时必须注意三点:一是进行大群体中选择较大量的个体分离自交系;二是用经过多代随机交配重组的群体作为原始材料选系;三是用经过轮回选择改良后的高轮次群体作为材料,这样一来因其有利等位基因频率提高,故较容易选出高配合力的自交系。

(四)引进不适应的材料×适应材料

引进的不适应材料是指从外地引进的具有某一有利性状或抗病性,但不适应本地生态条件的育种材料。以适应性好的本地材料,包括自交系品种以及群体,对引进的不适应材料进行改变。由于受连锁群和环境条件的双重影响,不适应的基因型在杂交组合中处于劣势,在分离中其基因容易被掩盖,或者被排斥而淘汰,用这类材料选系时,经过多代随机交配,充分重组后再开始选系。同样也应该采取大群体选择,在选择过程中应特别注意保留不适应基因型提供的某些有利性状。

(五)野生近缘种×玉米材料

从这类原始材料选出的自交系,可能从野生近缘种中得到某些抗性和配合力的特殊有利基因,丰富玉米的种质资源。但由于种间杂交困难,染色体之间不配对,互相排斥,杂交后代不育或向亲本回复等原因,造成选系难度很大,当前采用这类原始材料选系的较少。迄今为止,能与玉米杂交成功的属已有 7 个,分别是大刍草属、摩擦禾属、小麦属、高粱属、甘蔗属、薏苡草属、稻属,其中大刍草属和小麦属的许多种都与玉米杂交成功,但只有大刍草改良玉米获得成功。

大刍草具有较高的再生能力和无性繁殖能力,抗逆性强,在各种生物胁迫和非生物胁迫下生存能力较强,籽粒中蛋白质含量高、二倍体大刍草的籽粒蛋白含量是普通玉米的 3 倍,它与玉米具有相同数目的染色体($2n = 20$)、染色体形态、大小和核型均相似,杂种 F_1 的减数分裂未出现倒位、易位、重复、缺失等结构变异,杂种花粉具有可育性等特性。

大刍草为高温短日照植物,在我国高纬度北方地区,不能满足对短日照的要求,故不能正常开花结实,难以繁育后代。可以在南繁时通过远缘杂交的方式将优良基因导入玉米当中。利用大刍草与栽培玉米杂交,筛选出杂种优势强的组合用于青贮玉米的选育。利用大刍草与具有优良性状的玉米自交系杂交,通过连续自交选择,可以筛选出具有各种特点的自交系和育种素材。

二、传统玉米自交系选育方法

(一)常规选育法

1.种植原始材料获得自交果穗

在选育自交系之前,应根据育种目标慎重选用原始材料,在能力可以承受的范围内,以较多的原始材料为佳,这样可以增加自交系之间的遗传差异。选定原始材料后,每个材料种植一个小区,种植株数不等,因原始材料的种类而定,窄基的杂交种可种 50 ~ 100 株,广基的综合杂交种需种300～500株。当进入开花期,在其中选择生长良好,发育正常的植株进行套袋自交。在当选植株的雌穗即将吐丝而未吐丝时,用硫酸钠纸袋将雌穗套上;当雌穗吐丝第一天下午,再用较大的硫酸钠纸袋把雄穗套上,起隔离作用,避免异花粉污染。在雄花序套袋后的次日上午,当露水干燥后,用雄花袋收集新鲜花粉,迅速授予同株的雌穗花丝之上,又立即把已授粉的雌穗套袋隔离,标记区号和名称。成熟时收获,即为自交果穗。

2. 自交后代的直观选择

把收获的自交(S_1)果穗,在第一年正常播种季节,按同一亲本来源的自交果穗的序号种成穗行,每一穗行种10～20株。一个育种单位,一般都要做大量自交果穗,以便进行严格的选择,增加分离优系的概率。自交早代(S_1～S_2),尤其是自交一代(S_1)和自交二代(S_2),相当于杂交二代(F_2)和杂交三代(F_3),是性状急剧分离的世代,无论在自交系间或自交系内部表现出不同程度的生活力衰退和多种多样的性状分离现象,因此是对自交系的直观性状进行汰劣选优的最佳世代。根据育种目标对自交系性状要求在系间和系内进行选择,首先把生活力严重衰退和性状不良的穗行淘汰,然后在保留穗行中选优良植株3～5株继续套袋自交,收获后按果穗性状,再做选择,每个穗行最后保留2～3个自交果穗,形成下一世代的果穗。

选择是多次分期进行的,植株性状在田间选择,果穗性状在室内选择。某些具体性状则应该在它们的表现时期进行选择,例如幼苗生长势在出苗到三叶期鉴定和选择,抗病性则在该病害盛发期鉴定和选择。

对性状的选择有主次之分,对一些限制性的(要害的)性状的选择要严格。例如生长势弱、不抗倒折、抗病性弱、生产力低、结实性差、雌雄花期间隔时间长、花粉过少或散粉不畅等性状,都会影响自交系的繁殖和制种,也会影响杂交种的性状。所以,凡是具有上述不良性状的穗行或植株,都应及时淘汰,不对其自交保留后代。对于植株和果穗的其他性状,在进行选择时,则应尽量保持其遗传的多样性,防止因偏爱性状而选择某种单一类型。例如只选择紧凑株型而忽视正常株型,只选择早熟性而忽视其他熟期类型。否则,不仅会造成性状上的单一化,也会造成遗传上的狭窄。此外,需要注意,进行不适当的性状选择和淘汰时,会伴随发生有利等位基因的丧失,以及适应性和配合力的降低。

当自交系进入中期世代(S_3～S_5),基因型的纯合程度提高,系内的性状逐渐由分离趋向一致。而自交系间(包含一些同源自交系甚至姊妹系间)的性状则表现出明显的或某种程度的区别。因此直观选择的强度也相应降低,一般只淘汰少数劣系,在多数保留系内选择具有典型性状的优良植株3～5株,室内穗选2～3穗,供给下一代种成穗行。自交中期世代,可能仍有少数系性状在继续分离,遇到这种情况,则仍按分离世代的选择方法处理。

当自交体系进入后期世代(S_5～S_7),基因型已基本纯合,当系内性状已经稳定,系内个体之间性状整齐一致时,一般不再进行直观性状的选择和淘汰,只在系内选择具有典型性状的优良植株(非混杂株)自交保留后代。当自交系性状完全稳定后,则可采用自交系内姊妹系交或者混合授粉隔代交替保存的方法保留后代。这样做既有利于保持自交系的纯度(指育种可接受的纯度),又可保持自交系的活力,避免因长期连续自交,一味追求纯度(如做某些遗传研究的纯度)而导致自交系生活力的过分衰退,造成育种应用中的困难。

至于自交系早代直观选择的强度,不是固定的,而是由育种家根据自身的承受能力、具体的选系材料的类别和数量,对某些性状的认识与判断,通过选择和淘汰,最终保留一个在育种上合理大小的选择群体,可以是自交一代穗行数的 1/2,1/3 或 1/4。

（二）系谱选择法

系谱选择法是 Hayes 和 Johnson(1939)提出的,这种方法和常规方法的主要区别在于选系时所有的亲本原始材料是按计划组配的杂交种,组配杂交种的亲本也是经过选择的具有许多优良性状的自交系,所以也是常规方法的补充。用这种方法选系,从亲本的来源一直到自交系育成,都有明确的系谱可查,对于分析自交系间亲缘关系和组配杂交种具有重要的应用价值,是育种中常用的方法。

（三）二环系法

二环系是指用单交种或者单交组合连续套袋自交选育出的自交系。二环系法较为简单,且效果较好,也是育种界最为通用的方法。国内外很多优系(40% ~ 50%)都是从遗传基础较窄的单交种选出的二环系。

在育种实践中,很多育种家直接从生产上主推的杂交种中选育自交系。虽然,主推的杂交种集中了较多的有利等位基因,易选出性状优良并具有较高配合力的自交系,但是在组配新组合时会受到一定的局限。其主要原因是国内主推杂交种代表了一种高产杂交模式,从中育出的自交系与其双亲自交系的近源系之间将难以配出更优良的杂交种。选育二环系时必须有可靠的杂种优势群和杂种优势模式理论为指导,当前采用的方法是参照现有的杂种优势模式,有目的地组配不同形式杂交组合作为选系的基础材料从而选育二环系。另外,在采用二环系育种时可利用美国和欧洲的材料,这些材料具有籽粒色泽好、生育期短、脱水快、适应性广、抗逆性强等优点。利用它们为基础材料选出的系与国内系具有较高的配合力,同时还能弥补我国种质存在的缺点。如果我们长期大量采用这些种质选系,不但能够提高玉米育种效率,而且还能在一定程度上缓解我国种质基础狭窄的问题。

（四）回交转育法

回交法是改良玉米自交系最常用的一种有效方法。回交的原理是,以能提供某种优良性状的有利基因(或基因群)的自交系作为非轮回亲本,通过杂交输入需要改良的受体－轮回亲本,经过与轮回亲本多次回交,使回交后代不断增加轮回亲本的遗传比重,达到育种所需的优系性状的表现程度为止。在回交的过程中,结合性状的选择和鉴定,以保留非轮回亲本提供的某种有利基因(或基因群)和轮回亲本的绝大部分遗传成分。在回交过程的中期或后期,需要进行 1 ~ 2 次自交,其目的是使某些隐形性状表现出来便于进行选择,或者是使改良自交系的基因型达到纯合稳定的程度。当非轮回亲本和轮回亲本杂交后,两者的遗传成分各占50%,以后每回交一次,轮回亲本的遗传成分则增加1/2,随着回交次数的增加,轮回亲本的遗传成分也相应增加,回交5次后,轮回亲本的遗传比重已达98.4%以上,非轮回亲本的遗传比重只占1.5%左右。基于上述原理,在采用回交改良自交系时,根据育种目标性状的要求,采取适当的回交次数,用以调整轮回亲本的遗传成分的比重;以及在回交改良过程中,注意选留非轮回亲本的某些优良性状的有利基因(或基因群),防止其流失就显得十分重要。

回交法在改良玉米自交系时应用范畴很广泛,几乎可以应用于所有的性状改良,包括简单遗传的性状、数量性状以及细胞质遗传性状。但是用以改良简单遗传的性状时更为普遍。

(1)简单遗传的性状　包括受主效基因控制的抗病性(例如玉米抗大斑病和抗小斑病基因);各种胚乳品质性状(例如各种胚乳突变体基因)以及受主效基因控制的矮秆性状等。

(2)数量性状　包括受微效多基因控制的各种性状,例如产量性状、早熟性、品质性状(高蛋白和高油分等)、植株高度以及抗病性(玉米丝黑穗病、大斑病、小斑病、青枯病等抗性)。

(3)细胞质遗传性状　主要为各种细胞质雄性不育类型。

回交育种的程序,首先将轮回亲本和非轮回亲本进行杂交,将 F_1 代再与轮回亲本回交,后代继续用轮回亲本继续杂交数次,当轮回亲本的性状充分表现时就停止回交,而在回交后代中选株自交 $1\sim2$ 次,就可以得到纯合的改良系。其育种的基本程序写成下式

$$[(A\times B)\times A_1\sim6\ 次]\otimes1\sim2\ 次\rightarrow改良系$$

如果非轮回亲本提供的有利基因是显性的,则自交体系的回交改良程序可以完全按上式进行。如果非轮回亲本提供的有利基因是隐性的,则需要在回交过程中插入自交,使隐性性状在后代表现出来,以便选株继续回交。在整个回交改良过程中,都要紧紧扣住改良的目标性状和轮回亲本的综合性状进行穗行和单株选择,必要时还应在适当的世代进行配合力测定,才能获得成功。

(五)聚合改良法

聚合改良法是采用相互回交法同时改良优良单交种的两个亲本自交系。其理论依据是两个亲本自交系必然具有较多的有利基因,相互作为供体和受体进行回交改良,就可补充各自缺少的有利基因位点,提高配合力。聚合改良的基本程序如下:

(1)将优良单交种 B×A 同时用两个亲本自交系 A 和 B 回交 $3\sim5$ 次,获得(B×A)× $B_3\sim5$ 和(B×A)× $A_3\sim5$。

(2)从两群体回交后代中选株自交,结合选择,分别得到两群改良的姊妹系(改良的 A 系姊妹系和 B 系姊妹系)。

(3)组配 A 群改良系×B 群改良系的杂交组合,以原单交种 A×B 为对照,选出超过对照的改良组合和改良的 A 系和 B 系。

采用此法时,在改良过程中进行选择时要尽量保留供体系的某些性状的有利基因。

（六）单穴法

单穴法是 Jones 和 Singleton（1934）提出的。这种方法和常规方法的区别在于对自交后代的种植方式。单穴法是把自交果穗在田间种成每穗一穴三株,而不是像常规种成穗行。采用单穴法选系可以增加原始自交穗数和节省试验地面积。但其主要的缺点是自交后代株数过少,因而限制了在分离世代中系内的选择机会,在实际工作中,很少采用这种方法。

（七）单行选择法

高学曾（1980）曾经介绍了法国卡瓦杜尔（Cavadour）种子公司的自交系单行选择法,这种方法原是美国卡吉尔种子公司创造的,是在常规法和系谱法基础上的改进。具体育种程序如下:

一般常采用 2 个广基的（双交种、综合杂交种）和 4 个窄基的（单交种或三交种）群体作为选系的原始材料。每个广基群体自交2 000株,每个窄基群体自交1 000株,收获时选留一半自交穗,共约4 000个自交穗。

S_1 代:每个 S_1 代种子分为 3 份,2 份分别种在南北 2 个试验站按农艺性状进行观察选择,根据两地表现,选出 5% 的系（200 个）,同年冬季在冬季圃内把当年选系预留的种子种成穗行,每穗行选收 4 个自交穗。

S_2 代:将 S_2 种在南北 2 个试验站。北方站只作观察,不选株自交。只在南方站进行选系和选株自交。S_2 代共 200 个系,每系 4 个穗行。根据两地表现选 50%~60% 的系即 100~120 个系,一般每系只选 1 个穗行,每行只选留 1 个自交穗。在特殊情况下每系内可选 2 个穗行。

S_3 代:在南北两个试验站种成穗行,根据两地表现在南方站选择 30%（30~40 个）优系,每系只留 1 个自交穗。

S_4 代:只在南方试验站种植。每系种 30 株全部自交,选留 20 个自交穗。不进行系间选择,仍保留 30~40 个系。

S_5 代:每系在南方站种 20 个穗行,不进行系间选择,收获时每系中选留最好的和最整齐的一行。另一半 S_4 代的种子种在制种区,与 8~12 个优良单交种进行测交,下一年经过测交种比较试验选出一般配合力最高的 10 个自交系,再与 10 个优系进行双列杂交,继续测定一般配合力,最后决选出自交系。

这一方法的特点是:在自交系早代 S_1~S_3 按农艺性状表型选择,大量淘汰,进入测交配合力的自交系只约占 1%。除 S_2 代外,每个系只种 1 个穗行,只选留 1 个自交穗,所以工作量少,可容纳较多的材料,侧重于系间选择和一般配合力选择。

（八）轮回选择与群体改良法

轮回选择的基本原理是增加数量性状有利等位基因的频率,从而定向改变群体的性状表现和配合力结构,创造和改良玉米育种的基础材料。被改造的对象可以是开放授粉品种、杂交种、综合种、群体、复合品种或基因库。改良的产物可以是选育自交系的基础材料，也可以直接利用边远地区的农业生产。轮回选择方法对改良玉米的早熟性、适应性、玉米籽粒品质、抗逆性、抗倒性都是非常有效的。

1. 轮回选择的目标和基本程序

从群体遗传学知道，选择作用可以改变群体基因的频率。轮回选择可有效地提高群体中有利等位基因的频率，因而改良群体的遗传基础。轮回选择技术在改良群体的同时，并保持群体内有丰富的遗传变异，可供进一步选择。

轮回选择需要两个基本条件：一是基础材料的选用；二是选择方法。基础群体的组建是轮回选择的关键环节，比采用任何选择方法更重要。

轮回选择的基本程序：从 C_0 群体产生后代家系，通过多点重复的田间试验鉴定这些家系的优劣，选出最好的家系进行相互杂交得到 C_1 群体。

从 C_1 群体再复制同样的循环步骤。得到 C_0、C_1、C_2、C_3……C_n。每选择一轮新的群体，就比上一轮群体提高了有利基因的频率。适用于轮回选择改良的性状，主要是由多基因控制的数量性状，其单个基因的作用微弱。通过轮回选择，可以使群体内有利基因的频率逐渐增加。选择的成功与否，在很大程度上取决于目标性状的遗传力。连续选择的结果是 C_1 群体的平均数高于 C_0 群体，C_2 群体的平均数高于 C_1 群体，随着选择轮数的增加，群体平均数也随着向有利方向移动。

2. 轮回选择方法

玉米轮回选择方法分为群体内选择和群体间选择两种类型。群体内选择主要对群体加性基因效应有良好作用，所以在抗病虫、抗逆性、提高品质、降低株高和改良生态适应性等方面有较好的效果。一般认为群体内改良方法能够提高玉米群体的一般配合力。群体间改良方法比较复杂，它对加性和非加性基因效应都起作用。因此，它不但能改良群体一般配合力，还能提高两个群体之间的特殊配合力。

群体内改良方法包括混合选择、半同胞选择、自交后代选择等。群体间改良包括半同胞、全同胞相互轮回选择和群体间测交 3 种方法。

（1）混合选择法

其特点是在基础群体中根据当代单株表现型进行选择，不设重复。将中选的单株果穗收获、脱粒，然后均匀混合种子，形成下一轮基础群体。混合选择法的优点是每一轮所用的时间短，一年完成一轮选择，这种方法对以单株为基础遗传力较高的性状有较好的效果。例如，对外来种质适应性的改良，对花期、植株高度、抗倒性、果穗类型和某些品质性状的选择等都有明显的遗传进展，但早期混合选择对产量的改良进展较小。

（2）半同胞选择法

其特点是所有家系用共同测验种作为亲本。测验种可以是正在选择的群体（群体内选择），也可以是正在选择的另一选择群体（群体间选择）；既可以是遗传基础狭窄的自交系，也可以是遗传基础较宽的开放授粉品种、综合种和复合种。由于测验种类型很多，选择余地较大，所以半同胞选择法比其他群体改良方法更常用。其测验种取决于育种目标和产量杂种优势中基因作用类型。

（3）全同胞选择法

在杂交后代中，如果双亲来源相同就称为全同胞选择，而半同胞选择的后代只有一个共同亲本。通常采用一个群体和两个个体相互杂交（群体内）或者用两个不同群体的个体相互杂交（群体间）形成全同胞后代，在设重复的产量试验中评价全同胞后代，用剩余种子重组成下一轮群体。目前，在实际应用中全同胞选择法不如半同胞选择法广泛。

（4）自交后代选择法

自交后代选择法不如混合选择、半同胞选择、全同胞选择法广泛地用于群体改良。自交后代选择法包括评价自交系，根据结果确定优良后代，再用自交系的剩余种子重组下一轮群体。自交后代选择法的优点是增加了家系之间的变异性和暴露出不良的隐性基因从而予以淘汰。缺点是周期时间长，评价试验中的试验误差较大，如果用较高世代的家系重组，可能存在连锁和近交效应。

三、现代玉米自交系选育方法

（一）玉米杂交种诱导单倍体选育自交系技术

1949 年 Chase 提出了单倍体诱导选系方法，其原理是利用自然发生或人工培育的单倍体植株，经人工或自然加倍获得纯合的二倍体植株，再从中选育自交系。利用单倍体方法选系可以大大地缩短育种年限，提高效率。与传统育种方法相比较，该技术是选育玉米自交系的一种最快、最简单、经济和直接的方法。

1. 单倍体诱导系和选系基础材料

某些遗传材料作杂交父本或母本时，可以诱导产生较高频率的单倍体种子。单倍体诱导的机理仍然没有完全清楚，好的诱导系籽粒标记性状明显、诱导率高、花粉量大、抗病性好、结实性好。

（1）常用诱导系

已广泛应用于育种的诱导系有 A385、38-11、Stock6、Kr503-1、ZMS、KMS、MHI、EMK、ZMK、RWS、MHI、Kr716、Kr503-1、Kr640-3、Krasnodar 农大高诱 1 号、吉高诱系 3 号等。其中平均单倍体诱导率：Stock6 为2.52%，Krasnodar 为 6% ~8%，MHI 为 5% ~6%，农大高诱系 1 号为5.34%，吉高诱系 3 号为10.4%。

（2）诱导系标记性状

①籽粒 Navajo 斑纹诱导系一般都带有籽粒 Navajo 斑纹，由显性基因 A1、A2、Bz1、Bz2C1、C2 和 R1 – nj 控制，R1 – nj 作为父本与含 rl 的母本杂交会产生隐性性状和显性的斑纹。杂交当代种子具有紫色的胚乳顶端和紫色的胚芽，而单倍体种子具有紫色的胚乳顶端，但胚芽不为紫色，易于辨认。根据籽粒顶部和胚芽尖颜色、胚形等，逐粒挑选胚芽尖无色、紫色胚乳顶端的准单倍体籽粒。

②紫色植株 由颜色标记基因（显性基因 A1、A2、B1 和 P11）控制，其标记性状对于绝大部分玉米材料表现为显性。

（3）选系基础材料

基础材料可以是优良的杂交种（包括单交种、三交种、双交种）或各类群体（包括优良农家品种、综合杂交种等）。基础材料要求籽粒黄色或白色、综合农艺性状好、高产性状突出、抗病抗逆性强、品质性状兼优的基础材料容易获得好的自交系。其后代分离小的基础群体获得优良自交系的概率较高。以遗传变异分离大的群体为基础材料获得优良自交系的概率很小。

2. 玉米单倍体诱导选系基本程序

玉米单倍体诱导选系基本程序主要有杂交诱导、单倍体籽粒鉴选、单倍体植株确认、单倍体加倍、双单倍体确认 5 个基本环节。

（1）杂交诱导

①播种 一般种植基础材料200～300株，并以4:1配播诱导系。当育种规模大，基础材料多时，即可采用在隔离区内以诱导系作父本。一父多母（1:4～1:5的比例）制种的方式进行配制，以减少人工杂交工作量。

②花期调节 根据选系基础材料的生育期，对选系基础材料及单倍体诱导系进行花期调节，可采取分期播种、促早熟、促晚熟等措施，以确保花期相遇，使杂交顺利完成。

③杂交授粉 单倍体诱导系与母本材料正常杂交。在基础材料雌穗抽丝前套袋，并在抽出花丝后，取单倍体诱导系的新鲜花粉进行授粉，花丝长短和授粉时间对单倍体诱导率有重要影响，凉爽季节、延迟授粉（长花丝长度≥8 cm时）有利于提高单倍体诱导率1.5～2 倍。

④收获和脱粒 杂交果穗成熟后收获，并妥善保管，避免鸟、虫、鼠等危害。干燥后仔细脱粒，尽量避免籽粒的机械损伤。

（2）单倍体籽粒的鉴选

籽粒顶端糊粉层和胚部均显示为紫色，是正常的杂交二倍体籽粒；胚和糊粉层均未着紫色的籽粒，则是由其他花粉污染所致；籽粒顶端糊粉层为紫色，而胚部或胚芽尖无紫色，且胚面较小，凹陷较深，是单倍体籽粒，挑选出后精细保管，待下季播种用。

（3）单倍体植株确认

①选地与播种 为利于单倍体自然加倍，应选择土壤肥力中上等、排灌方便的地块。单倍体发芽势、生长势极弱，应根据不同环境要求，选择直播、刨埯坐水、育苗移栽处理等单粒精细播种方法，确保尽可能获得多的单倍体植株。播种密度一般为每公顷保苗7.0 万株～10.0 万株为宜。

②单倍体植株田间确认依据 植株的形态学特征判别，主要依据：叶片较少、狭窄、直立，偶尔出现白斑，植株瘦弱，生长缓慢，镜检细胞较小。

a. 如果幼苗长势慢、株高低、叶片短且较上冲、叶色浅、植株瘦弱，叶片叶鞘绿色，则可确认是来自基础材料的单倍体植株，要进行加倍处理。

b. 如果植株生长势介于单倍体植株和杂交植株之间，叶片叶鞘绿色，则是单倍体自然加倍形成的二倍体植株，自交后即成自交系。

c.如果叶片和叶鞘紫色,植株瘦弱则是来自诱导系的单倍体植株。

d.如果植株粗大高壮,紫色叶片叶鞘,则是杂交植株,予以田间淘汰。

（4）单倍体植株加倍

一般情况下单倍体植株表现为雌雄不调,花粉很少,仅仅依靠单倍体的自然加倍难以满足育种实践的要求,对有些自然加倍率低的材料,必须对其进行人工加倍。

①单倍体自然加倍

对于散粉株率高的单倍体基因型,依靠育性的自然恢复就可实现自交结实。单倍体植株开花时授粉,当花药外露并有明显花粉产生时,小心取其花粉进行自交授粉。次日,有花粉时再进行次自交授粉,授粉后严格封闭好套雌穗的袋,避免外来花粉污染。

自然加倍特性可通过再选择来提高,使用2个双单倍体材料组配成的杂交种为基础材料进行下一轮选系时,育性恢复率从9.4%提高到13.3%,可提高新选单倍体雄穗的自然加倍频率,更容易选育出新的自交系。

②单倍体人工加倍

a.加倍剂 使用抑制纺锤丝形成的化学药剂。目前比较明确的加倍剂有秋水仙素,APM、氟乐灵、拿草特、安磺灵和一氧化二氮等。利用二甲基亚砜以及细胞分裂素与秋水仙素配合,被认为是最有效的加倍配方。

b.加倍方法 主要有浸种法、浸根法、浸芽法、注射法、田间喷洒除草剂（氟乐灵）等。

浸种法:即用秋水仙素溶液浸泡萌动的单倍体种子。先将单倍体种子用清水浸泡12 h,种子吸胀后,用浓度为0.6 mg/ml的秋水仙素溶液浸泡24 h,再用清水浸泡6 h后播种,以减少对种子的毒害,同时也避免播种时对人体的毒害,相应的结实率可达14.29%。

注射法:即用注射器将秋水仙素溶液注射到植株的生长点。在6叶期,使用0.4%～0.6%的秋水仙素配以2.0%二甲基亚砜（DMSO）混合溶液2.0 μl在茎尖生长点注射处理,加倍率可达32.3%,是未处理的5倍。这种方法的优点是不需要育苗和移栽,难点在于处理时期以及注射部位的把握。

浸芽法:即用秋水仙素溶液浸泡幼芽的方法。当单倍体种子萌发的芽长到5～7 cm时,用浓度为0.06～0.2 mg/ml秋水仙素溶液浸泡根（18 h）或芽（12 h）,再用清水浸泡6 h,加倍成功率可以达到18%以上。如果在种子胚芽处切口,加倍率可以达到30%以上。

浸根法:即用秋水仙素溶液浸泡单倍体根,可以在幼芽期或幼苗期进行。将3叶期单倍体幼苗的根系在0.05%或0.15%的秋水仙素溶液中浸泡24 h或3 h,处理后需要进行育苗、移栽等,应确保处理后幼苗成活。该方法加倍效果比较好,雄花可育率达到30%～60%,但所需药剂量较大,成本较高。

③双单倍体籽粒的收获、保存 自交果穗成熟后,小心收获其果穗,避免自交籽粒的丢失。干燥后仔细脱粒,妥善保管,避免自交籽粒的损害。

（5）双单倍体植株的获得、鉴定及繁殖

①播种

将获得的双单倍体种子按单穗分行、精细播种,确保正常出苗。

②植株鉴定

a. 多株双单倍体植株的鉴定　用 1 个果穗获得多个双单倍体种子播种后,如果植株长势整齐一致,籽粒无分离,且不是杂交种株型,则可确认为纯合的自交系。

b. 单株双单倍体植株的鉴定　单株的双单倍体植株,收获前根据植株形状、生长势、籽粒色泽统筹考虑予以确认;如果长势良好可先自交后,于下一个生长季播种成穗行,如果获得的植株长势整齐一致,则可确认为纯合的玉米自交系。

③双单倍体自交系的繁殖

将确认为纯合自交系的双单倍体植株自交授粉,获得自交种子,下代即可作为新自交系进行配合力制定,用于杂交组合配制等。

(二)作物的分子标记辅助选择育种

分子标记辅助选择育种(Marker – assisted selection, MAS)是利用分子标记与控制目标性状基因紧密连锁的特点,能够快速准确筛选优势基因型,提高育种效率,缩短育种年限,加快了育种进程,克服了很多常规育种方法中的困难。但分子标记辅助育种实践也表明,就某一性状进行分子标记辅助选择,筛选到目标性状的同时,由于基因连锁拖累等会带进一些不利基因,使群体的遗传多样性大大降低,选择结果常常有悖于育种家的初衷。因此,要快速选择目标性状,又要最大限度地保留群体的遗传多样性,减少遗传累赘,就必须有一套科学的育种策略予以支撑。分子标记辅助选择育种主要包括以下几个方面。

1. MAS 回交育种

回交育种是作物育种常用的育种方法,但回交育种中长期以来存在的问题是在回交过程中,目的基因与其附近的非目的基因存在连锁,一起导入受体,导致改良的品种与预期的目标不一致。这种现象称为连锁累赘。利用与目标性状紧密连锁的分子标记进行辅助选择可以显著地减轻连锁累赘的程度。计算机模拟显示,利用目标性状左、右两侧 1 cm 之内的标记只需两个世代就能较快从分离群体中找到供体 DNA 片段最小但携有目标基因的个体。随着分子标记图谱的更加密集,重组个体的选择效率将进一步提高,? 因此,高密度的作物分子遗传图谱的构建将大大加速作物育种进程,提高育种效率。

MAS 用于回交转育更具优势,因为利用分子标记既可鉴别目标基因(即前景选择),又可对轮回亲本基因组进行选择(即背景选择),从而加速轮回亲本基因组的恢复,加快育种进程,提高选择效率。

研究表明目的基因和理想的遗传背景同时选择时,MAS 是有效的;在回交一代至二代,标记跨度为 10 ~ 20 cm 比较合适;当渐渗基因的位置不确定时,应该转移染色体片段从而增加转移目的基因的可能性,即使 QTL 作图位置比较精确,也应该用跨度为 10 ~ 20 cm 的两侧标记,以确保在回交高代等位基因频率并不降低。

2. 回交高代 QTL 分析法与分子标记辅助选择

回交高代 QTL 分析法(AB – QTL)是 Tansksley 在计算机模拟和试验的基础上提出的一种同步发现并转育 QTL 的方法,该方法将 QTL 的鉴定延迟到 2 ~ 3 代进行,然后利用标记的信息进行 MAS 回交育种,育成系列近等基因系,AB - QTL 分析方法就可快速将未驯化或外源的种质资源中有利的 QTL 性状导入栽培作物中,使栽培作物中某些 QTL 性状得到迅速改良,为野生种及远缘材料的利用开拓了新的手段。

鉴于栽培品种的遗传资源比较贫乏,利用具有优异 QTL 性状的野生种或地方品种与优良的栽培品种杂交,再回交 2 ~ 3 代,利用分子标记在回交高世代同时发现和定位一些对产量或其他性状有重要贡献的主效 QTL,并有选择地将新的、有益基因导入优异作物品种中,以扩大其遗传基础,加速栽培作物遗传改良的速率。在回交高代群体的培育过程中,通过性状的相斥选择来减少有害供体基因的频率;在该群体的培育过程中,可获得数套 QTL - NIL 系,即除目标 QTL 性状外,其余遗传基础都和优异的轮回亲本一致。

到目前为止,尽管已在许多作物中筛选出许多重要农艺性状的 QTL 分子标记,但在育种上,利用分子标记技术辅助选择呈数量性状遗传的重要农艺性状来创造作物新品种的成功实例少之又少。其主要原因是以往的试验设计均是将 QTL 的发现和新品种的培育过程分隔开来,即利用合适亲本材料创建一个分离群体(常为平衡群体,在这一群体中,双亲的基因均以一个高的频率出现,如 F_2、F_3、BC_1、RI 群体)。在这样的群体中,有价值的 QTL 发现后,需通过多次杂交或回交以获得商用品种,这必然在每次回交过程中使供体的许多不良性状由于连锁累赘而得到转移,致使大大降低了利用已获得的 QTL 信息去创造优异作物品种的可能性,延迟了新品种释放的时间。

3. 大范围群体内的单目标基因分子标记辅助选择

若某作物已有一些重要农艺性状的分子标记,但缺乏比较饱和的遗传连锁图时,该方法是行之有效的。其基本原理是在一个随机杂交的混合群体中,首先利用分子标记辅助选择目标性状,并尽可能使选择群体足够大,使中选的植株具有纯合的目标位点,同时在其他基因位点上保持有较大的遗传多样性,最好仍呈孟德尔分离。分子标记筛选后,仍有遗传多样性丰富的群体供育种家通过传统育种方法选择,产生新的品种和杂交种。这种方法对于分子标记辅助选择质量性状或数量性状均适用。本方法可分为 4 步。

(1)利用传统育种方法结合 DNA 指纹图谱选择具有目标性状的优异亲本,特别对于数量性状而言,不同亲本针对同一目标性状要具有不同的主效 QTL。

(2)确定该重要农艺性状 QTL 标记,利用中选亲本与测验系杂交,将 F_1 自交产生分离群体(一般为 200 ~ 300 株)结合 F_2 ~ F_3 单株行田间调查结果,以确定主要 QTL 的分子标记。

注意:表型数据必须是在不同地区种植获得,以消除环境互作对目标基因表达的影响。使中选的 QTL 不受环境改变的影响,且对表型贡献最大。确定 QTL 标记的同时将中选的亲本进行互交,其后代继续自交 1 ~ 2 次产生一个很大分离群体。

(3)结合筛选的 QTL 标记,对上述分离群体中单株进行 SLS - MAS。

(4)根据标记的有无选择目标材料,由于连锁累赘,除中选 QTL 标记外,使其附近其他位点保持最大的遗传多样性。进一步通过中选单株自交,基于本地生态需要进行系统选择,育成新的优异品系,或将中选单株与测验系杂交产生新的杂交种。若目标性状位点两边均有 QTL 标记,则可降低连锁累赘。

4. MAS 的聚合育种

利用分子标记辅助选择技术在快速累积具有同一表型的基因方面表现出特殊的优越性。病原菌和昆虫易克服单基因抗性从而使作物失去抗性。在一些作物中结合多个抗性基因可增加持久抗性。由于上位性和基因效应的屏蔽作用,仅仅基于寄主–病原菌、寄主–昆虫的互作通常不可能区别几个 R 基因的存在,通过 MAS 就可以跟踪新的 R 基因,来源不同的 R 基因就可以结合在同一基因型中产生持久抗性。要区分某一个体中所携有的对某个病原菌生理小种的抗性基因,必须通过分小种(菌系)隔离接种鉴定的方法才能确定。这不仅技术要求高,消耗人力和时间,而且局限于在高代稳定品系鉴定时使用,对早代分离群体中的单株选择鉴定很难进行。借助分子标记,可以先在不同亲本中将基因定位,然后通过杂交或回交将不同的基因转移到一个品种中去,通过检测与不同基因连锁的分子标记有无来推断该个体是否含有相应的基因,以达到聚合选择的目的。

5. 分子标记辅助育种与常规育种结合

分子标记辅助育种技术与常规育种技术是相辅相成的,二者必须等量齐观,不可偏重前者而忽视后者。

常规育种是作物育种的基础,分子标记辅助选择技术为作物育种提供了一种快速、准确、有效的选择手段。分子标记辅助育种技术只有与常规育种相结合,才能更快地同步改良农作物的产量、品质、抗逆性,真正为农业生产做出贡献。一方面,利用与目标基因紧密连锁的分子标记进行辅助选择育种,可大大加快育种速度,提高育种的可预见性。另一方面,用作分子标记选择的基础材料靠常规育种来创造,用分子标记技术选出的优良个体要通过常规育种程序去检验。目前分子标记技术已经得到迅速的发展,已构建了许多作物的高密度分子遗传图谱,并定位了大量的 QTL,积累了丰富的资料。为此,基于分子标记辅助选择,并与常规育种方法有机结合的育种体系——分子标记辅助育种选择体系已在许多作物,特别是主要农作物中建立起来。同时,一种基于分子标记技术的新的育种研究思路——设计育种(breeding by design)已初露端倪。

(三)全基因组选择辅助育种

分子设计育种的概念自 20 世纪末提出,即利用与性状连锁的 DNA 变异信息作为"分子标记",对重要的性状决定基因进行筛选、优化、组合,模拟出满足不同育种目标的理想基因型。在过去 30 年的时间里,分子设计育种在基因层面上辅助育种家选择亲本材料和设计杂交育种组配方案,其发展历程大体经历了单基因选择、多基因聚合以及全基因组选择辅助育种。与分子标记辅助育种不同的是,基因组选择育种是考虑基因组中数万甚至数百万的分子标记信息,在训练群体中建立基因组选择模型推导基因型与表型间的相关性,在候选群体中模拟和预测杂交后代可能产生的表型,育种家可以根据杂种一代表型预测的结果选择育种价值较高的亲本材料,设计合理的杂交、回交育种方案。玉米育种主要利用自交系间的杂种优势现象培育杂交种,是应用基因组选择育种的理想作物。玉米中应用基因组选择育种的流程主要包括:

1. 群体结构与亲缘关系解析

选择来自不同杂种优势群的亲本自交系材料进行基因组重测序或 SNP 芯片基因分型,亲本群体的基因型数据需要生物信息分析进一步处理,并通过建立系统发育树对亲本材料的群体结构和亲缘关系进行初步解析。

2. 训练群体的构建及表型鉴定

选择一定比例的代表性亲本材料通过杂交实验建立 F1 训练群体,并对杂种一代的表型进行完善、细致的性状调查,每个杂种一代的基因型则可以通过其双亲的基因型推导出来。

3. 基因组选择模型构建

在已知基因型与表型的 F1 训练群体中构建基因组选择模型,推导基因型与表型的相关性,模型中可以进一步加入亲本表型、环境变量、群体结构等参数作为固定效应调整模型的预测精度。

4. 预测

在未知表型的候选群体中应用基因组选择模型进行预测,以模拟的 F1 的基因型作为输入,预测杂种一代的开花期、株高、产量等表型。

在开展玉米基因组选择育种实验中,代表性亲本自交系材料的选择,以及训练群体与候选群体的划分比例尤为重要。在群体结构较为一致、亲本材料较为固定的前提下,对玉米开花期的预测精度可以达到 0.75 左右,对株高的预测精度可以达到 0.85 左右,对穗重和穗重中亲优势的预测精度可以分别达到 0.65 和 0.80 左右。除了对表型性状的预测,基因组选择模型也可以对遗传力、一般配合力、特殊配合力、收获指数等育种中常用指标进行预测,辅助育种家选择优良亲本自交系。除了农艺性状相关表型的预测,通过全基因组关联分析挖掘的抗虫抗病、耐盐耐旱等胁迫应答相关分子标记也可以用于建立基因组选择模型。玉米自交系材料耐盐研究的结果表明,利用盐胁迫条件下获得的代谢组数据,与基因组数据关联分析挖掘的 2200 个标记建立的基因组选择模型,对亲本材料耐盐等级评价的精度可以达到 0.75～0.80 的水平。

(四)转基因技术

1. 转基因植物在育种上的应用

目前已建立了多种植物转基因方法。据不完全统计,目前已获得转基因植株的物种达 120 多种。其中包括重要的粮食作物如水稻、小麦、玉米、大豆和马铃薯等;经济作物如棉花、油菜、向日葵和亚麻等;另外还有重要的蔬菜、牧草、花卉和部分木本植物。在建立转化体系的基础上,人们已将许多具有重要价值的目的基因转入植物。目前植物转基因研究的几个主要方面如下。

(1)抗除草剂基因工程

抗除草剂转基因作物的研究在国外很受重视。在 2006 年全世界推广的 1.02 亿 hm² 转基因作物中,抗除草剂转基因作物的面积达到 8 300 万 hm²(其中包括 1 310 万 hm² 同时具有抗虫、抗除草剂特性的转基因作物),占转基因作物总面积的 81.4%。其中主要有抗除草剂大豆 5 860 万 hm^2，抗除草剂玉米 500 万 hm^2，抗除草剂油菜 480 万 hm^2，抗除草剂棉花 140 万 hm^2，抗虫抗除草剂玉米 900 万 hm^2，抗虫抗除草剂棉花 410 万 hm^2。比较而言，我国以前对作物抗除草剂基因工程的研究不够重视。随着经济的不断发展和人工费用的提高，今后农业生产上除草剂的使用将越来越普遍。预计抗除草剂基因工程的研究在今后几年内将得到加强。

（2）抗虫基因工程

1996 年，转 Bt 基因的棉花、玉米和马铃薯已在美国批准进行商品化生产。抗虫玉米和抗虫棉目前已成为推广面积仅次于抗除草剂大豆的两种转基因作物。国内也已克隆了 Bt 毒蛋白基因，并已成功地转入烟草、棉花、玉米、水稻、杨树等多种植物中。

（3）抗病毒基因工程

抗病毒是植物基因工程早期比较成功的研究领域之一。国内近几年来先后克隆了烟草花叶病毒（TMV）、黄瓜花叶病毒（CMV）、玉米矮花叶病毒（MDMV）、马铃薯 X 病毒（PVX）和马铃薯 Y 病毒（PVY）等的外壳蛋白基因，烟草花叶病毒的卫星 RNA，黄瓜花叶病毒和马铃薯 Y 病毒的复制酶基因等，获得了抗 TMV 和 CMV 的转基因烟草，并已进入大田试验。抗 CMV 的番茄和甜椒也已获得农业部"农业生物基因工程安全管理委员会"的安全性审批，同意进行商品化生产。国外已获得商品化生产许可的转基因抗病毒产品有西葫芦和番木瓜，但目前栽培的面积都不大。

（4）抗真菌、细菌病害

我国科学家把抗菌肽基因转入烟草和马铃薯，转基因植株对细菌性病害（青枯病）产生抗性，抗性比受体品种提高 1～3 级。将几丁质酶基因转入植物的研究也已起步，从植物材料中克隆到越来越多的优良目的基因，如玉米抗圆斑病、番茄抗叶霉病、水稻抗白叶枯病等的抗病基因，其中抗水稻白叶枯病基因 Xa21 已被成功地转入水稻栽培品种中，转基因抗病水稻目前已进入大田试验。

（5）作物品质改良基因工程

通过转基因技术提高作物品质具有重要的应用前景。高油酸大豆、金色水稻（高 β - 胡萝卜素含量）、高赖氨酸玉米、高植酸酶玉米等产品已进入大田试验，有望尽快用于农业生产。

2. 转基因植物新品种的培育

植物转基因育种是指通过转基因方法培育作物新品种。它可以把外源目的基因直接导入优良推广品种或品系以改良个别性状，也可以将转基因材料作为亲本在作物育种计划中间接利用。若通过前一种途径，在转基因受体基因型选择时要十分注意其综合农艺性状；若通过后一种途径，则应在转化效率和表达强度方面多加考虑，对转化受体品种的农艺性状可不必求。事实上，并不是所有转基因植株都可以用于植物育种计划。在对大量转基因植株进行分析鉴定的基础上，选择目的基因表达水平高、能够稳定遗传且没有明显不良性状的转化体用于育种计划。

（1）自交育种

①如果转化所用植物材料是自交系,在自交后可以选择目的基因纯合的单株。对转基因纯合株系的性状进行综合评价,若与转化所用受体材料基本相同,就可直接用于生产或配制杂交种。

②如果转化所用植物材料为杂交种或杂合体,需经多代自交。在自交过程中选择目的基因纯合,综合农艺性状优良的多个家系,进入育种程序。

（2）回交转育

在获得目的基因纯合、表达水平高的转基因家系后可以用回交转育的方法把目的基因转入生产上广泛应用的自交系中。由于外源基因在转入受体作物后其表达水平、遗传方式、稳定程度等均可能发生变化,因此,更需要在育种计划的各个阶段进行连续多代和异地多点鉴定。

（五）基因编辑技术

基因组编辑技术是指可以在基因组水平上对 DNA 序列进行定点改造的遗传操作技术,其在基因功能研究和改造、生物医学和植物遗传改良等方面都具有重要的应用价值。

玉米基因组中大约有 4 万个编码蛋白的基因,但仅有不足 200 个基因得以克隆和功能验证。随着玉米转基因技术的逐渐成熟,采用基于 CRISPR/ Cas9 基因编辑技术高通量敲除玉米基因,建立玉米全基因组范围的突变体库,实现快速筛选与鉴定调控重要农艺性状的关键基因。

在作物中应用基因编辑技术对单个基因的功能敲除、改变单一目标农艺性状已有诸多成功的案例。如在水稻、玉米、大豆、马铃薯等作物中以乙酰乳酸合成酶基因（ALS）为靶点编辑创制的 ALS 突变植株,对乙酰乳酸合成酶抑制剂类除草剂的耐受性是野生型的 1 万倍。玉米中利用基因编辑技术通过对 Wx1 基因的修饰提高直链淀粉含量、对 TMS5 基因的修饰创制热敏雄性不育材料、对 ZmMTL 基因修饰创制单倍体诱导系材料、对 ARGOS8 基因修饰创制耐旱材料,为玉米遗传改良育种和分子设计育种提供重要的供体材料。

四、其他方法

（一）诱变育种技术

诱变育种是人为地利用各种物理、化学和生物等因素诱导植物遗传性状发生变异,并根据育种目标从变异后代中选育新品种获得有利用价值的种质资源的一项现代育种技术。诱变育种既能诱发基因突变,又能促进遗传基因重新组合,在短时间内获得优良突变体,可育成新品种直接利用,也可作为种质资源（如转基因的受体）间接利用,具有杂交育种难以替代的特点。诱变育种主要包括以 γ 射线为主的物理诱变、以各种化学药剂为诱变因素的化学诱变和近年来的航空诱变育种等。

1. 物理诱变育种

物理诱变育种的方法主要包括以 α 射线、β 射线、γ 射线和近年来兴起的航空诱变育种。

（1）物理诱变剂的种类　典型的物理诱变剂是不同种类的射线,常见的有 α 射线、β 射线、γ 射线和中子,此外还有紫外线。

（2）诱变机理　α 射线和 γ 射线都是能量较高的电磁波,能引起物质的电离。当物体的某些较易受辐射敏感的部位受到射线的撞击时而发生离子化,可以引起 DNA 链断裂,当修复时不能恢复到原状就会出现突变。如果射线击中染色体则可能导致断裂,在修复时可能造成缺失、重复、倒位和易位等染色体畸变。中子不带电,但当与生物体内的原子核撞击后,使原子核变换产生 γ 射线等能量交换,从而影响 DNA 和染色体的改变。

（3）诱变处理部位　处理部位有植株或植株的局部、种子以及花粉,应用最广泛的而且最见效的方法是处理种子。

2. 化学诱变育种

化学诱变就是用化学诱变剂处理作物的植株、种子、花粉、花药、合子或单细胞组织培养物等,以引起碱基置换、染色体断裂、基因重组或基因突变等生物学效应,使后代产生变异。将化学诱变应用于作物育种,根据育种目标从后代中选出新种质、新品系或特用品种,是一种快速、高效的现代育种方法。

（1）化学诱变剂的种类及作用机制

化学诱变剂大约有 5 种,它们是烷化剂、碱基类似物、碱基异构体、染色体断裂剂、中草药。

①烷化剂　指具有烷化功能的化合物,带有一个或多个活性烷基,该烷基转移到一个电子密度较高的分子上,可置换碱基中的氧原子,碱基被烷化后,DNA 在复制时会导致配对错误,产生突变。如乙烯亚胺类、磺酸酯类等。

②碱基类似物　该类化合物在不妨碍 DNA 复制的情况下作为 DNA 的组成成分参加合成。因为碱基类似物在某些取代基上与正常碱基不同,所以参与后使 DNA 复制发生偶然错配,引起碱基对的交换,从而引起变异。如 5 - 溴尿嘧啶类似物等。

③碱基异构体　如马来酰肼是尿嘧啶异构体,能与细胞内的巯基起作用。

④染色体断裂剂　如抗生素等能打断染色体。

⑤中草药　如长春七、花碱等可阻止纺锤体形成,抑制细胞分裂。

（2）处理方法

①种子处理　直接把干燥种子或浸泡过的种子放入诱变剂溶液中浸泡一段时间,用水洗后立即播种,或者重新干燥后待播。此法是目前玉米育种中常用的一种方法。

②单细胞或组织培养物处理　培养前用诱变剂处理培养物,然后再培养,或在培养基中加入一定量的诱变剂进行培养。

③花药或花粉处理　在临近开花时将玉米雄穗剪下插入处理液中,开花时收集花粉,或采用花粉熏蒸,即在密闭容器中用诱变剂熏蒸花粉,或用处理液处理成熟花粉,如用 EMS 石蜡油(液状石蜡)溶液处理玉米花粉,或在花药组培前将小穗剪下插入诱变剂中,处理一定时间后,取出培养。

④花丝诱导　用诱变剂处理未授粉的玉米花丝,诱导花丝孤雌生殖。

3. 诱变材料的选择

诱变材料应选择综合性状优良,适应性好,须有要改良某个缺点的品种或品系,处理后稳定快,能很快用于生产。选用杂合材料可增加重组率,提高诱变效果,但稳定慢,可用于创造新种质。选用优良的自交系,通过诱变改变某一个基因位点,迅速培育出有应用价值的特用品种或更优系。

4. 突变性状与选择

经过诱变处理的种子或营养器官所长成的植株或直接处理的植株均称为诱变一代(M_1)。大多数突变都是隐性突变,少量是显性突变。如果处理花粉后出现显性突变,则经授粉后能在当代立即识别,产生隐性突变则只有经过自交或近亲繁殖后才能发现。如果处理种子就只能产生突变的杂合子和未改变的组织的嵌合体。

对 M_1 一般不进行选择,长成的植株全部自交得到 M_2 果穗。诱变处理得到的 M_1 后代,出现了严重的生物学损伤,M_1 种子的生命力下降,如出苗率降低、发芽势严重下降、M_1 植株表现抽雄早且持续时间长等。

M_2 的植株出现分离现象,它是分离范围最大的一个世代,但其中大部分是叶绿素突变,叶片结构突变较少。M_2 的种植方式因选择方法不同而异,主要有系谱法和混合法。系谱法的特点是种成穗行,根据穗行的表现较易观察到变异植株,再通过后代的鉴定和选择,缺点是工作量大。混合法是在 M_1 每株穗上收获几粒种子,混合种植成 M_2,从中选择单株和产量鉴定。此方法省工,但选择突变体较困难,不易注意到微小的突变。

M_3 代性状已基本稳定,但是某些突变性状尤其是微突变性状不一定都在 M_2 代中出现。M_3 代被认为是选择微突变的关键世代。

(二)配子选择法

配子选择法的依据是优良配子的发生频率高于优良合子的发生频率。单纯按理论计算,如果优良配子的发生频率为 1/100,则优良合子的发生频率为 $(1/100)^2 = 1/10\ 000$。因此,对优良配子进行选择,用优良配子来改良自交系,可能比选择优良合子(个体)的效果更好。

使用配子选择法育种的步骤如下:

(1)按育种目标选一个品种群体(或多系杂交种、综合杂交种)作为优良配子的给体(A),对需要改良的自交系(B)混合授粉,获得 B×A 的种子。

(2)种植 B×A 较大的群体,同时种植测验种(T)和原自交系(B)。从 B×A 群体中选株自交 100～200 穗(S_1);同时用自交株的另一半花粉对测验种授粉,获得 T×(B×A)S_0 的测交组合;再用测验种(T)的混合花粉授与原自交系(B),获得 B×T 的种子。

(3)用 B×T 作为对照,进行测交组合比较试验,根据试验结果选出超过对照的若干测交组合,再按测交组合找出相应的(B×A)S_1 种子。

(4)把选出的(B×A)S_1 种成穗行,继续自交选择,最后选出几个稳定的姊妹系。

配子选择法无论在理论上和实践上都存在一些缺点。其一,优良配子所携带的一组染色体,经过杂交、自交和选择一系列过程后,必然发生重组、分离,不可能按原有的纯合状态保存下来;其二,育种的程序比较烦琐;其三,实际选择的对象仍然是异质性的合子——杂交后代,因此选择效果并非理论计算出的频率。由于以上原因,自从 Stadler(1944)提出配子选择法以来,在育种中实际应用这种方法的不多,辽宁省农业科学院在20世纪70年代曾采用配子选择法改良某些亲本自交系。

五、自交系配合力测定

配合力分为一般配合力(GCA)和特殊配合力(SCA)两种。自交系的配合力是指其组配杂交种的能力,是通过它所组配的杂交种的产量(也可用杂交种其他性状的平均值)进行估算的。因此,可以理解配合力实质上是自交系所内含的控制产量性状的有利基因的位点数目的多少及其互作的结果,当然也包含着与环境互作的效应。所谓一般配合力是指自交系有利基因位点的加性遗传效应,是可以遗传的部分。一个自交系的有利基因位点越多,则它的一般配合力也越高,反之则一般配合力越低。所谓特殊配合力,则是自交系间控制产量性状的有利基因互作的结果,属于显性和上位性遗传效应,是不能遗传的部分。由此可见,只有用一般配合力高的自交系为亲本,再经过自交系间合理的组配,以获得高的特殊配合力,才能选育出最优的杂交种。所以选育自交系时,必须进行配合力测定,按配合力的高低,对自交系进一步选择。

(一)测定时期

配合力测定时期可分为早代测定、中代测定、晚代测定。

1. 早代测定

早代测定在 $S_1 \sim S_2$ 世代进行,能测出一般配合力。早代测定的一般依据是一般配合力受基因加性效应控制,是可以遗传的。早代的一般配合力和晚代的配合力呈正相关。但是早代处于分离世代,性状不稳定,早代测定的结果只能反映该组合的一般配合力趋势,并不能代替晚代测定。一般只是在以提高一般配合力为主、用轮回选择法改良品种群体时采用,选育自交系很少采用。

2. 中代测定

在自交系选育的中期世代,即 $S_2 \sim S_4$ 世代测定自交系的配合力。此时自交系是从分离向稳定过渡的世代,系内的特性基本形成,测出的配合力比早代测定更可靠些,并且配合力的测定过程与自交系的稳定过程同步进行,当完成测定时,自交系也已稳定,即可以用以繁殖、制种,这对缩短育种时间大有裨益。据调查,国外大多数玉米育种者在选育自交系时,都采用中代测定。

3. 晚代测定

在自交系选育后期,即 $S_5 \sim S_6$ 代时测定自交系配合力。此时自交系已经稳定,基因型已基本纯合,所测出的配合力是可靠的。但缺点是一些低配合力的系不能及时淘汰,增加了工作量,并延缓了自交系选育利用的时间。

(二)测验种的选择

测验自交系配合力所进行的杂交叫测交。测交所用的共用亲本称为测验种。测交所得的种子在产量和其他数量性状上表现的数值上的差异,即为这些被测系间的配合力差异。所以测验种的选择非常重要,选择是否得当,直接关系到测验结果的准确性与可用性。对玉米而言,用普通品种、品种间杂交种以及综合种做测验种一般仅能测出被测系的一般配合力,因为有显性、上位性和互作效应所致的非加性变量差异不能区分,故只能反映出加性基因效应;如用自交系、单交种做测验种,由于基因的纯合性高或遗传基础单一等,则测交种类单一,因此,能容易地反映出基因的加性效应与非加性效应,因而可同时测出被测系的一般配合力和特殊配合力。另外,测验种本身的配合力以及测验种与被测系间亲缘关系也影响测交结果的准确性。当测验种本身的配合力低或与被测系的亲缘关系近时,所得到配合力往往偏低,反之,其测定结果往往偏高,两者均难以准确反映自交系的优劣。因此在测定两种类型的被测系时,以采用中间型的测验种为好。

(三)自交系配合力的测定方法

1. 顶交法

通常是选用自由授粉品种作为测验种分别和许多自交系测交。例如选定 A 品种作为测验种,与所有的自交系测交,可得到 A×1、A×2、A×3……A×n 等 n 个测交组合。第二年采用有重复的间比法进行测交组合产量比较试验。根据产量的高低,先选出若干高产的测交组合,再选出这些组合相应的亲本自交系,就是高配合力的自交系。其理论依据是,由于采用相同的测验种,假设它们个体的基因型是相同的(实际并不尽然),因此,推断它们的测交组合之间的产量差异是来自被测自交系之间的基因型差异。凡产量高的测交组合表明它们的亲本自交系的有利基因位点多,所以配合力高。

选用自由授粉的品种群体作为测验种,因其具有遗传多样性,基因型是杂合的,可以避免或减少在测交组合中的显性和上位性效应,能够比较准确地鉴定自交系的配合力。反之,如果用纯合的和遗传基础狭窄的材料,例如用一个自交系作为测验种,就难以避免测交组合之间出现的程度不同的显性和上位性效应,即自交系间特殊配合力的影响,而造成测定自交系一般配合力的偏差。所以,采用顶交法时,应选用适宜的测验种才能得到可靠的测定结果。现在发展的趋势,已经不局限于利用自由授粉品种作为测验种,更多的选用综合杂交种和多系杂交种作为测验种。

选用顶交法测定自交系的一般配合力的优点是配制和比较的组合数少,便于被测系之间的比较;缺点是不能分别测算一般配合力和特殊配合力,所得到的配合力是两种配合力混合在一起的配合力。

2. 双列杂交法

双列杂交法是由 Jinks(1954)提出设计,并由 Griffing(1956)发展的一种测定和估计一般配合力和特殊配合力等效应值的方法。

双列杂交法是把一组待测定的自交系配成可能的杂交组合,按照随机区组设计进行田间试验,获得各个杂交组合的产量(或其他数量性状)的平均值后,可以按亲本来源排列成二向表,然后按假定的数学模式分析估算出自交系的一般配合力和特殊配合力。

双列杂交法的优点是可以同时估算自交系的一般配合力和特殊配合力,而且在分析时是根据一级统计(如平均数、总和数等),在统计学上是比较可靠的。因此,在估算出配合力数值也是比较准确的,可以提供对产量和其他数量性状许多复杂观察值的一个概括,和预示某些优良组合的产量和性能趋势。但在育种实践中,当有大批的自交系需要测定配合力时,由于测交组合数很多,试验规模巨大,会超过试验单位的承受能力和扩大试验误差,因此在选育自交系早期,不宜采用双列杂交法。一般是,先采用顶交法测定自交系的一般配合力。经过一次配合力筛选后,将选出的配合力高和性状优良的少部分自交系,再用双列杂交法进一步测定,以便决选出优良自交系和同时筛选高特殊配合力的强优势杂交组合。

3. 多系测交法

多系测交法是测定配合力的通用方法。所有的测验种是育种家按育种目标和经验判断选出的若干个优良自交系(骨干系),这些系有的是现有优良杂交种的亲本,有的是新选育或引进的高配合力自交系。用它们作为测验种,分别和一批自交系测交,得到几组测交组合,次年进行测交组合比较试验。田间试验设计按测交组合数目多少而定,如组合数目较少时,可采用随机区组设计,如组合数目较多时,则采用间比法设计。多系测交可以同时评价自交系的一般配合力和特殊配合力,同时选出高配合力的自交系和强优势的杂交组合,所以是一种把自交系配合力测定和杂交种选育相结合的快速有效的方法。

多系测交法实际也是一种变相的 M × N 杂交法。多系测交法所得到的自交系的一般配合力值是根据多系测交组合产量(或其他数量性状)的平均数估算出来的,相对削弱了用单一自交系测交时产生的特殊配合力影响。

第二节　黑龙江省春玉米杂种优势利用

杂种优势(heterosis)是指两个遗传基础不同的个体杂交所得到的杂种一代,在生长势、存活力、生殖力、抗逆性、适应性以及产量、品质等方面优于双亲的现象。杂种优势是生物界普遍发生的一种现象,从真菌到高等动植物,凡是能够进行有性生殖的生物,无论是远缘杂交还是近缘杂交,都可以见到这种生物学现象。

杂种优势一词最先是由 Shull 在 1908 年提出的,人们有意识地研究和利用玉米杂种优势始于 19 世纪后期到 20 世纪前期。1866—1876 年,Darwin 就提出了杂交有优势的观点。Darwin(1877)通过自交和杂交试验,观察并测量了玉米等作物的杂种优势现象后,提出了"异花授粉有利、自花授粉有害"的观点。其后,许多学者对玉米做了一系列研究,终于使玉米成为生产中大规模利用杂种优势的第一个代表性作物。我国玉米杂种优势利用研究始于 20 世纪 30 年代,但受战争、经费和条件的限制,获得的有限育种成果未在生产上应用。直到新中国成立后,杂种优势才开始在玉米生产上广泛应用。杂交种是玉米杂种优势利用的载体。到现在为止,已经历了推广利用品种间杂交种、双交种和单交种三个阶段。

一、黑龙江春玉米杂种优势利用的发展历程

(一)品种的选育与应用

1. 农家品种、综合种、品种间杂交种的鉴选与应用

新中国成立初期到 20 世纪 50 年代前期,黑龙江省玉米生产应用的品种均是农家品种。黑龙江玉米育种研究始于 50 年代中期,东北农学院农学系和黑龙江省农科院作物育种所开创了黑龙江玉米育种研究工作。1955—1957 年黑龙江省农科院建院之初在全省范围内进行了玉米品种的普查,共收集农家品种 929 份。1957—1960 年期间经整理、鉴定,先后选出英粒子、马尔冬瓦沙里、白头霜、黄金塔、金顶子、长八趟等农家品种供生产应用。在此期间,又用硬粒型农家种大穗黄、牛尾黄、道白罗齐、小金黄等与马齿型农家品种马尔冬瓦沙里、加 645、黄金塔、英粒子等杂交育成了黑玉号、安玉号、合玉号、克玉号、牡丹号、嫩双号等一批优良的品种间杂交种,以及黑玉 42、齐综 2 号等优良综合种用于生产。培育和利用品种间杂交种是 50～60 年代中前期玉米主要的增产措施之一。此阶段黑龙江省玉米产量缓慢增长。

2. 杂交种的选育与应用

从 20 世纪 60 年代中后期至 70 年代中期,黑龙江省开展了玉米杂种优势利用的育种研究工作。首先利用农家品种选育的一环系以及外引自交系育成以黑玉 46 为代表的一批自交系间双交种。黑玉 46 的育成和应用,标志着黑龙江省玉米生产进入双交种应用时期。玉米双交种的广泛应用使黑龙江省玉米产量有了大幅度提高,玉米单产第一次有了较大跨越。

1976—1981 年黑龙江省玉米育种从双交种逐步过渡到三交种和单交种的研究和应用时期,先后选育出以松三 1 号为代表的三交种和以嫩单 1 号为代表的单交种。嫩单 1 号开创了选育和应用玉米单交种的新纪元。玉米单交种育种迅速发展,到 1982 年玉米生产上应用的品种全部为单交种。育成的有代表性的单交种有嫩单 3 号、龙单 1 号、东农 248、绥玉二号、龙单 13 等。推广应用龙单号、绥玉号、合玉号、东农号、嫩单号、克字号等系列单交种共 103 个,为玉米生产的发展做出了重要贡献。其中嫩单 3 号、东农 248、龙单 13 等品种在生产中发挥了重要作用。随着单交种的推广应用和育种水平提高,黑龙江省玉米生产的产量得到平稳增长,使黑龙江省玉米产量有了第二次跨越。

20 世纪 80 年代中期以后,由于受世界性温室效应的影响,黑龙江省气温升高,霜期延迟,加之生产管理水平的提高,地膜覆盖、规范化栽培等新技术的应用,致使"南种北移",大量"吉字号"玉米品种长驱直入,使得黑龙江省中晚熟玉米育种工作处于被动局面。

20 世纪 90 年代中后期,黑龙江省从事玉米育种研究的科技人员积极开展中晚熟玉米育种研究工作,从育种基础材料抓起,通过开展"玉米综合群体轮回选择""玉米热带种

质与温带种质互导研究",创造晚熟育种材料,选育出一批产量水平、抗病性和品质等方面都明显优于"吉字号"的玉米新品种,使黑龙江省自育品种逐步回归到主导地位。

21世纪以后,玉米种植面积快速扩大对于种子需求逐渐增高,各科研院所技术和科研实力的增强使得生产上可用玉米品种快速增多,年推广面积1.3万 hm² 以上的品种数量超过100个,品种选育单位开始多元化。2003年"丰禾10"在生产上种植面积的扩大,标志民营性种子公司开始发挥重要作用。

2010—2012年生产上年推广面积1.3万 hm² 以上品种数量将近200个,其中东农系列、丰单系列、丰禾系列、克单系列、合玉系列、龙育系列、嫩单系列、庆单系列、久单系列、吉单系列、绥玉系列、龙单系列,以上12个系列的育种成绩尤为突出。另外在200个品种中德美亚1、德美亚2、德美亚3、吉单27、吉单505、吉单519、龙单32、龙单38、龙单59、龙聚1、龙育5、龙育7、绿单2、绥玉10、绥玉7、先玉335、鑫鑫1、鑫鑫2、兴垦3、哲单37、郑单958年推广面积超过了10万 hm²,见表3-1。

表3-1 黑龙江省主推品种表

年份	品种名称(种植面积大于1.3万 hm²)
1980—1989	龙单1、龙单2、克单3、克单4、嫩单1号、嫩单3号、嫩单4号、合玉11、安玉11、松三1、吉单104、吉双83、龙肇1号、潘玉2、嫩单5、龙单3、四单8、吉单101、四单12、龙辐玉1、吉单118、白单9、东农248、合玉14、嫩单6、龙单8、中单2、吉单131、黄莫、绥203、四单16、东农247、合玉15、丹玉13、海玉5、本育9、四早6、嫩214、孚尔拉、四单19
1990—1999	白单9、本育9、丹玉12、丹玉13、东农248、孚尔拉、海玉4、海玉5、海玉6、合玉14、合玉15、合玉17、黄莫、吉单101、吉单156、吉单180、吉单519、克单5、克单8、龙单1、龙单4、龙单5、龙单8、龙单13、龙单16、牡丹201、嫩单3、嫩单4、嫩单6、四单12、四单16、四单19、四单8、四早6、四早11、新合玉11、新绥玉2、绥玉6、绥玉7、中单2
2000—2009	久龙5、33B75、奥玉16、巴单4、巴单5、白单9、北种玉1、本育9、宾玉2、德美亚1、东农248、东农250、东农251、东农252、丰单1、丰单2、丰单3、丰禾1、丰禾10、孚尔拉、甘玉1、哈丰1、海玉4、海玉5、海玉6、海玉7、郝育19、郝育20、合玉14、合玉19、合玉21、吉单156、吉单180、吉单261、吉单27、吉单505、吉单517、吉单519、吉单522、吉东28、金玉1、金玉4、九单48、久龙1、久龙4、久龙5、久龙8、久龙12、卡皮托尔、克单10、克单12、克单8、克单9、垦单10、垦单5、垦玉6、利民5、辽单33、龙单8、龙单13、龙单16、龙单17、龙单19、龙单20、龙单24、龙单25、龙单26、龙单29、龙单30、龙单31、龙单32、龙单36、龙单37、龙单38、龙单46、龙高L1、龙聚1、龙育4、龙原101、绿单1、牡单9、南北1、嫩单10、嫩单11、嫩单12、嫩单13、农大302、农大518、平安18、平全13、庆单3、庆单4、四单16、四单19、四密21、四密25、四早11、四早113、四早6、绥玉7、绥玉10、绥玉12、绥玉15、通单24、屯玉88、先玉335、鑫鑫1、鑫鑫2、兴垦3、伊单59、泽玉19、哲单37、哲单38、哲单39、郑单958、中原单32

表 3 - 1（续）

年份	品种名称（种植面积大于 1.3 万 hm²）
2010—2012	巴单 3、巴玉 6、北单 2、北单 4、北种玉 1、宾玉 2、宾玉 3、勃玉 1、长丰 1、长宏 1、长玉 509、大民 3307、德美亚 1、德美亚 2、德美亚 3、东农 251、东农 252、东农 253、东农 254、东庆 1、杜玉 1、丰单 1、丰单 2、丰单 3、丰单 4、丰单 5、丰禾 1、丰禾 5、丰禾 6、丰禾 10、孚尔拉、福园 1 号、福园 2、福园 3、富单 1、富单 2、富玉 1、甘玉 1、甘玉 2、哈丰 2、哈玉 1、海玉 5、海玉 6、海玉 10、合玉 19、合玉 20、合玉 21、合玉 22、合玉 23、合玉 24、宏育 29、惠育 1、吉单 21、吉单 27、吉单 32、吉单 415、吉单 46、吉单 505、吉单 517、吉单 519、吉单 522、吉东 28、吉农大 516、吉农大 518、稷农 18、佳尔 336、江单 1、江单 4、京华 8、久龙 3、久龙 5、久龙 8、久龙 12、久龙 14、久龙 16、久龙 18、克单 10、克单 12、克单 14、克单 8、克单 9、垦单 10、垦单 13、垦单 7、垦玉 6、垦玉 7、乐玉 1、利合 16、利民 5、辽禾 6、龙单 13、龙单 19、龙单 20、龙单 22、龙单 24、龙单 25、龙单 26、龙单 27、龙单 28、龙单 29、龙单 30、龙单 32、龙单 34、龙单 36、龙单 37、龙单 38、龙单 40、龙单 41、龙单 42、龙单 47、龙单 48、龙单 49、龙单 51、龙单 53、龙单 55、龙单 56、龙单 57、龙单 59、龙单 61、龙单 62、龙单 63、龙高 L1、龙高 L3、龙聚 1、龙巡 32、龙育 2、龙育 3、龙育 4、龙育 5、龙育 7、龙育 9、绿单 1、绿单 2、牡单 9、南北 1、南北 2、南北 3、嫩单 9、嫩单 10、嫩单 11、嫩单 12、嫩单 13、嫩单 15、宁玉 524、平全 13、青单 1、庆单 3、庆单 4、庆单 5、庆单 6、庆单 7、庆单 8、庆单 9、双悦 1、四单 19、四早 113、苏单 1、苏单 2、绥玉 7、绥玉 8、绥玉 10、绥玉 11、绥玉 12、绥玉 13、绥玉 14、绥玉 15、绥玉 19、绥玉 20、绥玉 23、天润 2、通吉 100、五谷 702、先玉 335、先正达 408、鑫科玉 1、鑫鑫 1、鑫鑫 2、兴垦 3、伊单 60、誉成 1、哲单 37、哲单 38、郑单 958、众单 2、众单 3

（二）黑龙江省玉米杂种优势群的划分和杂种优势模式的利用

杂种优势群是指遗传基础广阔、遗传变异丰富，具有较多有利基因、较高一般配合力，种性优良的育种基础群体。杂种优势模式是指两个不同的杂种优势群之间具有较高的基因互作效应，具有较高的特殊配合力，相互配对可以产生强杂种优势的模式。

玉米杂种优势的产生主要依赖于亲本自交系的遗传差异，但具有遗传差异的自交系并不都能产生杂种优势。大量育种实践证明，很多自交系虽具有一定遗传差异，但彼此间杂交并不产生强杂种优势。因此，需要对玉米自交系进行分类。将大量的自交系根据农艺性状、遗传背景和与之杂交产生杂种优势的对手情况分别划分到不同的群体中，可以减少自交系和杂交种选育中的盲目特性，提高育种效率，减少工作量和投入。因此，划分杂种优势群和确定杂种优势模式是提高育种效率的有效途径。

黑龙江省玉米杂种优势群主要有兰卡斯特（Lancaster）群、塘四平头群、旅大红骨群、瑞德（Reid）群、地方种质群及外杂选亚群。

20 世纪 80 年代主要以地方种质×外杂选亚群、地方种质×地方种质这两种杂种优势利用模式为主，20 世纪 90 年代主要以地方种质×兰卡斯特、兰卡斯特亚群×兰卡斯特亚群为主，其他杂种优势利用模式的占比开始上升。21 世纪第一个 10 年，黑龙江省种质资源迅速向 4 大种质集中，但旅大红骨种质应用较少。这期间，杂优模式也相应发生变化,主要以塘四平头×兰卡斯特为主。21 世纪 10 年代以后组合模式开始多元化,见表 3 - 2。

表 3 - 2   不同年代杂种优势模式变化

年份	杂优模式占比/%				
1980—1989	地方种×外国引 32.1	地方种×地方种 28.1	兰卡斯特×兰卡斯特 14.8	瑞德×兰卡斯特 12.3	其他 12.8
1990—1999	兰卡斯特×地方种 20.5	兰卡斯特×兰卡斯特 20.5	地方种×外国引 17.8	瑞德×兰卡斯特 10.3	其他 30.8
2000—2009	塘四平头×兰卡斯特 23.3	瑞德×兰卡斯特 22.3	兰卡斯特×兰卡斯特 15.6	兰卡斯特×地方种 10.2	其他 28.6
2010—2012	瑞德×兰卡斯特 21.4	兰卡斯特×兰卡斯特 13.4	塘四平头×兰卡斯特 13.3	塘四平头×瑞德 8.8	其他 43.2

二、寒地春玉米杂种优势的遗传基础

杂种优势在植物界广泛存在,并在很多作物上广泛应用,但其产生原因是一个非常复杂的生物学问题,至今尚未彻底研究清楚。对杂种优势数量遗传解释有两个经典的假说,分别是显性假说和超显性假说。

1. 显性假说

显性假说又称为"有利显性假说"或"显性基因互补假说",是布鲁斯(Bruce)在 1910 年提出的。著名的玉米育种专家 Richey 和 Sprague(1931)等用玉米聚合改良资料予以证实,使之成为解释杂种优势的一个重要理论。

这一假说的基本论点是,杂种 F_1 集中了控制双亲有利性状的显性基因,每个基因都能产生完全显性或部分显性效应,由于双亲显性基因的互补作用,从而产生杂种优势。如具有 AABBccdd 和 aabbCCDD 不同基因型的两个自交系杂交,F_1 的基因型及表现型如下

$$P \qquad AABBccdd \times aabbCCDD$$

$$12 + 10 + 4 + 3 = 29 \downarrow 6 + 5 + 8 + 6 = 25$$

$$F_1 \qquad AaBbCcDd$$

$$12 + 10 + 8 + 6 = 36$$

假设显性基因 A 对某一数量性状的贡献为 12,B 的贡献为 10,C 的贡献为 8,D 的贡献为 6;相应的隐性等位基因的贡献分别为 6,5,4,3,那么亲本 AABBccdd 的表现型值为 12 + 10 + 4 + 3 = 29,另一亲本 aabbCCDD 的表现型值为 6 + 5 + 8 + 6 = 25。根据显性基因的效应可知 F_1 的表现型值。如果没有显性效应,杂合的等位基因 Aa、Bb、Cc、Dd 的贡献值都等于相应的等位显性基因和隐性基因的平均值,(12 + 6 + 10 + 5 + 8 + 4 + 6 + 3)/2 =

27,这恰恰是双亲的平均值,没有杂种优势。如果表现部分显性,则 F_1 表现型值大于中值亲本偏向高值亲本,表现出部分杂种优势,即 AaBbCcDd > (12 + 6 + 10 + 5 + 8 + 4 + 6 + 3)/2 > 27。如果表现为完全显性,则 F_1 大于高值亲本,杂种 F_1 AaBbCcDd = 12 + 10 + 8 + 6 = 36,表现出超亲杂种优势。

显性假说是玉米和其他异花授粉作物中选有高产的杂种群体(综合品种)的理论依据之一。但这个假说仍然遇到了一些难以解释的现象,主要有两点:第一,在玉米杂种优势的利用中,所得杂种优势往往超过显性纯合亲本的20%以上,有的还超过50%,可是按照显性基因假说,这种情况是不可能出现的;第二,群体遗传学证明,并不是所有隐性基因都是不利的,而只有在纯合状态下才是不利的。在自然群体内,凡是杂合状态的有机体,其适应性为最大。在一个平衡群体内,即使有一定比例的纯合状态个体存在,并不减少隐性基因在保持该群体的高水平适应性中的生物学作用。

2. 超显性假说

超显性假说是由 Shull(1908)提出,经 East(1936)用基因理论将此观点具体化的。这一假说基本观点是,杂合等位基因的互作胜过纯合等位基因的作用,杂种优势是由于双亲基因型的异质结合所引起的等位基因间的相互作用的结果。等位基因间没有显隐性关系。杂合的等位基因相互作用大于纯合等位基因的作用。按照这一假说,杂合等位基因的贡献可能大于纯合显性基因和纯合隐性基因的贡献,Aa > AA 或 aa,Bb > BB 或 bb,所以称为超显性假说或等位基因异质结合假说。这一假说认为杂合等位基因之间以及非等位基因之间,是复杂的互作关系,而不是显、隐性关系。由于这种复杂的互作效应,才可能产生超过纯合显性基因型的效应。这种效应可能是由于等位基因各有本身的功能,分别控制不同的酶和不同的代谢过程,产生不同的产物,从而使杂合体同时产生双亲的功能,例如某些作物两个等位基因分别控制对同种病菌的不同生理小种的抗性,纯合体只能抵抗其中一个生理小种的危害,而杂合体能同时抵抗两个甚至多个生理小种的危害。近年来一些同工酶谱的分析也表明,杂种 F_1 除具有双亲的谱带之外,还具有新的酶带,这表明不仅是显性基因互补效应,还有杂合性的等位基因间的互作效应。虽然越来越多的试验资料支持超显性假说,但这一假说也有其不足之处,它完全否定了等位基因间显隐性的差别,排斥了有利显性基因在杂种优势表现中的作用。同时有些事实表明,杂种优势并不总是与等位基因的异质结合相一致。在水稻、小麦等自花授粉作物中,杂种并不一定比其纯合亲本具有优势,也有不如亲本的现象。

$$P \qquad a_1a_1b_1b_1c_1c_1D_1D_1 \times a_2a_2b_2b_2c_2c_2D_2D_2$$
$$1 + 1 + 1 + 1 = 4 \downarrow 1 + 1 + 1 + 1 = 4$$
$$F_1 \qquad a_1a_2b_1b_2c_1c_2D_1D_2$$
$$2 + 2 + 2 + 2 = 8$$

显性假说和超显性假说都将杂种优势归因于双亲异质基因的互作,不同的是:前者认为杂种优势是双亲有利显性基因的加性效应产生的,后者认为杂种优势是双亲等位基因间的互补作用。生物界杂种优势的表现是多种多样的,不同的物种、不同的性状形成杂种优势的原因可能是不同的,因此,不能用一个公式去套形形色色的各种表现。此外,这两个假说只考虑了双亲细胞核基因的相互作用,完全没有涉及细胞质因子及母本细胞质基因与父本的核基因间的关系,而实际许多试验说明,细胞质效应是存在的,有的还相当明显,如叶绿体遗传和细胞质雄性不育遗传及某些杂交种正反交的性状研究差异。随着分子遗传学的发展,二者对杂种优势的解释逐渐显露出一定的弊端。一些有关杂种优势的试验表明杂种优势的基本原则还存在其他的原因并不是简单的互补。

3. 上位性效应

上位性是指非等位基因间的相互作用,包括加性×加性、加性×显性、显性×加性和显性×显性等四种互作方式。随着对数量性状研究的不断深入,人们开始逐渐认识到上位性效应的重要性。经典遗传学研究表明,任何一个生物体的性状都是不同基因相互作用的结果,上位性在遗传变异中起重要的作用。生物体许多性状受多个位点的控制,一个基因的改变也会影响许多性状的表现。近年来,分子标记和定位研究显示出上位性是杂种优势的重要遗传基础之一。在不同作物的杂种优势研究中,可能某个遗传效应对具体某个性状呈现出主要的作用,因此,从不同作物、不同遗传背景的材料和群体,得到的杂种优势遗传基础的解释并不唯一。Tang 等(2010)在研究玉米优良杂交种豫玉 22 衍生的RIL 群体和永久 F_2 群体的产量相关性状杂种优势时,发现单位点上的显性效应和两位点上的加性×加性上位性互作对产量杂种优势的形成至关重要。Wei 等(2016)以玉米自交系 Xu178 背景的 Zong3 单片段代换系为基础材料,利用与自交系 Xu178 的测交群体,对产量相关性状的杂种优势位点进行了分析,发现显性和超显性效应均对该测交群体的杂种优势形成起重要作用。另外,对玉米和水稻杂种优势的研究也证明,不同物种杂种优势的遗传基础存在差异,这种差异可能是由两者的授粉方式不同所致,如异花授粉的玉米和自花授粉的水稻。

4. 基因差异表达

近年来,人们已经可以在基因表达层面上来研究杂种优势机理。Romagnoli(1990)等对 B73 和 Mo17 及其单交种的初生根尖基因表达进行了差异分析,33% 的差异表达产物在杂交种中更丰富或特异表达,认为杂种优势的产生与杂交种中许多基因的差异表达有关。大量研究表明,杂种和亲本之间存在着大量差异表达的基因,可分为:在亲本之一和杂种中表达、仅在双亲中表达、仅在一个亲本或 F_1 中表达等。进一步用差异显示(DDRT - PCR)的方法检测了亲本及 F_1 在幼苗期、现蕾期和盛花期三个时期的基因差异表达,结果显示产量杂种优势与 F_1 基因的特异表达有关。Tsaftatis 等(2000)利用 3 个玉米自交系(B73、H108、H109)组配产生强优势组合 H109 × B73 和弱优势组合 H109 × H108,对亲本和杂种一代基因表达状况进行了研究,结果显示杂种与亲本,以及不同优势的杂种之间在每个发育时期的基因表达均存在差异。强优势组合的总体基因表达平均水平要高于亲本及弱优势组合。Guo 等(2004)对等位基因在玉米杂交种里的表达进行了量化研究,揭示了等位基因转录的不平衡,认为等位基因多样性的互补或协同效应可能是杂种优势的潜在机制。

5. 基因表达调控

结构基因的表达是由基因的调控区和转录因子所控制的,比较转录因子表达水平的差异可以反映基因表达调控的差异。近年来对反式调控因子基因的表达与杂种优势关系的探讨已成为研究热点。

Tsaftatis 等研究发现玉米亲本自交系与杂交种之间转录因子的数量有明显差异,通过制备的一些转录因子特异抗体,研究了转录合成数量的差异,发现转录因子在一个亲本中合成数量明显高于杂种一代和另一亲本。Guo 等(2008)研究了玉米杂种和亲本分生组织全基因组范围内的等位基因表达差异,发现在 400 对等位基因中有 60% 在杂种中表现出顺式调控的差异,比较相同的等位基因在亲本和杂种中的表达情况,发现有 40% 表现出由反式调控引起的表达差异。这说明在杂种中等位基因表达的顺式调控起了很重要的作用。杂交种中等位基因差异表达的累积效应最终导致总体的非等位加性效应,从而产生杂种优势。研究没有发现超显性和反式调控对杂种优势的作用。同样,在玉米杂种中70% 的等位基因表达差异是由顺式调控的差异引起的,只有 25% 的基因表达差异是由反式调控差异或二者的差异引起的。

6. 表观遗传学

表观遗传与杂种优势表观遗传是指不因 DNA 序列的变化而发生基因功能的改变并最终导致非孟德尔遗传的表型变异,并且这种改变和变异又可随细胞的有丝分裂和减数分裂遗传下去的现象。表观遗传调控可以从 DNA 甲基化、组蛋白修饰和小分子 RNA 等 3 个层次调节植物基因的表达,在植物体响应外界环境胁迫、自身生长发育和内在稳定基因组等方面发挥重要作用。一般而言,杂种优势的表现程度与双亲的遗传距离有很强的相关性,如种间杂交往往会形成很强的杂种优势,但是很多种内杂交也表现出较强的杂种优势。因此,遗传距离并不能完全解释杂种优势,人们开始从表观遗传的角度来研究杂种优势。研究发现,等位基因的变异有可能来自表观基因组,表观遗传修饰能产生很多表观等位基因,这些表观等位基因在遗传背景相近的双亲中对基因表达有着不同的影响,从而产生杂种优势形成所需要的多种变异。在异源多倍体和杂交种中关键的调控基因或者蛋白的表观遗传修饰同转录组、蛋白组和代谢组等一起形成了复杂的调控网络,从而导致杂种优势的形成。如图 3 − 1 所示。

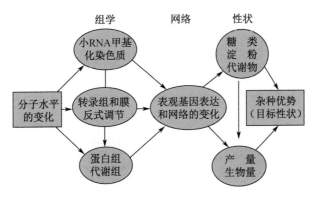

图 3 − 1　F₁ 的基因组,表观遗传和表达调控网络的重构

DNA 甲基化是指生物体在 DNA 甲基转移酶的作用下,以 S - 腺苷甲硫氨酸为甲基供体,将甲基转移到胞嘧啶的 5′ 位置上。DNA 甲基化属于一种修饰,它不改变分子的碱基顺序,只调控分子中基因的表达,产生基因印记或基因沉默,这促使人们从 DNA 甲基化水平与转录调控角度去探索杂种优势的遗传机理。Tsaftatis 等(1998)对一个玉米杂交种及其亲本 DNA 甲基化胞嘧啶的比例进行了分析,发现杂交种 F_1 之所以表现出杂种优势,与其 DNA 甲基化程度有很高的关联性,而且 DNA 甲基化水平在不同基因型、不同的组织以及不同发育时期有着明显的差异。

除了 DNA 甲基化,小分子 RNA(small RNA,即 sRNA)也是表观遗传修饰的重要组成部分。小分子 RNA 包括小分子干扰 RNA(siRNAs)、microRNA(miRNA)和反式作用的 siRNA(ta - siRNAs),能介导基因表达和表观遗传调控。M. Groszmann 等研究表明,杂交种 F_1 相对于亲本,长度为 24 nt sRNA 水平表现为下降的趋势,而且大部分显著下降出现在父本与母本差异明显的位点,这些 sRNA 影响基因的表达;并且认为表观遗传产生基因活性导致的杂种优势源于调控 DNA 甲基化水平的 24 nt sRNA 水平的变化。但是以玉米为研究材料的实验证明:杂种优势的产生不一定需要 24 nt sRNA 及其对应的 DNA 甲基化途径,可能有另外一套不依赖于 RNA 聚合酶 IV 的甲基化途径在起作用。

组蛋白修饰也是表观遗传学的重要研究内容。组蛋白修饰包括乙酰化、甲基化、泛素化、磷酸化、糖基化和羰基化等,其中组蛋白的乙酰化和甲基化修饰,是研究较早的并且比较深入的两种修饰,这两种修饰都同基因的表达调控存在密切关系。虽然在杂交种中发现了一部分可能与杂种优势相关的组蛋白,如 H3K9ace、H3K4me2 和 H3K4me3 等,通过组蛋白的不同类型修饰(乙酰化、甲基化等)调控与光合作用和生物钟相关的基因,使得杂交种 F_1 表现出杂种优势。但是由于研究方法和技术的限制,组蛋白的种类和数量的繁多以及修饰类型的多样化,其组蛋白修饰与杂种优势的具体调控机制仍需进一步研究。

除此之外,核质基因组互作及基因网络与杂种优势也表现出一些关联。Srivastava 等(1981)提出染色体组 - 胞质基因互作模式,又称为基因组互作模式,即细胞核、叶绿体、线粒体的基因组间的互作与互补导致产生杂种优势。在小麦、玉米、大麦、大豆等作物中,均观察到线粒体和叶绿体活性的杂种优势和互补现象。许多作物的正反交差异也证实了核质基因互作对植物发育的影响。基因网络理论认为生物的基因型存在着一个类似网状的结构,多数性状都同时受许多基因的共同作用,因而每一个基因的变化都会影响到许多性状共同发生变化。不同基因型的生物都有一套保证个体生长发育的遗传信息,包括全部的编码基因、控制基因表达的调控序列,以及协调不同基因之间相互作用的组分。基因组将这些看不见的信息编码在 DNA 上,组成了一个使基因有序表达的网络,通过遗传程序将各种基因的活动联系在一起。如果某些基因发生了突变,则会影响到网络中的其他成员,并通过网络系统进一步扩大其影响,进一步发展成为可见变异。F_1 是两个不同基因群组合在一起形成一个新的网络系统,在这个新组建的网络系统中,等位基因成员处在最好的工作状态,使整个遗传体系发挥最佳效率时,即可实现杂种优势。因此实现杂种优势必须具备两个前提:第一,亲本的基因型在杂合子中必须彼此协调,如果系统相差太远,遗传体制互不相容,是无法产生遗传优势的;第二,亲本的基因群组合是有互补性的,在杂合子中它们能够相互促进,彼此调整,有效地控制基因的表达。

总之,近年来,由于 PCR 技术、分子标记技术、DNA 微阵列技术及序列测定技术等的快速发展,杂种优势机理的研究在 DNA 水平和转录水平上取得了一些进展。但杂种优势是一种复杂的生物现象,很难用一种机制来阐明其作用机理。对杂种优势的理解和认识水平也受当前分子生物学技术的限制。随着功能基因组学、蛋白质组学和代谢组学的发展和完善,蛋白质芯片、基因网络等一系列新技术、新手段将应用于杂种优势研究中,越来越多的功能基因、调控基因及其调控网络和代谢途径将被鉴定出来,必将进一步揭示出杂种优势形成的分子机理。

三、春玉米杂交品种选育

1. 杂种优势利用的基本条件

作物杂种优势要在生产上加以利用,必须满足以下 3 个基本条件。

(1)强优势的杂交组合

杂种必须有足够高的强优势表现,这里所指的强优势既包括产量优势,也包括其他性状的优势,诸如抗性优势,表现抗主要病害、抗倒伏等;品质优势,表现营养成分高或适口性良好等;适应性优势,表现为适应地区广或适应间套作等;生育期优势,表现早熟性或适应某种茬口种植等;株型优势,表现耐密植或适于间套作等。强优势的杂交组合,除产量优势外,必须具有优良的综合农艺性状,具有较好的稳产性和适应性,凡只是产量方面具有强优势而其他性状不具优势的杂交组合,往往不能稳产高产,风险性较大,不宜推广利用。

(2)异交结实率高

异交体系是生产杂种品种种子所必需的,没有高效的异交体系,则无法大批量、低成本地生产杂种品种种子。建立高效的异交体系,降低种子生产成本,使得杂种品种的种子价格降到农民可接受的范围,就成为杂种优势利用研究的重点问题。

(3)繁殖与制种技术简单易行

要有一套简便可行的杂种种子生产及亲本繁殖技术,并能为农民所掌握。在生产上大面积种植杂种品种时,必须建立相应的种子生产体系。这一体系包括亲本繁殖和杂种品种种子生产两个方面,以保证每年有足够的亲本种子用来制种,有足够的 F_1 商品种子供生产使用。故必须有简单易行的能保持亲本纯度的亲本自交系的自交授粉繁殖方法;有简单易行的能保证种子质量且制种产量高的生产杂种种子的方法。

基于以上 3 条,杂种优势利用首先必须有优势组合,即选配优良组合,提高双亲纯合度,增加杂种的杂合性与一致性,二是寻找制种成本低廉、方便可行的异交体系与稳定的生产亲本及杂种的技术。可以这样说,作物杂种优势利用研究都是围绕着这 3 条进行的,对异交作物玉米而言,培育高配合力的自交系则是关键。

2. 杂种品种的类型

在配制杂种时,因亲本类型和杂交方式不同,可将杂种品种分为下列几种类别。

(1)品种间杂种品种

品种间杂种品种是用两个品种组配的杂种品种,如品种甲×品种乙。品种间杂种品种的性质因作物繁殖方式不同而不同,对异花授粉作物而言,品种间杂种品种具有群体品种的特点,性状不整齐,增产有限。20世纪50~60年代中前期我省曾广泛利用玉米的品种间杂种品种,它仅比一般自由授粉品种增产5%~10%,现在已不再利用。

(2)品种－自交系间杂种品种

品种－自交系间杂种品种是用品种和自交系组配的杂种品种,又称顶交种品种,如品种甲×自交系A。品种－自交系间杂种品种具有群体品种的特点,性状不整齐,增产幅度不大,比一般自由授粉品种增产10%左右。

(3)自交系间杂种品种

自交系间杂种品种是用自交系作为亲本组配的杂种品种。因亲本数目、组配方式不同,又可分为下列4种。

①单交种 单交种是用两个自交系组配而成,例如A×B。单交种增产幅度大,性状整齐,制种程序比较简单,是当前利用玉米杂种优势的主要类型。但极早熟单交种的制种产量一般较低,为解决这一问题,可用近亲姊妹系配制改良单交种,如(A2×A1)×B。这样既可保持原单交种A×B的增产能力和农艺性状,又可相对提高制种产量,降低种子成本。

②三交种 三交种是用三个自交系组配而成,组合方式为(A×B)×C,三交种增产幅度较大,产量接近或稍低于单交种。但制种产量比单交种高出许多。

③双交种 双交种是用4个自交系组配而成,先配成两个单交种,再配成双交种,组合方式为(A×B)×(C×D)。双交种增产幅度较大,但产量和整齐度都不及单交种。双交种制种产量比单交种高,但制种程序比较复杂。20世纪60年代黑龙江省主要种植玉米双交种,现在基本上已被单交种代替。

④综合杂交种 综合杂交种是用多个自交系组配而成。亲本自交系一般不少于8个,经过充分自由授粉选育而成。

3. 杂交育种的程序和方法

常规杂交育种一般应经过以下程序:引进或选育自交系、品种→依育种目标和遗传规律选择亲本→制订与实施详尽的种植、管理和授粉计划→杂交果穗的收获、晾晒与保存→杂交种的产量鉴定、品比试验→区域试验→审定与推广。

(1)亲本选配

优良的亲本是选配优良杂种的基础,但有了优良的亲本,并不等于就有了优良的杂种。双亲性状的搭配、互补以及性状的显隐性和遗传传递力等都影响杂种目标性状的表现,选配亲本的原则概括起来就是配合力高、差异适当、性状好、制种方便、制种产量高。这些原则对增加选育优势杂种的预见性,降低杂种成本,提高育种效果有重要作用。

①配合力高

根据配合力测定结果,选择配合力高,尤其是一般配合力高的材料作为亲本。两个亲本的配合力最好都高,这样容易得到强优势的杂种一代。若受其他性状的限制,至少应有一个亲本是高配合力的。不能用两个配合力低的亲本进行杂交。如采用的是多亲本配制杂交种(如双交),则应将最高配合力自交系放在最后一次杂交。

②亲缘关系较远

两个亲缘关系较远,性状差异较大的亲本进行杂交,常能提高杂种异质结合程度并丰富其遗传基础,表现出强大的优势和较好的适应性。亲缘关系远近有以下表述形式。

a.地理远缘　国内材料和国外材料,本地材料和外地材料进行组配,由于亲本来自不同的生态区域,可增大杂种内部的基因杂合度,因而优势较大。

b.血缘较远　选育不同玉米杂种优势群进行组配,由于双亲遗传差异较大,优势表现强大。若亲本血缘近,则异质性不大,优势不明显。

c.类型和性状差异较大　如玉米硬粒型和马齿型,F_1 具有强大的杂种优势。

③性状良好并互补

亲本应具有较好的丰产性和较广的适应性,通过杂交使优良性状在杂种中得到累加和加强,特别是杂种优势不明显的性状,如成熟期、抗病性以及一些产量因素等。杂种的表现多倾向于中间型,只有亲本性状优良,才能组配出符合育种目标要求的杂种一代。任何品种(系)都会有缺点,但要尽量选优点多、主要性状突出、遗传率高、缺点少且易克服,而且双亲优缺点可以互补的品种(系)作为亲本。亲本在遗传上还应是稳定的,亲本种子要纯度高、质量好。利用雄性不育性时,不育系的不育度和恢复系的恢复力都要高。

④亲本自身产量高,花期相近

亲本自身产量高可以提高繁殖亲本和制种的产量,有利于降低杂种成本。若不受其他因素限制,应以两亲本中产量较高的一个亲本作为母本,两亲本花期相近并以偏早的作为母本,这样可避免调节花期的麻烦,保证花期相遇。父本植株最好略高于母本以利于授粉。

随着玉米生产和消费的现代化对玉米品种提出的新要求,还要考虑自交系配制的组合具有满足玉米深加工及机械化收获的优点。

(2)制订与实施种植、管理、授粉计划

试验田要求具有与常规大田生产条件一致、地力均匀平整、排灌方便、易于管理的特点。在此基础上,按种植计划制订详尽的试验方案。方案包括地力条件、种植数量、种植行数、播种时间、管理要求、种植计划图等。一般按亲本生育期不同分类成对种成单行或双行,每对材料分别种 20～30 株,亲本材料生育期不同的还必须错期播种以达到成对亲本花期相遇的目的。套袋授粉 3～4 穗即可,同时挂牌标明组合号、授粉日期、授粉操作人。收获时选典型株、典型穗分别脱粒保存,收获种子以充分满足来年产鉴、品比所需数量为准。试验开始前还要完成种子整理,准备好播种、管理及授粉操作必需的工具。然后,按种植计划实施试验任务。

（3）收获、晾晒和保存

籽粒变硬，具有光泽，指尖不易划破时可开始收获。收获时要选典型株，留典型穗。分别剥皮带苞叶或去皮放网袋中悬挂晾干。脱粒后的种子要连同标签一起分类放种子袋中，于低温、干燥、防虫条件下保存。

（4）杂交种子的产量鉴定和品比试验

产量鉴定一般不设重复，种植对照品种，小区面积 30 ~ 50 m²，可分不同密度种成小区，鉴定其产量、适宜密度、抗性及其他重要生物学特性；产鉴表现好的组合来年参加品比试验（同时配制足够参加区试的杂交种子量）。需设对照，3 ~ 4 次重复，小区面积 25 ~ 35 m²。产量超对照，表现突出的，下一年可推荐参加区试。

（5）审定与推广

一般需经 1 年预备试验，2 ~ 3 年区域试验和 1 年生产试验。产量超对照，满足审定标准方可申报品种审定。审定品种可在规定区域内推广。《中华人民共和国种子法》规定，不经审定的种子不能示范与推广，种子工作者需注意并严格遵守。

（6）加速育种进程的手段

①简化育种程序

a. 测用结合，即采用自交系的一般配合力与特殊配合力测定相结合，边测边用。

b. 越级提升，多点鉴定越级提升是对表现特别好的杂交种，压缩中期试验，尽快参加区域试验。

②加代

a. 南繁加速世代进程。

b. 在本地创造条件加代。

4. 不同类型杂交种的选育方法

（1）单交种的选育

①优良自交系轮交组配单交种。组合数目可用公式：单交组合数 $= n(n-1)/2$（n 为自交系数目）来表示。

②用"骨干系"作为测验种，配制单交种。在掌握很多自交系数目时，可选取特别优良自交系作为"骨干系"，分别与其他系杂交，进行产量鉴定，选出符合育种目标要求的杂交种，就可进一步示范推广。这样，既选育了新单交种，也测定了自交系的配合力。

③改良现有单交种。在原有组合的基础上，把有缺点的自交系代换成另一个新自交系，也可利用亲本自交系间杂交后再组配。

（2）三交种的选育

组配三交种，一般利用单交种为母本，效果较好，制种产量也高。如果 3 个自交系中有两个是硬粒型，一个是马齿型的，所组配的三交种中以（硬粒×硬粒）×马齿为最好，产量高，品质也一致；如果 3 个自交系生育期接近，最好将两个生育期稍早的组成母本单交，生育期稍晚的作为父本，这样配成的三交种制种时，不需要错期播种。根据两个单交种的平均产量可以预测三交种的产量。比如（甲×丁）和（乙×丁）两个单交种的产量分别为

A kg 和 B kg,则(甲×乙)×丁三交种预测产量为(A＋B)/2 kg。

（3）双交种的选育

若 4 个自交系成熟期一致时,可采取(马齿×马齿)×(硬粒×硬粒)的方式,不但产量高,而且杂种第 1 代种子整齐,类型一致;若 4 个自交系成熟期不同时,可采取(早×早)×(晚×晚)的方式。双交种的选育一般利用好的单交种,经过人工套袋控制授粉,使单交种彼此间配成可能的组合,经过鉴定和比较后,确定最优双交组合。或者选用最优良的一两个单交种,和其他许多单交种配成不同的双交种,再经过鉴定和比较,选育成新的双交种。

（4）综合品种的选育

①以若干个优良自交系或优良单交种的等量种子混合均匀后,种于隔离区内,任其自由授粉,经混合选择选育而成。如混选 1 号就是利用 15 个自交系配成 64 个单交种,再相互交配而成的综合品种。

②由亲本自交系轮交,配成可能的单交种,各取等量种子混合播种在隔离区内,自由授粉,经混合选择成为综合品种。

③多个一母多父混种杂交法,选择 8～10 个花期一致的优良自交系轮换作为母本,采用多父本等量花粉授粉法(母本自交系不参加授粉)配成 8～10 个一母多父杂交种,然后各取等量种子混合播于隔离区内,任其自由授粉,收获的种子即为综合品种。

5. 育种操作

（1）杂交用具

杂交用具包括授粉纸袋、回形针、大头针、剪刀、酒精棉、铅笔、纸牌等。授粉纸袋多采用半透明羊皮纸或硫酸纸。

（2）杂交操作

雌穗套袋必须在花柱抽出前进行。套袋时要结合选株,多穗株要套最上穗,然后用回形针把纸袋一角别于穗位叶上;雄穗套袋必须在散粉前进行(一般在下午),先将已散完粉的花药用手捋掉,袋口要紧紧包住雄穗基部,折叠好并用回形针卡紧。

（3）授粉

一般在第 2 天上午露水干后,花粉散出时授粉。

①采粉　授粉时将植株上部轻轻弯下,用手轻打纸袋,震落袋内花粉,然后取下纸袋,迅速将袋口叠好,严防空气中其他花粉进入。

②授粉　授粉前先将花粉集中在雄穗袋中一角并折叠起来,使袋口向下时花粉不能掉出。在取下雌穗袋的同时将雄穗袋套在雌穗上,然后将折叠的雄穗袋伸直,使花粉散落在柱头上,用大头针将雄穗袋固定在雌穗袋上。授粉过程要细心,动作迅速,并始终注意手指不能触及花柱和雌、雄袋内壁。做杂交授粉时,雄穗袋要 2～3 天后再用,以防混杂。授粉后要勤检查果穗,以防果穗膨大或风雨使雌穗袋破裂或掉落。授粉数天后,凡花柱尚未萎缩的授粉穗应全部淘汰。每完成一个操作需用酒精棉擦手再做下一个。

（4）挂牌、登记

对已授粉的果穗随即将纸牌挂在果穗上。纸牌上用铅笔写明材料的田间区号、授粉日期、投粉方式（如 S 表示自交，Sib 表示姊妹交）、授粉人员等。杂交授粉后，应在纸牌上注明组合的父、母本区号，对重要材料要在记载本上登记。收获时连同纸牌一起取下。

6. 同地和异地选择

（1）玉米南育进行的选择

属南北种植变化不大的性状，可按统一标准进行选择。如株型、长相、粒型、穗型及其他质量性状等。至于抗病性，一般在北方抗病的，到海南岛仍然抗病。但也有个别系表现出相反情况。

凡是南北种植变化较大的性状，要根据当地育种目标，参照这些性状的变化趋势或规律进行分析比较加以选择。选择的尺度要放宽些，或不进行选择，回到当地种植时，再严格选择。如株高、穗位、雄穗长度、多穗性、生育期等性状，在异地种植情况下，易发生有规律的变化。株高由北到南一般会变矮，生育期在南育时也有缩短趋势，而每株穗数到海南岛种植有增加的趋势，单穗的材料可结双穗，双穗的可结成多穗。

有些性状在南方发生特殊变异，但回到北方并不重新出现，这类变异性状在南育时可不作为选择的标准。例如，在南育时常出现雌穗苞叶过紧、花柱不能抽出、雄穗结籽、幼苗红叶和雄穗不分枝等性状。这些不良性状回到北方又不出现，可不作为淘汰的依据。

（2）新组合多点试验进行的选择

新育成的组合应在预期可能的推广区域开展多年多点试验，以检查其在不同地区的表现。结合试验的表现，对一些适应性差、异地表现不良的组合进行淘汰。

参考文献

[1] 刘纪麟. 玉米育种学[M]. 北京：中国农业出版社，1991.

[2] 徐云碧. 分子植物育种[M]. 陈建国，华金国，闫双勇，等译. 北京：科学出版社，2012.

[3] 苏俊，闫淑琴. 黑龙江省玉米育种研究进展[J]. 黑龙江农业科学，2008（1）：1−6.

[4] 董海合，李凤华，朱秀珍. 我国玉米育种的历程与玉米育种的现状[J]. 天津农林科技，2005（4）：22−24.

[5] 徐云碧，朱立煌. 分子数量遗传学[M]. 北京：科学出版社，1994.

[6] 戴威廉. 生物技术与作物育种[J]. 中国农业科技导报，1999，1（3）：59−61.

[7] 陈佩度. 作物育种生物技术[M]. 北京：中国农业出版社，2001.

[8] 夏启中，张明菊. 分子标记辅助育种[J]. 黄冈职业技术学院学报，2002，4（2）：36−41.

[9] 范吉星，邓用川. 分子标记辅助育种研究[J]. 安徽农业科学，2008，36（24）：10348−10350.

[10]蒋佰福,牛忠林,邱磊,等.黑龙江省玉米育种存在的问题及对策[J].中国种业,2016(4):12-16.

[11]王巍.对黑龙江省西部半干旱地区玉米育种的几点思考[J].农业科技通讯,2014(4):157-159.

[12]杨祖荣,周广成,赵兴云,等.提高玉米商业育种效率的技术途径[J].玉米科学,2008,16(6):156-158.

[13]才卓,徐国良,CHANG M T,等.玉米单倍体育种研究进展[J].玉米科学,2008,16(1):1-5.

[14]王振华,张新,张前进,等.玉米种质资源创新与利用研究进展[J].河南农业科学,2009,38(9):50-53.

[15]彭泽斌,张世煌,刘新芝.我国玉米种质的改良创新与利用[J].玉米科学,1997,5(2):005-008.

[16]程伟东,周文亮,潭贤杰,等.中国玉米分子标记技术研究概况[J].中国农学通报,2005,21(2):49-53,58.

[17]周章印.玉米诱变育种研究进展[J].河北农业科学,2008,12(7):54-57.

[18]赵久然.超级玉米育种目标及实现途径[J].作物杂志,2005(3):1-3.

[19]卢庆善,赵廷昌.作物遗传改良[M].北京:中国农业科学技术出版社,2001.

[20]CHANEY L,SHARP A R,EVANS C R,et al. Genome Mapping in Plant Comparative Genomics[J]. Trends in Plant Science,2016,21(9):770-780.

[21]张天真.作物育种学总论[M].北京:中国农业出版社,2011.

[22]李自学.玉米育种与种子生产[M].北京:中国农业科学技术出版社,2010.

[23]周春江,宋慧欣,张加勇.现代杂交玉米种子生产[M].北京:中国农业科学技术出版社,2006.

[24]靳晓春,王俊强,蒋佰福,等.1980—2012年黑龙江省玉米种质资源及其杂种优势利用回顾[J].农学学报,2016,6(9):8-14.

[25]申惠波.黑龙江省农业科学院玉米育种现状及发展策略[J].黑龙江农业科学2012(7):140-144.

[26]荆绍凌,孙志超,陈达,等.黑龙江省玉米育种现状及对策[J].玉米科学,2006,14(4):165-168.

[27]林红,潘丽艳,孙德全,等.黑龙江省玉米育种现状研究[J].玉米科学,2005,13(3):39-40.

[28]苏俊.黑龙江省玉米育种研究50年回顾与展望[J].黑龙江农业科学2006,(5):8-13.

[29]苏俊.黑龙江省玉米育种研究回顾与展望[J].玉米科学,2007,15(3):144-146,149.

[30]史桂荣.黑龙江省玉米杂种优势利用与创新现状分析[J].中国农学通报,

2002,18(4):106 - 107.

[31]荆绍凌,孙志超,孙连双,等.黑龙江省玉米杂种优势群的划分及杂优模式的探讨[J].吉林农业科学,2006,31(1):47 - 49.

[32]杨金水.杂种优势机理探讨.作物雄性不育及杂种优势研究进展[M].北京:中国农业出版社,1996.

[33]胡建广,杨金水,陈金婷.作物杂种优势的遗传学基础[J].遗传,1999,21(2):47 - 50.

[34]刘任重.湘杂棉号杂种优势的遗传机理研究[D].南京:南京农业大学,2010:24 - 27.

[35]尹祥生.玉米自交系及其杂种代的甲基化研究[D].雅安:四川农业大学,2010:1 - 2.

[36]崔会会,项超,石英尧,等.杂种优势形成的表观遗传学研究进展[J].植物遗传资源学报,2015,16(5):933 - 939.

[37]商连光,高振宇,钱前.作物杂种优势遗传基础的研究进展[J].植物学报,2017,52(1):10 - 18.

[38]TANG J,YAN J,MA X,et al. Dissection of the genetic basis of heterosis in an elite maize hybrid by QTL map - ping in an immortalized F2 population[J]. Theoretical and Applied Genetics,2010(120):333 - 340.

[39]WANG X, WANG H, LIU S, et al. Genetic variation in ZmVPP1 contributes to drought tolerance in maize seedlings[J]. Nature genetics,2016(48):1233 - 1241.

[40]ROMAGNOLI S, MADDALONI C M, Livini C, et al. Relationship between gene expression and hybrid vigor in primary root tips of young maize(Zea may L.)plantlets[J]. Theoretical and Applied Genetics,1990(80):767 - 775.

[41]TSAFTARIS A,POLIDOROS A,TANI E. Gene regulation and its role in hybrid vigor and stability of performance[J]. Genetika - Belgrade,2000(32):189 - 202.

[42]GUOY,MACARTY J Gossypium hirsutum C,JENKINS J N ,et al. QTLs for node of first fruiting branch in a cross of an upland cotton,L.,Cultivar with primitive accession Texas 701[J]. Euplytica,2008,163:113 - 122.

[43]SONG R, MESSING J. Gene experssion of a gene family in maize based on noncollinear haplotypes[J]. proceedings of the national academy of sciences of the USA,2003(100):9055 - 9060.

[44]SRIVASTAVA H K. Intergenomic interaction, heterosis, and improvement of crop yield[J]. Advances in Agronomy,1981(34):117 - 195.

第四章　黑龙江省玉米骨干自交系

第一节　黑龙江省玉米早熟骨干自交系

1. HA25

黑龙江省农业科学院克山分院育成的早熟玉米自交系,克玉 17 母本,以地方血源和瑞德血源为基础材料选育而成的 KF181 和含黄系血源的自选系 KF503 为基础材料,经过 6 代系谱选育而成的早熟玉米自交系。在克山地区生育日数 95 天,需≥10 ℃活动积温 1 910 ℃左右。植株株高 145 cm 左右,穗位高 40 cm 左右,株型半收敛,花丝粉色。一般穗长 12.0 cm左右,穗粗 4.5 cm 左右,穗行数 12～14 行,穗轴白色,硬粒型,百粒重 25.5 g 左右(图 4 - 1)。

图 4 - 1　HA25

2. B6

黑龙江省农业科学院克山分院育成的极早熟玉米自交系,克单13父本,来源于830、MO17和KL4阶梯式杂交后选系。在克山地区生育日数95天左右,≥10 ℃活动积温2 150 ℃左右。株高160 cm,穗位高75 cm,花丝绿色,一般穗长18 cm,穗粗3.5 cm,穗轴红色,穗行数12~14行,中硬粒型,百粒重19 g左右。其具有发苗快、雄穗发达、花粉量大、花期长的特点(图4-2)。

图4-2 B6

3. HA11

黑龙江省农业科学院克山分院育成的极早熟玉米自交系,以HA7-1和加拿大杂交种为基础材料选育而成。在克山地区生育日数98天,需≥10 ℃活动积温1 850 ℃左右。一般株高120 cm左右,穗位25 cm左右,株型半收敛,一般穗长14.0 cm左右,穗粗3.5 cm左右,穗轴白色,花丝绿色,穗行数8~12行,籽粒黄色,硬粒型,百粒重20.0 g左右(图4-3)。

图4-3 HA11

4. HA377

黑龙江省农业科学院克山分院育成的早熟玉米自交系,以 HA7－1 和欧洲硬粒为基础材料选育而成。在克山地区生育日数 100 天,需≥10 ℃活动积温2 000 ℃左右。一般株高 160 cm左右,穗位50 cm左右,株型半收敛,一般穗长14.0 cm左右,穗粗4.0 cm左右,穗轴白色,花丝浅紫色,穗行数 12～14 行,籽粒黄色,硬粒型,百粒重28.0 g左右(图4－4)。

图 4－4　HA377

5. HA75

黑龙江省农业科学院克山分院育成的早熟玉米自交系,以 HA7－1 和欧洲硬粒为基础材料选育而成。在克山地区生育日数 100 天,需≥10 ℃活动积温2 000 ℃左右。一般株高 150 cm左右,穗位30 cm左右,半收敛型,一般穗长14.0 cm左右,穗粗4.0 cm左右,穗轴白色,花丝浅紫色,穗行数 10～12 行,籽粒黄色,硬粒型,百粒重28.0 g左右(图4－5)。

图 4－5　HA75

6. HA23

黑龙江省农业科学院克山分院育成的极早熟玉米自交系,以HA7-1和KWS49为基础材料选育而成。在克山地区生育日数100天,需≥10℃活动积温2 020℃左右。一般株高170 cm左右,穗位40 cm左右,株型半收敛,一般穗长16.0 cm左右,穗粗4.0 cm左右,穗轴白色,花丝绿色,穗行数12~14行,籽粒黄色,硬粒型,百粒重28.0 g左右(图4-6)。

图4-6 HA23

7. KS23

黑龙江省农业科学院克山分院育成的早熟玉米自交系,克单14母本,以5003与当地自选材料KF181杂交组成基础材料,从中选株经8代自交选育而成。在克山地区生育日数100天左右,需≥10℃活动积温2 100℃。一般株高146 cm左右,穗位高60 cm左右,普通株型,花丝粉色。一般穗长15 cm左右,穗粗4.2 cm左右,穗轴白色,穗行数10~12行,硬粒型,百粒重23.0 g,一般单产3 830 kg/hm²(图4-7)。

图4-7 KS23

8. 绥系 616

绥系 616 是单交种绥玉 29 的母本,是利用加拿大瑞德群体材料 SJQ02 与欧洲硬粒自交系 SX24 选系,后又用自交系 SX24 回交两次,经过系谱选育六代而成,生育日数 100 天左右,需 ≥ 10 ℃ 活动积温 2 120 ℃。株高 180 cm 左右,穗位 70 cm 左右,株高穗位比 3:1,株型收敛,叶片绿色,叶鞘黄绿色,穗上叶 6 片左右,雄穗性状抽雄期早,雄穗分枝数量中等,分枝角度小,小穗颖壳绿色,花药紫色,雌穗性状吐丝期早,花丝粉色,穗形长锥形,穗长 17 cm 左右,穗轴白色,穗行数 14 ~ 16 行,硬粒型,百粒重 21 g 左右,籽粒颜色为黄色(图 4 - 8)。

图 4 - 8　绥系 616

9. KL12

黑龙江省农业科学院克山分院育成的早熟玉米自交系,克单 13 母本,来源于自育系 KL3 和外引系 7922 杂交选系。在克山地区生育日数 102 天左右,株高 130 cm 左右,穗位高 25 cm 左右,花丝绿色或浅紫,穗长 17 cm,穗粗 4.4 cm,需 ≥ 10 ℃ 活动积温 2 200 ℃。穗轴白色,穗行数 14 ~ 16 行,中硬粒型,百粒重 23 g 左右。一般单产 3 850 kg/hm² (图 4 - 9)。

图 4 - 9　KL12

10. 8941

8941 是单交种绥玉 7 的父本,来源于 1989 年的海南引入低代系,经多代穗行整理选育而成,生育期 102 天,需 ≥10 ℃ 活动积温 2 230 ℃。幼苗生长势强,叶色鲜绿,叶鞘紫色,株高 150 cm,穗位高 40 cm,花药黄色,雄穗分枝多,花粉量较大,花丝红色,籽粒黄色,偏硬粒型,白轴,穗长 12 cm,穗粗 4.5 cm,穗行数 12～14 行,行粒数 26 粒,百粒重 26.1 g,抗大斑病和丝黑穗病(图 4-10)。

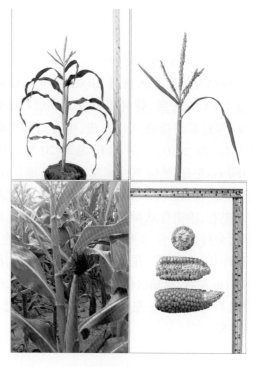

图 4-10 8941

11. 绥系 701

绥系 701 是单交种绥玉 10、绥玉 19、绥玉 20 母本,由合 344 × Mo17 杂交选系后又用合 344 回交 2 次选育而成。在绥化市生育日数 103 天左右,需 ≥10 ℃ 活动积温 2 200 ℃。叶鞘绿色,叶色绿色,成株叶片数 15～17 片,株高 180 cm 左右,穗位高 70 cm 左右。花丝黄色,花药黄色,雄穗分枝较少,花粉量较大,果穗圆柱形,穗轴红色,穗长 18 cm 左右,穗粗 4 cm 左右,12～14 行,硬粒型,百粒重 26 g 左右,籽粒橙黄色(图 4-11)。

图 4-11 绥系 701

12. HB900

黑龙江省农业科学院克山分院育成的早熟玉米自交系,以含兰卡血源的 HB410 和 KWS10、KWS73 为基础材料选育而成的早熟玉米自交系。在克山地区生育日数 104 天,需 ≥ 10 ℃ 活动积温 2 030 ℃ 左右。一般株高 170 cm 左右,穗位 60 cm 左右,半收敛型,穗长 15.0 cm 左右,穗粗 4.0 cm 左右,穗轴白色,花丝浅紫色,穗行数 12 ~ 14 行,籽粒黄色,硬粒型,百粒重 28.0 g 左右(图 4 - 12)。

图 4 - 12　HB900

13. 绥系 705

黑龙江省农业科学院绥化分院选育,绥系 705 来源于早 7922、4112、早 9046、早 478、K10、早郑 32,绥系 601 共计 7 个自交系组建近缘群体,经过 3 次混合授粉,从中选育的优良早熟单株经过系谱选择 7 代而成。在绥化市生育日数 104 天左右,需 ≥10 ℃ 活动积温 2 550 ℃ 左右;叶鞘紫色,叶色绿色,株高 160 cm 左右,穗位高 70 cm 左右。花丝红色,花药黄色,雄穗分枝中等,花粉量大,果穗圆锥形,穗长 14 cm 左右,穗粗 4.6 cm 左右,14 ~ 16 行,中齿粒型,百粒重 28 g 左右,穗轴红色,籽粒橙黄色(图 4 - 13)。

图 4 - 13　绥系 705

14. G290

G290 是用克山引用自交系与自育系杂交,又经多代自交选育而成的二环系。在哈尔滨市从出苗到成熟 105 天左右,需≥10 ℃活动积温2 220 ℃左右;株高 170 cm,穗位高50 cm,叶片宽度适中,花丝粉色。果穗圆柱形,穗长 15 cm,穗粗 4.4 cm,籽粒中齿类型,穗轴白色,穗行数 14 ~ 16 行,百粒重 29 g 左右(图 4 – 14)。

图 4 – 14　G290

15. HAN7

黑龙江省农业科学院克山分院育成的早熟糯玉米自交系,以 KS23、欧洲硬粒、KN288 为基础材料选育而成。在克山地区生育日数 105 天,需≥10 ℃活动积温 2 000 ℃左右。一般株高 160 cm 左右,穗位 55 cm 左右,半收敛型,穗长 14.0 cm 左右,穗粗 3.5 cm 左右,穗轴白色,花丝浅紫色,穗行数 10 ~ 12 行,籽粒黄色,硬粒型,百粒重26.0 g 左右(图 4 – 15)。

图 4 – 15　HAN7

16. HB26

黑龙江省农业科学院克山分院育成的早熟玉米自交系,以含兰卡血源的 HB410 和欧洲硬粒为基础材料选育而成。在克山地区生育日数 105 天,需≥10 ℃活动积温 2 070 ℃左右。一般株高 170 cm 左右,穗位 55 cm 左右,半收敛型,穗长 15.0 cm 左右,穗粗 4.0 cm 左右,穗轴白色,花丝绿色,穗行数 12～14 行,籽粒黄色,马齿粒型,百粒重 28.0 g 左右(图 4－16)。

图 4－16　HB26

17. HAN18

黑龙江省农业科学院克山分院育成的早熟糯玉米自交系,以 KS23、欧洲硬粒、KN288 为基础材料选育而成。在克山地区生育日数 105 天,需≥10 ℃活动积温 2 100 ℃左右。一般株高 140 cm 左右,穗位 40 cm 左右,半收敛型,一般穗长 14.0 cm 左右,穗粗 3.5 cm 左右,穗轴白色,花丝绿色,穗行数 10～12 行,籽粒黄色,硬粒型,百粒重 26.0 g 左右(图4－17)。

图 4－17　HAN18

18. HA631

黑龙江省农业科学院克山分院育成的早熟玉米自交系,以 KS23 和德国硬粒为基础材料选育而成的早熟玉米自交系。在克山地区生育日数 105 天,需≥10 ℃活动积温 2 200 ℃左右。一般株高 160 cm 左右,穗位 50 cm 左右,株型半收敛,一般穗长 14.0 cm 左右,穗粗 4.0 cm 左右,穗轴白色,花丝浅粉色,穗行数 10~14 行,籽粒黄色,硬粒型,百粒重 28.0 g 左右(图4-18)。

图 4-18 HA631

19. KL613

黑龙江省农业科学院克山分院育成的早熟玉米自交系,克单 14 父本,克玉 15 母本,以自交系 KL2 与含 MO17 亲缘的自选系 KM27 杂交组成基础材料,经 8 代自交选育而成。在克山地区生育日数 115 天,需≥10 ℃活动积温 2 200 ℃左右。植株株高 162 cm,穗位高 66 cm,株型半收敛,花丝绿色。一般穗长 17 cm左右,穗粗 4.1 cm 左右,穗行数 12~14 行,穗轴红色,近硬粒型,百粒重 24.5 g,一般公顷单产3 050 kg(图4-19)。

图 4-19 KL613

20. 385 – 1

黑龙江省农业科学院克山分院育成的早熟玉米自交系,以外引自交系丹340与自选系KL37杂交组成基础材料,经8代自交选育而成。在克山地区生育日数115天,需≥10 ℃活动积温2 250 ℃左右。株高160 cm,穗位60 cm,株型半收敛,一般穗长14 cm,穗粗4.2 cm,穗轴白色,花丝绿色或浅粉色,14～18行,籽粒黄色,中齿粒型,百粒重25 g(图4 – 20)。

图 4 – 20 385 – 1

21. KS23 – 1

黑龙江省农业科学院克山分院育成的早熟玉米自交系,克玉16母本,以5003与当地自选材料KF181杂交组成基础材料,从中选株经8代自交选育而成。在克山地区生育日数100天,需≥10 ℃活动积温2 000 ℃左右。一般株高150 cm左右,穗位高50 cm左右,半收敛株型,花丝粉色或紫色。一般穗长15 cm左右,穗粗4.2 cm左右,穗轴白色,穗行数10～14行,硬粒粒型,百粒重28.0 g,一般单产3 500 kg/hm²(图4 – 21)。

图 4 – 21 KS23 – 1

22. KL632

黑龙江省农业科学院克山分院育成的早熟玉米自交系,克玉16父本,以自交系KL2与含MO17亲缘的自选系KM27杂交组成基础材料,从中选株经8代自交选育而成。在克山地区生育日数110天,需≥10℃活动积温2 100℃左右。植株株高160 cm,穗位高50 cm,普通株型,花丝绿色或粉色。一般穗长14 cm左右,穗粗3.8 cm左右,穗行数12~14行,穗轴红色,偏硬粒型,百粒重24.5 g,一般公顷单产3 050 kg(图4-22)。

图4-22 KL632

23. HB298

黑龙江省农业科学院克山分院育成的早熟玉米自交系,以含兰卡血源的HB410和KWS10×KWS73为基础材料选育而成。在克山地区生育日数106天,需≥10℃活动积温2 100℃左右。一般株高160 cm左右,穗位50 cm左右,半收敛型,一般穗长15.0 cm左右,穗粗4.0 cm左右,穗轴白色,花丝浅紫色,穗行数10~14行,籽粒黄色,硬粒型,百粒重28.0 g左右(图4-23)。

图4-23 HB298

24. HBN10

黑龙江省农业科学院克山分院育成的早熟糯玉米自交系,以含兰卡血源的 KL613、欧洲硬粒、KN38 为基础材料选育而成。在克山地区生育日数 106 天,需≥10 ℃活动积温 2 180 ℃左右。一般株高 135 cm 左右,穗位45 cm左右,半收敛型,一般穗长 13.0 cm 左右,穗粗 3.5 cm 左右,穗轴白色,花丝浅紫色,穗行数 8～12 行,籽粒黄色,硬粒型,百粒重26.0 g 左右(图 4－24)。

图 4－24　HBN10

25. KL3

黑龙江省农业科学院克山分院选育,系谱为安 441B×1034。2002 年由东北农业大学引入。生育期 105～107 天,需≥10 ℃活动积温 2 050 ℃左右,幼苗绿色,叶鞘紫色,株高150 cm,穗位高 45 cm,成株可见叶数 14 片左右,株型半紧凑,叶片深绿,叶缘绿色,叶片较窄。穗上叶片数 5～6 片,雄花序分枝及花粉量适中,护颖绿色,花丝紫色,果穗锥型,穗长15 cm,穗粗 3.8～4.2 cm,穗行数 16～18 行,穗轴白色。籽粒大小中等,偏硬粒型,籽粒橙红色,百粒重 29 g。根系发达,抗倒伏。耐大斑病、黑粉病及丝黑穗病。繁殖和制种时宜选用中等以上肥力地块,种植密度宜控制在 7.5万株/公顷。公顷产量可达 4 500 kg 左右(图4－25)。

图 4－25　KL3

26. 绥系 709

黑龙江省农业科学院绥化分院选育,绥系709 是单交种绥玉 23、绥玉 24、绥玉 25、绥玉 29 的父本,来源于绥系 607 × 3498(引入早熟 78599 系)。在绥化市生育日数 106 天左右,需 ≥10 ℃活动积温2 250 ℃。叶鞘紫色,叶色绿色,株高 170 cm 左右,穗位高 80 cm 左右。花丝浅粉色,花药黄色,雄穗分枝中等,花粉量大,果穗圆锥形,穗长14 cm 左右,穗粗 4.2 cm 左右,14 ~ 16 行,偏硬粒型,百粒重 21 g 左右,穗轴白色,籽粒黄色(图 4 − 26)。

图 4 − 26 绥系 709

27. 绥系 607

黑龙江省农业科学院绥化分院选育,绥系607 是单交种绥玉 17 母本,来源于绥系 701 × Mo17 杂交选系,又用绥系 701 回交二次选育而成。在绥化市生育日数 107 天左右,需 ≥10 ℃ 活动积温 2 250 ℃。叶鞘紫色,叶色浓绿,株高160 cm 左右,穗位高 70 cm 左右。花丝黄色,花药黄色,雄穗分枝中等,果穗长筒形,穗长 16 cm 左右,穗粗 4.1 cm 左右,12 ~ 14 行,偏硬粒型,百粒重 28 g 左右,穗轴红色,籽粒橙黄色(图 4 − 27)。

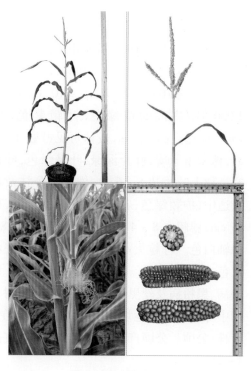

图 4 − 27 绥系 607

28. 绥系706

黑龙江省农业科学院绥化分院选育,绥系706是单交种绥玉19父本,来源于绥系601×KL3杂交选育的二环系。在绥化市生育日数107天左右,需≥10 ℃活动积温2 250 ℃。叶鞘紫色,叶色绿色,株高170 cm左右,穗位高70 cm左右。花丝浅粉色,花药黄色,雄穗分枝多,花粉量大,果穗粗锥形,穗长17 cm左右,穗粗4.8 cm左右,14～20行,中齿粒型,百粒重28 g左右,穗轴粉红色,籽粒橙黄色(图4-28)。

图4-28 绥系706

29. H266

黑龙江省农业科学院绥化分院选育,H266是用合344、与龙系5杂交,然后选择优良单株再经多代自交选育而成。在哈尔滨市从出苗到成熟108天左右,需≥10 ℃活动积温2 270 ℃左右。株高165 cm、穗位高60 cm、叶片宽度适中、花丝绿色。果穗圆柱形,穗长17 cm、穗粗4.2 cm,籽粒中硬类型,穗轴白色,穗行数14行,百粒重31 g左右(图4-29)。

图4-29 H266

30. HB410

黑龙江省农业科学院克山分院育成的早熟玉米自交系,克玉 18 父本,以含兰卡血源的 KL613 和欧洲硬粒为基础材料选育而成的早熟玉米自交系。在克山地区生育日数 108 天,需≥10 ℃活动积温 2 200 ℃左右。一般株高 170 cm 左右,穗位 70 cm 左右,半收敛型,一般穗长 16.0 cm 左右,穗粗 4.0 cm 左右,穗轴白色,花丝绿色或浅粉色,穗行数 12～16 行,籽粒浅黄色,中间粒型,百粒重 28.0 g 左右(图 4－30)。

图 4－30 HB410

31. HA336

黑龙江省农业科学院克山分院育成的极早熟玉米自交系,以 HA7－1 和欧洲硬粒为基础材料选育而成的早熟玉米自交系。在克山地区生育日数 108 天,需≥10 ℃活动积温 2 100 ℃左右。一般株高 135 cm 左右,穗位 30 cm 左右,株型半收敛,一般穗长 14.0 cm 左右,穗粗 4.0 cm 左右,穗轴白色,花丝紫红色,穗行数 10～14 行,籽粒黄色,偏硬粒型,百粒重 28.0 g 左右(图 4－31)。

图 4－31 HA336

32. HA368

黑龙江省农业科学院克山分院育成的极早熟玉米自交系,以 HA7-1 和欧洲硬粒为基础材料选育而成的早熟玉米自交系。在克山地区生育日数 108 天,需 ≥10 ℃ 活动积温 2 100 ℃ 左右。一般株高 170 cm 左右,穗位 45 cm 左右,株型半收敛,一般穗长 15.0 cm 左右,穗粗 4.0 cm 左右,穗轴白色,花丝粉色,穗行数 12~14 行,籽粒黄色,硬粒型,百粒重 28.0 g 左右(图 4-32)。

图 4-32　HA368

33. HBN9

黑龙江省农业科学院克山分院育成的早熟糯玉米自交系,以含兰卡血源的 KL613、欧洲硬粒、KN38 为基础材料选育而成。在克山地区生育日数 108 天,需 ≥10 ℃ 活动积温 2 150 ℃ 左右。一般株高 150 cm 左右,穗位 50 cm 左右,半收敛型,一般穗长 13.0 cm 左右,穗粗 4.0 cm 左右,穗轴白色,花丝浅粉色,穗行数 12~14 行,籽粒黄色,硬粒型,百粒重 25.0 g 左右(图 4-33)。

图 4-33　HBN9

34. HA148

黑龙江省农业科学院克山分院育成的早熟玉米自交系，以 KS23 和欧洲硬粒为基础材料选育而成。在克山地区生育日数 108 天，需 ≥10 ℃ 活动积温 2 180 ℃ 左右。一般株高 150 cm 左右，穗位 40 cm 左右，株型半收敛，一般穗长 15.0 cm 左右，穗粗 3.8 cm 左右，穗轴白色，花丝浅粉色，穗行数 12～14 行，籽粒黄色，硬粒型，百粒重 28.0 g 左右（图 4 - 34）。

图 4 - 34　HA148

35. HAN634

黑龙江省农业科学院克山分院育成的早熟糯玉米自交系，以 HA7 - 1、欧洲硬粒、KN188 为基础材料选育而成。在克山地区生育日数 109 天，需 ≥10 ℃ 活动积温 2 180 ℃ 左右。一般株高 140 cm 左右，穗位 50 cm 左右，半收敛型，一般穗长 14.0 cm 左右，穗粗 3.5 cm 左右，穗轴白色，花丝浅紫色，穗行数 12～14 行，籽粒黄色，硬粒型，百粒重 26.0 g 左右（图 4 - 35）。

图 4 - 35　HAN634

36. 龙系341

龙系341是将自交系K10与B73杂交,选出优良单株,又经多代自交同时配合抗病性鉴定,最终选育而成的自交系。在哈尔滨市生育日数110天左右,需≥10℃活动积温2 310℃左右;早发性好,幼苗生长健壮,易抓全苗;株高190 cm,穗位高70 cm,花丝绿色,雌雄穗开花期协调,叶片绿色;果穗圆柱形,穗长17 cm,穗粗4.0 cm,穗行数14行,穗轴粉红色,中硬类型,百粒重31 g左右(图4-36)。

图4-36　龙系341

37. H120

H120是从吉林省引入的自交系,经MO17回交改良而育成的自交系。在哈尔滨市从出苗到成熟110天,需≥10℃活动积温2 320℃左右。株高170 cm,穗位高60 cm,叶片宽度适中,花丝绿色。果穗圆柱形,穗长17 cm,穗粗4.1 cm,籽粒中齿型,穗轴粉色,穗行数14行,百粒重31 g左右。抗玉米大斑病、丝黑穗病(图4-37)。

图4-37　H120

38. 合选05

黑龙江省农业科学院佳木斯分院选育。合选05是合玉27母本,来源于7922×5213杂交选育的二环系,自选系。在佳木斯市生育日数110天左右,需≥10℃活动积温2 250℃左右.叶鞘紫色,叶色绿色,成株叶片数18片,株高230 cm左右,穗位高70 cm左右。花丝黄色,花药紫色,雄穗分枝较多,花粉量较大,果穗柱形,穗轴红色,穗长17.0 cm左右,穗粗5.0 cm左右,16～18行,籽粒马齿型,百粒重28.0 g左右,籽粒黄色。中抗大斑病,高抗丝黑穗病、抗倒性强、适宜密度7.5万株/公顷,公顷产量6 500 kg(图4－38)。

图4－38 合选05

39. 合选09

黑龙江省农业科学院佳木斯分院选育。合选09是合玉27父本,由加拿大群体优良单株自交7代选育而成,自选系。在佳木斯市生育日数110天左右,需≥10℃活动积温2 200℃左右。叶鞘绿色,叶色浓绿,成株叶片数17片,株高210 cm左右,穗位高70 cm左右。花丝黄色,花药黄色,雄穗分枝中等,花粉量大,果穗圆筒形,穗轴红色,穗长15 cm左右,穗粗3.5 cm左右,12～14行,籽粒中硬型,百粒重26 g左右,籽粒黄色。抗大斑病,高抗丝黑穗病、抗倒性强、适宜密度9.0万株/公顷,公顷产量4 500 kg(图4－39)。

图4－39 合选09

40. HAN633

黑龙江省农业科学院克山分院育成的早熟糯玉米自交系,以HA7－1、欧洲硬粒、KN188为基础材料选育而成。在克山地区生育日数110天,需≥10 ℃活动积温2 100 ℃左右。一般株高135 cm左右,穗位40 cm左右,半收敛型,一般穗长14.0 cm左右,穗粗3.5 cm左右,穗轴白色,花丝浅紫色,穗行数8～12行,籽粒黄色,硬粒型,百粒重26.0 g左右(图4－40)。

图4－40　HAN633

41. 绥系609

绥系609是单交种绥玉25的父本,来源于绥系707(8941×丹340)×8941杂交选育的二环系,在绥化市生育日数110天左右,需≥10 ℃活动积温2 300 ℃。叶鞘紫色,叶色绿色,成株叶片数16～17片,株高180 cm左右,穗位高70 cm左右。花丝紫色,花药黄色,雄穗分枝中等,花粉量较大,果穗圆柱形,穗轴白色,穗长15 cm左右,穗粗4.5 cm左右,14行,偏硬粒型,百粒重24 g左右,籽粒橙黄色(图4－41)。

图4－41　绥系609

42. 绥系 613

绥系 613 是单交种绥玉 28 母本,来源于绥系 701 × V022 二环选系,又用绥系 701 回交1 次育成。在绥化市生育日数 110 天左右,需 ≥10 ℃活动积温 2 300 ℃。株高 265 cm 左右,穗位 85 cm 左右,株高穗位比 3.12 : 1,株型半收敛,叶片浓绿色,叶鞘绿色,穗上叶 6 片左右,雄穗性状抽雄期早,雄穗分枝数量中等,分枝角度中等,小穗颖壳绿色,花药粉色,雌穗性状吐丝期早,花丝粉色,穗形圆柱形,穗长20 cm左右,轴粗 2.51 cm 左右,穗轴白色,穗行数 12 ~ 16 行,籽粒偏硬粒型,百粒重 21 g 左右,籽粒橙色(图 4 – 42)。

图 4 – 42　绥系 613

43. TD01

TD01 是黑龙江省农科院草业研究所玉米室用 200Gy 的 60Co – γ 射线照射德国霍恩海姆大学玉米杂交种 HOH012 风干种子,连续自交 7 代选育而成。出苗至成熟(哈尔滨)110天左右,需 ≥10 ℃活动积温 2 160 ℃左右。幼苗绿色,叶鞘紫色,早发性好,株高 210 cm,穗位高75 cm,叶色绿色,茎绿色,雄穗分枝 2 ~ 4个,花丝黄绿色,花药浅紫色,花粉量中,株型收敛,果穗柱形,穗长 17.5 cm,穗行数 12 ~ 14行,穗轴白色,籽粒黄色,百粒重 31.5 g(图4 – 43)。

图 4 – 43　TD01

44. T216

T216 是黑龙江省农科院草业所玉米育种室以 K10×铁 D9125 为基础材料,连续自交 6 代选育的自交系。出苗至成熟(哈尔滨)110 天左右,需≥10 ℃活动积温 2 160 ℃左右。幼苗绿色,叶鞘绿色,早发性好,株高 160 cm,穗位高 65 cm,叶色绿色,茎绿色,雄穗分枝 3~6 个,花丝粉色,花药黄绿色,花粉量中,果穗锥形,穗长 15.8 cm,穗行数14~16 行,籽粒浅黄色,百粒重 25.6 g(图 4-44)。

图 4-44　T216

45. 东 65003

东北农业大学农学院 1999 年起从用 CIMMYT 群体 Pob101 和 Mo17 杂交构建的半外来群体中按照育种目标选择早熟、抗病性强的健壮植株连续自交 6 代选育而成。生育期约 119 天,需≥10 ℃活动积温 2 380 ℃。第一叶鞘花青甙显色中,第一叶尖端圆,散粉期早,抽丝期早,上位穗上叶与茎秆角度小,上位穗上叶姿态轻度下披,抗倒伏性(根倒)强,茎秆之字形程度弱,茎支持根花青甙显色中,颖片基部花青甙显色没有或极弱,颖片除基部外花青甙显色中,花药花青甙显色(新鲜花药)弱,雄穗小穗密度中,雄穗主轴与分枝的角度(基部 1/3 处)小,雄穗侧枝姿势强烈下弯,花丝颜色绿色,花丝花青甙显色强度中,雄穗最低位侧枝以上主轴长度中,雄穗最高位侧枝以上主轴长度中,雄穗一级侧枝数目少,雄穗中部侧枝长度中,成株叶片数 17,叶长(上位穗上叶)中,叶宽中,叶色绿,叶鞘花青甙显色(植株中部)中,株高 160~180 cm,穗位高 70~80 cm,穗位与株高比率中,穗柄角度向上,穗柄长度短,抗倒折性中,果穗筒形,穗长 14~16 cm,果穗长与苞叶长比率中,穗粗 4~4.5 cm,穗行数 14~16 行,籽粒排列形式直,每行 25~30 粒,果穗形状中间型,籽粒类型(穗中部)马齿型,籽粒顶端颜色黄,籽粒背面颜色黄,粒形圆形,百粒重 26~28 g,穗轴红色(图 4-45)。

图 4-45　东 65003

46. DN-1-2

美国早熟玉米杂交种与 MO17 杂交后代中选育而成。生育期为 110～112 天,需≥10 ℃活动积温 2 150 ℃左右。幼苗拱土能力快,苗势强,幼苗绿色,叶鞘绿色,株型半紧凑。株高 200 cm 左右,穗位高 70 cm左右,成株可见叶数 15 片左右,雄穗中等发达,花粉中等,雄花序分枝 5～8 个,分枝角度直立,小穗颖壳黄绿色,花药黄绿色,花丝黄绿色。果穗柱形,穗长 14.0 cm,穗粗 3.8 cm,穗行数 14～16 行,籽粒黄色,偏马齿型。穗轴白色,百粒重约 33.0 g。茎秆粗壮,根系发达并伴有气生根,具有较强的抗倒性、抗旱性强、抗玉米丝黑穗病、大斑病、小斑病及茎腐病。繁殖和制种时宜选用中等以上肥力地块,种植密度宜控制在 7.5 万株/公顷左右。公顷产量可达 3 800 kg 左右(图 4-46)。

图 4-46 DN-1-2

第二节 黑龙江省玉米中熟骨干自交系

1. H277

H277 是用龙抗 11 与龙系 10 杂交,又经多代自交选育而成的自交系。在哈尔滨市生育日数 112 天左右,需≥10 ℃活动积温 2 350 ℃左右。株高 170 cm、穗位高 55 cm、雌雄穗开花协调、花丝绿色。果穗圆柱形,穗长 14 cm、穗粗 5.0 cm,籽粒中齿类型,穗轴白色,穗行数20 行,百粒重25 g 左右(图 4-47)。

图 4-47 H277

2. 2955

2955 由黑龙江省农业科学院齐齐哈尔分院利用欧洲杂交种连续自交 8 代选育而成。生育日数 112 天左右,需≥10 ℃活动积温2 250 ℃左右,叶鞘紫色,叶色绿色,成株叶片数 15 片,株高 163 cm 左右,穗位高 52 cm 左右。花丝黄色,花药紫色,雄穗一级分枝 1～3个,花粉量适中,果穗圆筒形,穗轴白色,穗长10 cm 左右,穗粗 4.0 cm 左右,12～13 行,硬粒型,百粒重约 27 g 左右,籽粒橙红色,高抗丝黑穗病、玉米大小斑病及茎基腐病(图4-48)。

图 4-48 2955

3. 绥系608

绥系 608 是单交种绥玉 21 母本、绥玉 28父本,由绥系 601×铁 7922 杂交选系后又用绥系 601 回交 2 次选育而成。在绥化市生育日数 112 天左右,需≥10 ℃活动积温 2 320 ℃。叶鞘紫色,叶色绿色,成株叶片数 13～14 片,株高 175 cm 左右,穗位高 60 cm 左右。花丝粉色,花药浅粉色,雄穗分枝较中等,花粉量较大,果穗圆柱形,穗轴粉色,穗长 15 cm 左右,穗粗 4.5 cm 左右,14 行左右,偏马齿型,百粒重 30 g 左右,籽粒橙黄色(图4-49)。

图 4-49 绥系608

4. K10

黑龙江省农业科学院玉米研究所选育。生育期约 115 天,需≥10 ℃活动积温 2 300 ℃左右。第一叶鞘花青甙显色中,第一叶尖端圆,散粉期早,抽丝期早,上位穗上叶与茎秆角度小,上位穗上叶姿态轻度下披,抗倒伏性(根倒)强,茎秆之字形程度弱,茎支持根花青甙显色中,颖片基部花青甙显色没有或极弱,颖片除基部外花青甙显色中,花药花青甙显色(新鲜花药)弱,雄穗小穗密度中,雄穗主轴与分枝的角度(基部 1/3 处)小,雄穗侧枝姿势强烈下弯,花丝颜色粉色,花丝花青甙显色强度中,雄穗最低位侧枝以上主轴长度极长,雄穗最高位侧枝以上主轴长度极长,雄穗一级侧枝数目中,雄穗中部侧枝长度长,成株叶片数 18,叶长(上位穗上叶)中,叶宽中,叶色绿,叶鞘花青甙显色(植株中部)中,株高 180 ~ 200 cm,穗位高 80 ~ 90 cm,穗位与株高比率中,穗柄角度向上,穗柄长度短,抗倒折性中,果穗筒形,穗长 16 ~ 18 cm,果穗长与苞叶长比率中,穗粗 3.5 ~ 4 cm,穗行数 12 ~ 14 行,籽粒排列形式直,每行 30 ~ 35 粒,籽粒类型(穗中部)偏马齿型,籽粒顶端颜色黄,籽粒背面颜色黄,粒形圆形,百粒重 24 ~ 26 g,穗轴红色(图 4 - 50)。

图 4 - 50　K10

5. 龙系 338

黑龙江省农业科学院玉米研究所选育。龙系 338 是由龙系 56 与 K10 杂交而选育的二环系。在哈尔滨市从出苗到成熟 114 天左右,需≥10 ℃活动积温 2 380 ℃左右。株高 145 cm、穗位高 60 cm、叶片宽度适中、花丝绿色。果穗圆柱形,穗长 13 cm,穗粗 4.5 cm,籽粒中齿型,穗轴红色,穗行数 16 ~ 18 行,百粒重 28 g 左右。抗玉米大斑病、丝黑穗病(图 4 - 51)。

图 4 - 51　龙系 338

6. 龙系287

黑龙江省农业科学院玉米研究所选育。龙系287是用熊掌、B73等多个自交系复合杂交,然后选择优良单株再经多代自交选育而成。在哈尔滨市生育日数114天左右,需≥10℃活动积温2 400℃左右;幼苗生长健壮,易抓全苗,株高175 cm,穗位高60 cm,花丝绿色,雌雄穗开花期协调,叶片绿色;果穗圆锥形,穗长15 cm,穗粗4.7 cm,籽粒中齿型,穗轴红色,穗行数20行,百粒重26 g左右(图4 – 52)。

图4 – 52　龙系287

7. T23

T23是黑龙江省农科院草业所玉米室以(K10×P138)×K10为基础材料,连续自交6代选育的自交系。出苗至成熟(哈尔滨)114天左右,需≥10℃活动积温2 260℃左右。幼苗绿色,叶鞘绿色,早发性好,株高180 cm,穗位高55 cm,叶片绿色,雄穗分枝6～8个,花丝绿色,花药黄绿色,花粉量中,果穗锥形,穗长16.5 cm,穗行数14～16行,籽粒黄色,百粒重24.6 g(图4 – 53)。

图4 – 53　T23

8. T056

T056 是黑龙江省农科院草业所玉米室以法国杂交种 Lim056 混粉一代,连续自交 6 代选育而成。出苗至成熟(哈尔滨)114 天左右,需≥10 ℃活动积温 2 260 ℃左右。幼苗绿色,叶鞘紫色,早发性好,株高 160 cm,穗位高 65 cm,叶色绿色,茎绿色,雄穗分枝 3～6 个,花丝粉色,花药黄绿色,花粉量中,果穗圆柱形,穗长 17.6 cm,穗行数 14～16 行,籽粒浅黄色,百粒重 26.5 g(图 4－54)。

图 4－54　T056

9. T64

T64 是黑龙江省农科院草业所玉米室利用 250Gy 的 ^{60}Co － γ 射线辐照处理玉米(四－444×四－287)F1 代风干种子,后代连续自交 6 代选育的自交系。出苗至成熟(哈尔滨)114 天左右,需≥10 ℃活动积温2 290 ℃左右。幼苗绿色,叶鞘紫色,早发性好,株高 175 cm,穗位高45 cm,叶色绿色,茎绿色,雄穗分枝 3～5 个,花丝绿色,花药黄绿色,花粉量中,株型平展,果穗圆柱形,穗长 17.6 cm,穗行数 12～14 行,籽粒浅黄色,百粒重 29.5 g(图 4－55)。

图 4－55　T64

10. 合选 18

黑龙江省农业科学院佳木斯分院选育。合选 18 是合玉 23 父本,来源于(3081 × 合344)与杂交 Mo17 回交 2 代自交 5 代选育而成的自选系。在佳木斯市生育日数 115 天左右,需≥10 ℃活动积温 2 400 ℃左右叶鞘绿色,叶色浓绿,成株叶片数17 ~ 18片,株高 192 cm 左右,穗位高 70 cm 左右。花丝黄色,花药黄色,雄穗分枝中等,花粉量大,果穗圆柱形,穗轴白色,穗长 18 cm 左右,穗粗 4.2 cm 左右,12 ~ 14行,马齿型,百粒重 32.0 g 左右,籽粒黄色。抗大斑病,高抗丝黑穗病、适宜密度 6.5 万株/公顷,公顷产量 4 500 kg(图 4 - 56)。

图 4 - 56 合选 18

11. 绥系 606

绥系 606 是单交种绥玉 15、绥玉 22 母本,来源于 8942 × 长 3 的二环系,在绥化市生育日数 115 天左右,需≥10 ℃活动积温 2 350 ℃。叶鞘紫色,叶色浓绿,株高 190 cm 左右,穗位高 80 cm 左右。花丝浅粉色,花药浅粉色,雄穗分枝少,花粉量少,果穗长锥形,穗长 16 cm左右,穗粗 4.1 cm 左右,12 ~ 14 行,偏硬粒型,百粒重 26 g 左右,穗轴红色,籽粒橙色(图4 - 57)。

图 4 - 57 绥系 606

12. 绥系601

黑龙江省农业科学院绥化分院选育。绥系601是单交种绥玉10的父本，为郑32×自330杂交选育的二环系。在绥化市生育日数115天左右，需≥10 ℃活动积温2 350 ℃。幼苗生长势强，叶色浓绿，成株叶片数17～18片，株高170 cm左右，穗位高65 cm左右。花丝浅粉色，花药黄色，雄穗分枝中等，花粉量大，果穗圆柱形，穗长13 cm左右，穗粗4.4 cm左右，12～14行，马齿型，百粒重25 g左右，籽粒橙色(图4－58)。

图4－58 绥系601

13. G260

黑龙江省农业科学院玉米研究所选育。G260是将自交系龙抗11用MO17回交改良，又经多代自交同时配合抗病性鉴定，最终选育而成的自交系。在哈尔滨市从出苗到成熟116天左右，需≥10 ℃活动积温2 400 ℃左右。株高185 cm、穗位高75 cm、叶片宽度适中、花丝淡粉色。果穗圆柱形，穗长17 cm、穗粗4.2 cm，籽粒中齿型，穗轴白色，穗行数16行，百粒重27 g左右。抗玉米大斑病、丝黑穗病(图4－59)。

图4－59 G260

14. 龙系247

黑龙江省农业科学院玉米研究所选育。龙系247是用熊掌、B73等多个自交系复合杂交,然后选择优良单株再经多代自交选育而成。在哈尔滨市生育日数116天左右,需≥10 ℃活动积温2 400 ℃左右;幼苗生长健壮,易抓全苗;株高170 cm,穗位高65 cm,花丝粉红色,雌雄穗开花期协调,叶片绿色;果穗圆柱形,穗长15 cm,穗粗4.7 cm,籽粒齿型,穗轴粉红色,穗行数16~18行,百粒重26 g左右(图4-60)。

图4-60　龙系247

15. H278

黑龙江省农业科学院玉米研究所选育。H278是将龙系16用兰卡种质回交改良2代,又经多代自交同时配合抗病性鉴定,最终选育而成的自交系。在哈尔滨市生育日数116天左右,需≥10 ℃活动积温2 500 ℃左右;幼苗生长健壮,易抓全苗;株高180 cm,穗位高70 cm,花丝绿色,雌雄穗开花期协调,叶片绿色;果穗圆柱形,穗长17 cm,穗粗4.3 cm,籽粒中齿型,穗轴白色,穗行数14行,百粒重30 g左右(图4-61)。

图4-61　H278

16. H270

黑龙江省农业科学院玉米研究所选育。H270 是瑞德血缘种质与地方种质杂交经过 7 个世代抗逆、抗病、高密度抗倒筛选定向系谱自交选育而成。在哈尔滨市生育日数 116 天左右,需≥10 ℃活动积温2 520 ℃左右;幼苗生长健壮,易抓全苗;株高 195 cm,穗位高 60 cm,花丝粉色,雌雄穗开花期协调,叶片绿色;果穗圆柱形,穗长 17 cm,穗粗 4.1 cm,14 行、中齿类型,百粒重 29 g 左右(图 4 - 62)。

图 4 - 62 H270

17. G253

黑龙江省农业科学院玉米研究所选育。G253 是用山东省引入的自交系与 444 自交系回交,又经多代自交选育而成的改良系。在哈尔滨市生育日数 117 天左右,需≥10 ℃活动积温2 430 ℃左右;幼苗生长健壮,易抓全苗;株高 175 cm,穗位高 60 cm,花丝绿色,雌雄穗开花期协调,叶片绿色;果穗圆柱形,穗长 17 cm,穗粗 4.2 cm,籽粒中齿型,穗轴粉红色,穗行数 14 ~ 16 行,百粒重 32 g 左右(图 4 - 63)。

图 4 - 63 G253

18. 合选 19

合选 19 是合玉 23 母本,来源于冬 96 × 丹 340 杂交选育的二环系,自选系。在佳木斯市生育日数 117 天左右,需 ≥10 ℃ 活动积温 2 400 ℃ 左右。叶鞘紫色,叶色绿色,成株叶片数 18 片,株高 165 cm 左右,穗位高 65 cm 左右。花丝黄色,花药紫色,雄穗分枝较多,花粉量较大,果穗短锥形,穗轴红色,偏硬粒型,穗长 14 cm 左右,穗粗 4.8 cm 左右,16 ~ 18 行,百粒重 28.0 g 左右,籽粒橙红色。高抗大斑病,高抗丝黑穗病、适宜密度 6.0 万株/公顷,公顷产量 5 500 kg(图 4 – 64)。

图 4 – 64 合选 19

19. 绥系 708

黑龙江省农业科学院绥化分院选育。绥系 708 是单交种绥玉 22 父本、绥玉 23、绥玉 26 的母本,来源于绥系 601 × 铁 7922 杂交选系,又用铁 7922 回交 2 次选育而成。在绥化市生育日数 117 天左,需 ≥10 ℃ 活动积温2 380 ℃。叶鞘紫色,叶色浓绿,成株叶片数 17 ~ 18 片,株高 200 cm 左右,穗位高 80 cm 左右。花丝浅粉色,花药黄色,果穗长锥形,穗长 17 cm 左右,穗粗 4.5 cm 左右,14 ~ 16 行,偏硬粒型,百粒重 27 g 左右,籽粒橙色(图 4 – 65)。

图 4 – 65 绥系 708

20. 绥系718

黑龙江省农业科学院绥化分院选育。绥系718为单交种绥玉38父本，利用自交系SX24与自交系绥系30747二环选系，经系谱法连续自交6代选育而成。幼苗生长势强，秆强，抗丝黑穗、抗茎腐病，株高195 cm左右，穗位高85 cm，叶片绿色，雄穗分支数量少，花丝红色，花药浅粉色，果穗穗长15 cm左右，穗粗4.2 cm左右，穗行数14～16行，百粒重29 g左右，偏硬粒型，籽粒黄色，穗轴红色。适应区出苗至成熟117天，需≥10 ℃活动积温2 450 ℃左右（图4-66）。

图4-66　绥系718

21. T38

T38是黑龙江省农科院草业研究所玉米室以K10×铁D9125为基础材料，连续自交7代选育而成。出苗至成熟（哈尔滨）117天左右，需≥10 ℃活动积温2 280 ℃左右。幼苗绿色，叶鞘绿色，早发性好，株高190 cm，穗位高70 cm，叶片绿色，茎绿色，雄穗分枝4～6个，花丝黄绿色，花药绿色，果穗柱形，穗长15.5 cm，穗行数14～16行，穗轴红色，籽粒黄色，百粒重28.5 g（图4-67）。

图4-67　T38

22. T467

T467 是黑龙江省农科院草业所玉米育种室以俄罗斯杂交种 ZYM260×合 344 为基础材料,连续自交 6 代选育而成。出苗至成熟(哈尔滨)117 天左右,需≥10 ℃活动积温 2 280 ℃左右。幼苗绿色,叶鞘紫色,早发性好,株高 180 cm,穗位高 60 cm,叶片绿色,茎绿色,雄穗分枝 4~8 个,花丝绿色,花药黄绿色,花粉量大,果穗圆柱形,穗长 14.5 cm,穗行数 14~16 行,籽粒黄色,百粒重 24.8 g(图 4-68)。

图 4-68 T467

23. 龙系 379

龙系 379 是"龙早群"中选出的优良单株,又经 8 代自交结合高压抗逆筛选选育而成的自交系。在哈尔滨市从出苗到成熟 118 天左右,需≥10 ℃活动积温 2 450 ℃左右。株高 180 cm、穗位高 80 cm、花丝粉色,雌雄开花协调,叶片绿色。果穗圆柱形,穗长 17 cm、穗粗 4.0 cm,籽粒中齿型,穗轴粉红色,穗行数 14 行,百粒重 29 g 左右。抗玉米大斑病、丝黑穗病(图 4-69)。

图 4-69 龙系 379

24. G249

G249 是由龙系 69、龙系 32 等经与黄早 4 组成小群体经多代定向改良而育成的自交系。在哈尔滨市从出苗到成熟 118 天,需≥10 ℃活动积温 2 470 ℃左右。株高 160 cm、穗位高 50 cm、叶片宽度适中、花丝粉红色。果穗圆柱形,穗长 15 cm、穗粗 4.6 cm,籽粒中齿型,轴色白色,穗行数 16 行,百粒重 34 g 左右。抗玉米大斑病、丝黑穗病(图4 – 70)。

图 4 – 70　G249

25. N7923

N7923 由黑龙江省农业科学院齐齐哈尔分院利用铁 79 – 22 × 9023 杂交选育的二环系连续自交 8 代选育而成。生育日数 118 天左右,需≥10 ℃活动积温 2 500 ℃左右,叶鞘绿色,叶色浓绿,成株叶片数 17 片,株高 180 cm 左右,穗位高 60 cm 左右。花丝黄色,花药黄色,雄穗一级分枝 3～5 个,花粉量大,果穗圆筒形,穗轴白色,穗长 18 cm 左右,穗粗 4.3 cm 左右,12～14 行,马齿型,百粒重 32 g 左右,籽粒黄色,适宜密度 7.5 万株/公顷,公顷产量 6 000 kg。高抗丝黑穗病、玉米大小班病及茎基腐病(图4 –71)。

图 4 –71　N7923

26. DNF34 – 2

DNF34 – 2 由东北农业大学利用法国杂交种连续自交 8 代选育而成。在哈尔滨种植生育期约 118 天,需≥10 ℃活动积温 2 300 ℃左右。幼苗拱土快,幼苗绿色,株型半紧凑。株高 230 cm,穗位高 90 cm,成株可见叶数 14 ~ 15 片,雄穗不发达,花粉量中,雄花序分枝 3 ~ 5 个,分枝角度中等,小穗颖壳绿色,花药绿色,花丝淡紫色。果穗圆筒形,穗长 16.5 cm,穗粗 4.3 cm,穗行数 16 行,籽粒黄色,马齿型,穗轴红色,百粒重约 33.8 g。茎秆韧性好,根系发达并伴有气生根,具有较强的抗倒性、抗旱性强、抗玉米丝黑穗病、小斑病及茎腐病。繁殖和制种适宜选用中等以上肥力地块,种植密度宜控制在 8.25 万株/公顷左右,公顷产量可达 5 000 kg 左右(图 4 – 72)。

图 4 – 72　DNF34 – 2

27. 东 301

东 301 由东北农业大学利用法国杂交种连续自交 8 代选育而成。在哈尔滨种植生育期约 118 天,需≥10 ℃活动积温 2 300 ℃左右。幼苗拱土快,幼苗绿色,株型紧凑。株高 230 cm,穗位高 80 cm,成株可见叶数 14 ~ 15 片,雄穗不发达,花粉量中,雄花序分枝 3 ~ 5 个,分枝角度中等,小穗颖壳绿色,花药绿色,花丝淡紫色。果穗圆筒形,穗长 16.0 cm,穗粗 4.2 cm,穗行数 16 行,籽粒黄色,偏马齿型,穗轴粉色,百粒重约 33.2 g。茎秆韧性好,根系发达并伴有气生根,具有较强的抗倒性、抗旱性强、抗玉米丝黑穗病、小斑病及茎腐病。繁殖和制种适宜选用中等以上肥力地块,种植密度宜控制在 8.25 万株/公顷左右,公顷产量可达 5 000 kg 左右(图 4 – 73)。

图 4 – 73　东 301

28. 绥系707

黑龙江省农业科学院绥化分院选育。绥系707是杂交种绥玉20、绥玉21的父本，来源于绥系601×丹340杂交选育的二环系。在绥化市生育日数118天左右，需≥10℃活动积温2 380℃。叶鞘紫色，叶色浓绿，成株叶片数17~18片，株高190 cm左右，穗位高80 cm左右。花丝浅粉色，花药黄色，雄穗分枝中等，花粉量大，果穗圆柱形，穗长15 cm左右，穗粗4.4 cm左右，14~16行，半马齿型，百粒重25 g左右，籽粒黄色（图4-74）。

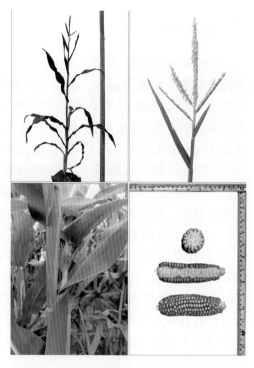

图4-74 绥系707

29. H261

黑龙江省农业科学院玉米研究所选育。H261是"龙早群"中选出的优良单株，又经8代自交结合高压抗逆筛选选育而成的自交系。在哈尔滨市从出苗到成熟120天左右，需≥10℃活动积温2 450℃左右。株高165 cm、穗位高70 cm、花丝粉色，雌雄开花协调，叶片绿色。果穗圆柱形，穗长17 cm、穗粗4.5 cm，籽粒中齿型，穗轴白色，穗行数14~16行，百粒重29 g左右。抗玉米大斑病、丝黑穗病（图4-75）。

图4-75 H261

30. T4312

黑龙江省农业科学院草业研究所选育,系谱为法国玉米杂交种选系,2004 年东北农业大学引入。生育日数 120 天左右,需≥10 ℃活动积温 2 470 ℃左右。幼苗绿色,叶鞘绿色,早发性好,株高 190 cm,穗位高 70 cm,成株可见叶16 片,穗上叶与茎秆夹角较小,株型收敛,叶色浓绿;雄穗主轴长度中等,分支数 4～5 个,侧枝姿态直立,花药黄色,花丝紫色;果穗锥形,穗长 17.0 cm,穗粗 3.4 cm,穗行数 12～14 行,籽粒中间型,穗轴红色,籽粒黄色,百粒重32.0 g。茎秆韧性好,根系发达,抗倒性强,抗玉米丝黑穗病、大斑病、茎腐病及穗腐病。繁殖和制种时宜选用中等以上肥力地块,种植密度宜控制在 7.5 万株/公顷左右,公顷产量可达 5 000 kg 左右(图 4 - 76)。

图 4 - 76　T4312

31. 绥系 611

黑龙江省农业科学家院绥化分院选育。绥系 611 为单交种绥玉 26 的父本,来源于郑 58 自交系天杂株经系谱选育而成。幼苗生长势强,叶色绿色,株高 180 cm 左右,穗位高 80 cm 左右。花丝粉色,花药黄色,雄穗分枝中等,花粉量大,果穗圆锥形,穗长 14 cm 左右,穗粗4.2 cm左右,12～14 行,籽粒半马齿型,百粒重 24 g 左右,穗轴白色,籽粒橙色。适应区出苗至成熟120 天,需≥10 ℃活动积温 2 500 ℃左右(图4 - 77)。

图 4 - 77　绥系 611

32. 绥系711

黑龙江省农业科学家院绥化分院选育。绥系711为单交种绥玉35父本,利用自交系绥系709与自交系SX48二环选系,经过系谱法连续选育七代而成。幼苗生长势强,叶色绿色,株高200 cm左右,穗位高100 cm左右。花丝浅粉色,花药黄色,雄穗分枝中等,花粉量大,果穗长锥形,穗长16 cm左右,穗粗4.1 cm左右,16行左右,籽粒偏硬粒型,百粒重25 g左右,穗轴红色,籽粒橙色。适应区出苗至成熟120天,需≥10 ℃活动积温2 500 ℃左右(图4－78)。

图4－78 绥系711

33. 绥系721

黑龙江省农业科学家院绥化分院选育。绥系721为单交种绥玉48的父本,利用自交系4207与自交系8605二环选系,经过系谱法连续选育七代而成。幼苗生长势强,叶色浓绿色,株高180 cm左右,穗位高70 cm左右。花丝黄色,花药黄色,雄穗分枝多,花粉量大,果穗筒形,穗长14 cm左右,穗粗4.3 cm左右,14行左右,籽粒中齿型,百粒重25 g左右,穗轴白色,籽粒黄色。适应区出苗至成熟120天,需≥10 ℃活动积温2 500 ℃左右(图4－79)。

图4－79 绥系721

第三节　黑龙江省玉米晚熟骨干自交系

1. T160

T160 是黑龙江省农科院草业所玉米室以法国杂交种 Lim067 混粉一代,连续自交 6 代选育而成。出苗至成熟(哈尔滨)121 天左右,需≥10 ℃活动积温 2 380 ℃左右。幼苗绿色,叶鞘紫色,早发性好,株高170 cm,穗位高 75 cm,叶色绿色,雄穗分枝 4～7 个,花丝粉色,花药黄绿色,花粉量中,果穗圆柱形,穗长 15.6 cm,穗行数 16 行,籽粒浅黄色,百粒重 23.5 g(图 4－80)。

图 4－80　T160

2. T123

T123 是黑龙江省农科院草业所玉米室以(K10×铁 D9125)×K10 为基础材料,连续自交 6 代选育的自交系。出苗至成熟(哈尔滨)121 天左右,需≥10 ℃活动积温 2 380 ℃左右。幼苗绿色,叶鞘绿色,早发性好,株高 190 cm,穗位高 60 cm,叶片绿色,茎绿色,雄穗分枝 8～10 个,花丝绿色,花药黄绿色,花粉量大,果穗锥形,穗长 15.5 cm,穗行数 14～16 行,籽粒黄色,百粒重 32 g(图 4－81)。

图 4－81　T123

3. T02

T02 是黑龙江省农科院草业所玉米室以477×M017 为基础材料,连续自交6代选育的自交系。出苗至成熟(哈尔滨)121 天左右,需≥10 ℃活动积温 2 450 ℃左右。幼苗绿色,叶鞘绿色,早发性好,株高195 cm,穗位高 60 cm,叶片绿色,茎绿色,雄穗分枝 10~12 个,花丝绿色,花药黄绿色,花粉量大,果穗锥形,穗长16.5 cm,穗行数 12~14 行,籽粒黄色,百粒重32 g(图4-82)。

图 4-82　T02

4. WBA31

WBA31 是黑龙江省农科院草业所玉米室以法国杂交种 LIM229×四-444 为基础材料,连续自交6代选育的自交系。出苗至成熟(哈尔滨)121 天左右,需≥10 ℃活动积温 2 470 ℃左右。幼苗绿色,叶鞘绿色,早发性好,株高190 cm,穗位高 70 cm,叶片绿色,茎绿色,雄穗分枝10~12 个,花丝绿色,花药黄绿色,花粉量大,成株 17~18 片叶,果穗锥形,穗长16.5 cm,穗行数 12~14 行,籽粒黄色,百粒重32 g(图4-83)。

图 4-83　WBA31

5. G439

G439 是瑞德群中选出的优良单株,经单倍体技术诱导选育出的 DH 系。在哈尔滨市从出苗到成熟 122 天左右,需≥10 ℃活动积温 2 500 ℃左右。株高 190 cm、穗位高 85 cm、叶片宽度适中、花丝绿色。果穗圆柱形,穗长 15 cm、穗粗 4.1 cm,籽粒中齿型,穗轴粉色,穗行数 16 行,百粒重 28 g 左右(图 4-84)。

图 4-84　G439

6. H238

H238 是用黑龙江省农业科学院玉米研究所组成的塘四平头群体的优良单株,经多代自交选育而成。在哈尔滨市生育日数 122 天左右,需≥10 ℃活动积温 2 550 ℃左右;幼苗生长健壮,易抓全苗;株高160 cm,穗位高 85 cm,花丝粉色,雌雄穗开花期协调,叶片绿色;果穗圆柱形,穗长 16 cm,穗粗 4.2 cm,籽粒中齿型,穗轴粉色,穗行数 14 行,百粒重 28 g 左右(图 4-85)。

图 4-85　H238

7. 龙系 373

龙系 373 是由黑龙江省农科院玉米研究所用来自美国血缘的群体经 3 轮高压高密筛选的优良单株,又经 8 代自交选育而成的自交系。在哈尔滨市从出苗到成熟 122 天左右,需≥10 ℃活动积温 2 580 ℃左右。株高 190 cm、穗位高 75 cm、叶片宽度适中、花丝绿色。果穗圆柱形,穗长 16 cm、穗粗 4.8 cm,籽粒中齿,穗轴粉色,穗行数 18～20 行,百粒重 28 g 左右(图 4－86)。

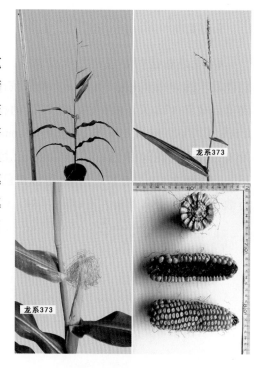

图 4－86 龙系 373

8. G289

G289 是将龙系 53 用瑞德种质回交改良 2 代,又经 9 代自交同时结合抗病性鉴定,最终选育而成的自交系。在哈尔滨市生育日数 122 天左右,需≥10 ℃活动积温 2 620 ℃左右;幼苗生长健壮,易抓全苗;株高 190 cm,穗位高 70 cm,花丝绿色,雌雄穗开花期协调,叶片绿色;果穗圆柱形,穗长 17 cm,穗粗 4.8 cm,籽粒中齿形,穗轴白色,穗行数 16 行,百粒重 30 g 左右(图 4－87)。

图 4－87 G289

9. 合选 07

合选 07 是合玉 29 父本,来源美国杂交种二环系。自选系。在佳木斯市生育日数122天左右,需≥10 ℃活动积温 2 550 ℃左右。叶鞘紫色,叶色浓绿,成株叶片数 20 片,株高 230 cm左右,穗位高 90 cm 左右。花丝绿色,花药黄色,雄穗分枝中等,花粉量大,果穗圆柱形,穗轴红色,穗长 15 cm 左右,穗粗 5.0 cm 左右,14～18 行,籽粒中硬型,百粒重 30 g 左右,籽粒黄色。高抗大斑病,高抗丝黑穗病、抗倒性强、适宜密度 7.5 万株/公顷,公顷产量 7 000 kg(图 4 - 88)。

图 4 - 88　合选 07

10. 合选 11

合选 11 是合玉 31 的母本,来源美国杂交种二环系。自选系。在佳木斯市生育日数 122 天左右,需≥10 ℃活动积温 2 500 ℃左右。叶鞘紫色,叶色浓绿,成株叶片数 20 片,株高 230 cm左右,穗位高 90 cm 左右。花丝红色,花药黄色,雄穗分枝中等,花粉量大,果穗圆筒形,穗轴白色,穗长 15 cm 左右,穗粗 5.0 cm左右,14～18 行,籽粒马齿型,百粒重 35 g 左右,籽粒黄色。抗大斑病,高抗丝黑穗病、抗倒性强、适宜密度 7.5 万株/公顷,公顷产量 7 000 kg(图 4 - 89)。

图 4 - 89　合选 11

11. LX347

LX347 是中国农业科学院作物科学研究所选育的优良玉米自交系。该自交系是用鲁9801 和掖478 杂交后与鲁9801 回交两代后选育而成的玉米自交系,2002 年由东北农业大学引入。生育期约122 天,需≥10 ℃活动积温2 450 ℃左右。出苗较快,苗势强,幼苗绿色,叶鞘绿色,株型半紧凑,上部叶片收敛。株高195 cm 左右,穗位高95 cm 左右,成株叶数17 片左右,雄穗较发达,花粉量大,雄花序分枝8 ~12 个,花药黄色,雌穗丝状花柱为黄绿色。吐丝与散粉间隔2 ~3 天,雌雄协调。果穗圆筒形,穗长13.5 cm,穗粗4.3 cm,穗行数14 行,穗粒数25 粒左右,籽粒淡黄色,中齿型。穗轴白色,百粒重约33 g。茎秆粗壮,根系发达并伴有气生根,具有较强的抗倒性、抗旱性强、抗玉米丝黑穗病、大斑病、小斑病及茎腐病。繁殖和制种时宜选用中等以上肥力地块,种植密度宜控制在6.75 万株/公顷左右。公顷产量可达4 500 kg 左右(图4 -90)。

图4 -90　LX347

12. T116

T116 是黑龙江省农业科学院草业研究所以美国引入的杂交种 P3418 为基础材料,连续自交8 个世代选育的自交系。出苗至成熟(哈尔滨)122 天左右,需≥10 ℃活动积温2 450 ℃左右。幼苗绿色,早发性好。株高185 cm,穗位高80 cm,雄穗分枝4 ~6 个,花丝绿色,花药绿色,花粉量大。成株19 片叶。果穗锥形,穗长17 ~18 cm,穗行数14 行。籽粒黄色,半马齿型,百粒重32 g(图4 -91)。

图4 -91　T116

13. NX96－2

黑龙江省农业科学院玉米研究所选育。NX96－2 由黑龙江省农业科学院齐齐哈尔分院利用 K10×嫩系 50 杂交选育的二环系连续自交 8 代选育而成。生育日数 123 天左右,需≥10 ℃活动积温 2 350 ℃左右,叶鞘紫色,叶色深绿色,成株叶片数 15 片,株高 157 cm 左右,穗位高 52 cm 左右。花丝黄色,花药紫色,雄穗一级分枝 2～3 个,花粉量适中,果穗圆筒形,穗轴白色,穗长 10 cm 左右,穗粗 3.8 cm 左右,10～12 行,硬粒型,百粒重约 38 g 左右,籽粒黄色,适宜密度 8.5 万株/公顷,公顷产量 4 200 kg。高抗丝黑穗病、玉米大小斑病及茎基腐病(图 4－92)。

图 4－92　NX96－2

14. 龙系 292

黑龙江省农业科学院玉米研究所选育。龙系 292 是用 434 与旅 28 杂交,又经多代自交选育而成。在哈尔滨市生育日数 124 天左右,需≥10 ℃活动积温 2 580 ℃左右;幼苗发苗快、生长健壮,易抓全苗;株高 190 cm,穗位高 60 cm。花丝绿色,雌雄穗开花期协调,叶片绿色;果穗圆柱形,穗长 14 cm,穗粗 5.4 cm,籽粒中齿型,穗轴白色,穗行数 16 行,百粒重 32 g 左右(图 4－93)。

图 4－93　龙系 292

15. H263

H263 是由黑龙江省龙玉种业有限责任公司用龙系 306 与黄早 4 杂交,又经多代自交选育而成的改良系。在哈尔滨市从出苗到成熟 124 天左右,需≥10 ℃活动积温 2 600 ℃左右。株高 210 cm、穗位高90 cm、叶片宽度适中、花丝粉色。果穗圆柱形、穗长 15 cm、穗粗 4.8 cm,籽粒中齿,穗轴粉红色,穗行数 14 行,百粒重 28 g 左右。抗玉米大斑病、丝黑穗病(图 4 – 94)。

图 4 – 94 H263

16. N1572

N1572 由黑龙江省农业科学院齐齐哈尔分院利用欧洲杂交种连续自交 8 代选育而成。生育日数 124 天左右,需 ≥10 ℃活动积温 2 350 ℃左右,叶鞘紫色,叶色深绿色,成株叶片数 15 片,株高 207 cm 左右,穗位高 73 cm 左右。花丝黄色,花药紫色,雄穗一级分枝2 ~ 3 个,花粉量适中,果穗圆锥形,穗轴红色,穗长 14 cm 左右,穗粗 4.1 cm 左右,12 ~ 14 行,偏硬粒型,百粒重约 37 g 左右,籽粒橙红色,适宜密度 8.5 万株/公顷,公顷产量 4 600 kg。高抗丝黑穗病、玉米大小斑病及茎基腐病(图4 – 95)。

图 4 – 95 N1572

17. A5

A5 由黑龙江省农业科学院齐齐哈尔分院利用欧洲杂交种连续自交 8 代选育而成。生育日数 124 天左右，需 ≥ 10 ℃活动积温 2 550 ℃左右，叶鞘紫色，叶色绿色，成株叶片数 15 片，株高 185 cm 左右，穗位高 58 cm 左右。花丝粉红色，花药黄色，雄穗一级分枝 3 ~ 5 个，花粉量适中，果穗圆筒形，穗轴红色，穗长 14 cm 左右，穗粗 4.0 cm 左右，14 ~ 16 行，偏马齿型，百粒重约 33 g 左右，籽粒橙红色，适宜密度 8.0 万株/公顷，公顷产量 4 600 kg。高抗丝黑穗病、玉米大小斑病及茎基腐病（图4 - 96）。

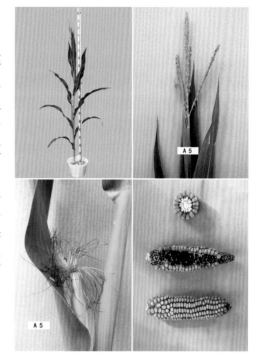

图 4 - 96 A5

18. 嫩 H75121

嫩 H75121 由黑龙江省农业科学院齐齐哈尔分院利用黄早四×丹 705 杂交选育的二环系连续自交 8 代选育而成。生育日数 124 天左右，需≥10 ℃活动积温 2 550 ℃左右，叶鞘紫色，叶色深绿色，成株叶片数 16 片，株高 180 cm左右，穗位高 62 cm 左右。花丝黄色，花药黄色，雄穗一级分枝 4 ~ 6 个，花粉量适中，果穗圆筒形，穗轴白色，穗长 15 cm 左右，穗粗 4.4 cm 左右，12 ~ 14 行，偏硬粒型，百粒重约 30 g 左右，籽粒橙红色，适宜密度 8.5 万株/公顷，公顷产量 4 700 kg。高抗丝黑穗病、玉米大小斑病及茎基腐病（图 4 - 97）。

图 4 - 97 嫩 H75121

19. M504

M504 是黑龙江省农业科学院草业研究所玉米室用 200Gy 的 ^{60}Co - γ 射线照射法国杂交种 LIM504 干种子为基础材料,连续自交 7 代选育而成。出苗至成熟(哈尔滨)124 天左右,需 ≥10 ℃ 活动积温 2 580 ℃左右。幼苗绿色,叶鞘绿色,早发性好,株高 250 cm,穗位高 100 cm,叶色绿色,茎绿色,雄穗分枝 2 ~ 5 个,花丝粉色,花药绿色,花粉量中,株型收敛,果穗柱形,穗长 15.5 cm,穗行数 14 ~ 16 行,籽粒黄色,百粒重 31.5 g(图 4 - 98)。

图 4 - 98 M504

20. G239

黑龙江省农业科学院玉米研究所选育。G239 是将吉林引入自交系用 MO17 回交改良 2 代,选育而成的自交系。在哈尔滨市从出苗到成熟 125 天左右,需 ≥10 ℃ 活动积温 2 600 ℃左右。株高 195 cm、穗位高 80 cm、叶片宽度适中、花丝绿色。果穗圆柱形,穗长 14 cm、穗粗 4.8 cm,籽粒齿型,穗轴白色,穗行数 16 行,百粒重 28 g 左右。抗玉米大斑病、丝黑穗病(图 4 - 99)。

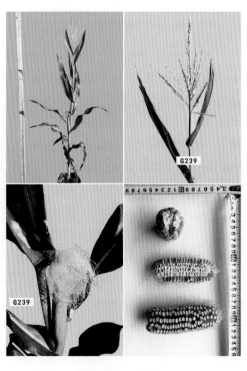

图 4 - 99 G239

21. N1804

N1804 由黑龙江省农业科学院齐齐哈尔分院利用美国杂交种连续自交 8 代选育而成。生育日数 125 天左右，需 ≥10 ℃ 活动积温 2 450 ℃左右，叶鞘紫色，叶色深绿色，成株叶片数 16 片，株高 228 cm 左右，穗位高 104 cm 左右。花丝紫色，花药紫色，雄穗一级分枝4 ~ 6 个，花粉量适中，果穗圆筒形，穗轴红色，穗长 17 cm 左右，穗粗 4.0 cm 左右，16 ~ 18 行，硬粒型，百粒重约 34 g 左右，籽粒橙红色，适宜密度 8.0 万株/公顷，公顷产量 5 100 kg。高抗丝黑穗病、玉米大小斑病及茎基腐病(图 4 – 100)。

图 4 – 100　N1804

22. A30

A30 由黑龙江省农业科学院齐齐哈尔分院利用铁 7922 × 嫩系 50 杂交选育的二环系连续自交 8 代选育而成。生育日数 125 天左右，需 ≥10 ℃ 活动积温 2 580 ℃左右，叶鞘紫色，叶色深绿色，成株叶片数 16 片，株高 172 cm 左右，穗位高 57 cm 左右。花丝红色，花药橙黄色，雄穗一级分枝 2 ~ 3 个，花粉量适中，果穗圆筒形，穗轴白色，穗长 11 cm 左右，穗粗 4.4 cm 左右，16 ~ 18 行，偏硬粒型，百粒重约 31 g 左右，籽粒乌黄色，适宜密度 7.0 万株/公顷，公顷产量 4 400 kg。高抗丝黑穗病、玉米大小斑病及茎基腐病(图 4 – 101)。

图 4 – 101　A30

23. 合选08

黑龙江省农业科学院佳木斯分院选育。合选08是合玉29的母本,来源于郑58×7922杂交选育的二环系,自选系。在佳木斯市生育日数125天左右,需≥10 ℃活动积温2 550 ℃左右。叶鞘紫色,叶色绿色,成株叶片数21片,株高200 cm左右,穗位高78 cm左右。花丝绿色,花药黄色,雄穗分枝中,花粉量较大,果穗柱形,穗轴白色,穗长17.0 cm左右,穗粗4.5 cm左右,14~16行,籽粒马齿型,百粒重34.0 g左右,籽粒黄色。高抗大斑病,高抗丝黑穗病、抗倒性强、适宜密度7.5万株/公顷,公顷产量7 500 kg(图4-102)。

图4-102　合选08

24. P138

P138是中国农业大学1996年从P78599选育的优良玉米自交系,2001年由东北农业大学引入。生育期约125天,需≥10 ℃活动积温2 500 ℃左右。出苗较快,苗势强,幼苗深绿色,叶鞘紫红色,株型紧凑,叶片上冲。株高185 cm左右,穗位高85 cm左右,成株叶数16片左右,雄穗中等发达,雄花序分枝8~12个,花药紫色,花粉量中等,雌穗丝状花柱亦为紫色。吐丝与散粉间隔2~3天,雌雄协调。果穗圆筒形,穗长12 cm,穗粗4.5 cm,穗行数14行,行粒数30粒左右,籽粒橘黄色,硬粒型,穗轴紫红色,百粒重约28 g。茎秆粗壮,根系发达,气生根多,抗倒性强,抗旱性强,耐涝性强,抗玉米丝黑穗病、大斑病、茎腐病及穗腐病。繁殖和制种时宜选用中等以上肥力地块,种植密度宜控制在7.5万株/公顷左右。公顷产量可达4 500 kg左右(图4-103)。

图4-103　P138

25. DN1722

东北农业大学自育自交系,系谱为(Mo17×K22)×Mo17,连续回交5代自交4代选育而成。生育期约125天左右,需≥10℃活动积温2 580℃左右。幼苗拱土快,苗势强,幼苗绿色,叶鞘紫色,株型平展。株高225 cm左右,穗位高90 cm左右,成株可见叶数16～17片左右,雄穗中等发达,花粉量中等,雄花序分枝5～6个,分枝角度中等,小穗颖壳黄绿色,花药黄绿色,花丝黄绿色。果穗柱形,穗长17.5 cm,穗粗4.0 cm,穗行数12～14行,籽粒黄色,马齿型。穗轴白色,百粒重约36.0 g。茎秆粗壮,根系发达并伴有气生根,具有抗倒、抗旱性、抗玉米丝黑穗病及茎腐病。繁殖和制种时宜选用中等以上肥力地块,种植密度宜控制在6.75万株/公顷左右,公顷产量可达4 500 kg左右(图4–104)。

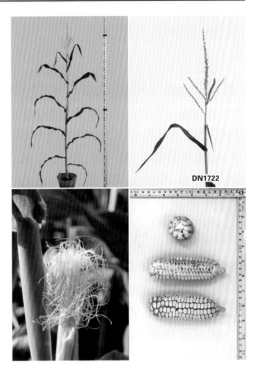

图4–104 DN1722

26. DN2710

东北农业大学改良玉米自交系四–273后代选系,系谱来源为(四–273×K10)×四–273。在哈尔滨种植生育日数125天左右,需≥10℃活动积温2 600℃左右。株高180 cm,穗位高70 cm,成株可见叶16～17片,上位穗上叶与茎秆夹角小,叶片上部轻度下披,穗上叶片数5片,株型紧凑,叶色绿色;雄穗分枝5～7个,分枝与主轴夹角中,侧枝姿态直立或轻度下披,花药黄绿色,颖壳颜色绿色,花丝黄绿色;果穗圆筒形,穗长17.5 cm,穗粗4.7 cm,穗行数16行,籽粒中间型,穗轴白色,籽粒黄色,百粒重32.8 g。茎秆粗壮,根系发达,抗倒性强,抗玉米丝黑穗病、茎腐病及穗腐病。繁殖和制种时宜选用中等以上肥力地块,种植密度宜控制在7.5万株/公顷左右,公顷产量可达5 000 kg左右(图4–105)。

图4–105 DN2710

27. D5801

东北农业大学自育玉米自交系,系谱为(郑58×K10)×郑58,连续回交5代,自交3代选育而成。生育日数125天左右,需≥10℃活动积温2 600℃左右。株高175 cm,穗位高60 cm,成株可见叶17~18片,上位穗上叶与茎秆夹角小,叶片上部轻度下披,穗上叶片数5~6片,株型紧凑,叶色绿色;雄穗分枝7~9个,分枝与主轴夹角小,侧枝姿态直或轻度下垂,花药淡粉色,颖壳颜色绿色,花丝绿色;果穗圆筒形,穗长17.5 cm,穗粗4.4 cm,穗行数14行,籽粒偏马齿型,穗轴白色,籽粒黄色,百粒重31.0 g。茎秆粗壮,根系发达,抗倒性强,抗玉米丝黑穗病、大斑病、茎腐病及穗腐病。繁殖和制种时宜选用中等以上肥力地块,种植密度宜控制在7.5万株/公顷左右,公顷产量可达5 500 kg左右(图4-106)。

图4-106 D5801

28. 东58-1

东北农业大学自育玉米自交系,系谱为(K10×郑58)×郑58。生育日数125天左右,需≥10℃活动积温2 580℃左右。株高160 cm,穗位高60 cm,成株可见叶17~18片,穗上叶与茎秆夹角中等,姿态轻度下垂,叶色浓绿;雄穗主轴长度中等,侧枝数中等,侧枝姿态直或轻度下垂,花药黄色,雌穗剑叶短或无,花丝绿色;果穗圆柱形,穗长18.0 cm,穗粗4.5 cm,穗行数14~16行,籽粒偏马齿型,穗轴白色,籽粒黄色,百粒重26.0 g。茎秆粗壮,根系发达,抗倒性强,抗玉米丝黑穗病、大斑病、茎腐病及穗腐病。繁殖和制种时宜选用中等以上肥力地块,种植密度宜控制在6.75万株/公顷左右,公顷产量可达5 500 kg左右(图4-107)。

图4-107 东58-1

29. T018

T018 是黑龙江省农科院草业研究所玉米室以 Mo17 和自选系 T418(495×988)为基础材料,连续自交 7 代选育而成。出苗至成熟(哈尔滨)125 天左右,需 ≥10 ℃活动积温 2 580 ℃左右。幼苗绿色,叶鞘紫色,早发性好,株高 225 cm,穗位高 70 cm,叶片绿色,茎绿色,雄穗分枝 2 ~4 个,花丝绿色,花药绿色,果穗柱形,穗长 17.5 cm,穗行数 14 ~16 行,籽粒黄色,百粒重 28 g(图 4 - 108)。

图 4 - 108　T018

30. H232

黑龙江省农业科学院玉米研究所选育。H232 是用吉林省引入的自交系与兰卡斯特血缘种质自交系回交,又经多代自交选育而成的改良系。在哈尔滨市生育日数 126 天左右,需 ≥10 ℃活动积温 2 600 ℃左右;幼苗生长健壮;株高 200 cm,穗位高 80 cm,花丝绿色,雄穗分支数中等,雌雄穗开花期协调,叶片绿色;穗长 15 cm,穗粗 4.0 cm,籽粒中齿型,穗轴白色,穗行数 12 行,百粒重 32 g 左右(图 4 - 109)。

图 4 - 109　H232

31. 龙系329

黑龙江省农业科学院玉米研究所选育。龙系329是用瑞德群体的优良单株,经多代自交选育而成。在哈尔滨市生育日数126天左右,需≥10℃活动积温2 650℃左右;幼苗生长健壮,易抓全苗;株高195 cm,穗位高80 cm,花丝绿色,雌雄穗开花期协调,叶片绿色;果穗圆柱形,穗长16 cm,穗粗4.6 cm,籽粒中齿类型,穗轴红色,穗行数16行,百粒重29.2 g左右(图4-110)。

图4-110 龙系329

32. NX142

NX142由黑龙江省农业科学院齐齐哈尔分院利用郑58×N122杂交选育的二环系连续自交8代选育而成。生育日数126天左右,需≥10℃活动积温2 580℃左右,叶鞘紫色,叶色深绿色,成株叶片数17片,株高236 cm左右,穗位高73 cm左右。花丝黄色,花药黄色,雄穗一级分枝3~5个,花粉量适中,果穗圆筒形,穗轴白色,穗长16 cm左右,穗粗4.1 cm左右,16~18行,偏马齿型,百粒重约27 g左右,籽粒黄色,适宜密度7.5万株/公顷,公顷产量4 700 kg。高抗丝黑穗病、玉米大小斑病及茎基腐病(图4-111)。

图4-111 NX142

33. A14

A14 由黑龙江省农业科学院齐齐哈尔分院利用郑 58×N 系 50 杂交选育的二环系连续自交 8 代选育而成。生育日数 126 天左右,需≥10 ℃活动积温 2 600 ℃左右,叶鞘紫色,叶色绿色,成株叶片数 16 片,株高 153 cm 左右,穗位高 55 cm 左右。花丝黄色,花药黄色,雄穗一级分枝 2~3 个,花粉量较大,果穗圆筒形,穗轴白色,穗长 11 cm 左右,穗粗 4.0 cm 左右,12~14 行,偏硬粒型,百粒重约 35 g 左右,籽粒橙黄色,适宜密度 7.5 万株/公顷,公顷产量 4 800 kg。高抗丝黑穗病、玉米大小斑病及茎基腐病(图 4-112)。

图 4-112　A14

34. A24

A24 由黑龙江省农业科学院齐齐哈尔分院利用美国杂交种连续自交 8 代选育而成。生育日数 126 天左右,需≥10 ℃活动积温 2 600 ℃左右,叶鞘紫色,叶色绿色,成株叶片数 16 片,株高 187 cm 左右,穗位高63 cm 左右。花丝粉色,花药紫红色,雄穗一级分枝 3~5 个,花粉量适中,果穗圆筒形,穗轴白色,穗长 15 cm 左右,穗粗 4.4 cm 左右,16~18 行,偏硬粒型,百粒重约 32 g 左右,籽粒橙黄色,适宜密度 8.0 万株/公顷,公顷产量 4 900 kg。高抗丝黑穗病、玉米大小斑病及茎基腐病(图 4-113)。

图 4-113　A24

35. 1476

　　1476 由黑龙江省农业科学院齐齐哈尔分院利用美国杂交种连续自交 8 代选育而成。生育日数 126 天左右,需 ≥10 ℃ 活动积温 2 620 ℃左右,叶鞘紫色,叶色深绿色,成株叶片数 17 片,株高 183 cm 左右,穗位高 47 cm 左右。花丝红色,花药粉色,雄穗一级分枝 3～5 个,花粉量适中,果穗圆锥形,穗轴红色,穗长 14 cm 左右,穗粗 4.8 cm 左右,16～18 行,偏硬粒型,百粒重约 32 g 左右,籽粒橙红色,适宜密度 7.5 万株/公顷,公顷产量 4 700 kg。高抗丝黑穗病、玉米大小斑病及茎基腐病(图 4 -114)。

图 4 - 114　1476

36. DN4206

　　东北农业大学外引玉米杂交种连续自交 7 代选育而成。生育期约 126 天左右,需 ≥10 ℃ 活动积温 2 550 ℃ 左右。幼苗拱土快,幼苗绿色,株型半紧凑。株高 210 cm,穗位高 85 cm,成株可见叶数 16～17 片,雄穗中等发达,花粉量中,雄花序分枝 7～8 个,分枝下披,小穗颖壳绿色,花药黄绿色,花丝绿色。果穗圆筒形,穗长 17.5 cm,穗粗 4.4 cm,穗行数 16 行,籽粒橙色,硬粒型,穗轴红色,百粒重约 34.1 g。茎秆韧性好,根系发达并伴有气生根,具有较强的抗倒性、抗旱性强、抗玉米丝黑穗病、小斑病及茎腐病。繁殖和制种时宜选用中等以上肥力地块,种植密度宜控制在 7.5 万株/公顷左右。公顷产量可达 3 800 kg 左右(图4 -115)。

图 4 - 115　DN4206

37. 绥系 619

黑龙江省农业科学院绥化分院选育。绥系 619 是单交种绥玉 58 的母本,为美国杂交种二环后代 SX48 与自育系绥系 709 杂交选系,自交 2 代后,为增强抗病性,又选择优良单株与吉 81162 杂交选系,连续自交 6 代而成。幼苗生长势强,叶色绿色,株高 200 cm,穗位 90 cm 左右,花丝红色,花药红色,雄穗分支少,花粉量中,株型半收敛,穗行数 14 行左右,籽粒偏硬型,橙黄色,百粒重 27 g 左右。适应区出苗至成熟 126 天,需≥10 ℃活动积温 2 600 ℃左右。抗玉米大斑病,抗弯孢菌叶斑病、茎腐病,中抗玉米丝黑穗病,抗玉米螟虫(图 4 - 116)。

图 4 - 116 绥系 619

38. T08

T08 是黑龙江省农科院草业研究所玉米室用 200Gy 的 ^{60}Co - γ 射线照射美国玉米杂交种 78599 风干种子,连续自交 7 代选育而成。出苗至成熟(哈尔滨)126 天左右,需≥10 ℃活动积温 2 550 ℃左右。幼苗绿色,第一叶鞘紫色,早发性好,株高 235 cm,穗位高 100 cm,叶色绿色,茎绿色,雄穗分支 7 ~ 10 个,花丝浅红色,花药浅紫色,花粉量中,株型收敛,果穗柱形,穗长 14.5 cm,穗行数 16 ~ 18 行,穗轴红色,籽粒黄色,百粒重 28.6 g(图 4 - 117)。

图 4 - 117 T08

39. GY368

GY368 是黑龙江省农科院草业所玉米室是以自交系丹 340 和 GY268 为基础材料,连续自交 7 代选育而成。出苗至成熟(哈尔滨)126 天左右,需≥10 ℃活动积温 2 600 ℃左右。幼苗绿色,叶鞘绿色,早发性好,株高 250 cm,穗位高 105 cm,叶片绿色,茎绿色,雄穗分枝5~10 个,花丝粉色,花粉量大,成株 21 片叶,果穗锥形,穗长 20.5 cm,穗行数 14~16 行,籽粒黄色,百粒重 28 g(图 4-118)。

图 4-118　GY368

40. T75

T75 是黑龙江省农业科学院草业研究所用丹 1324 经多次回交改良选育而成的自交系。在哈尔滨生育日数 126 天左右,需≥10 ℃活动积温 2 650 ℃左右;幼苗叶鞘浅紫色,叶色绿色,生长势较强;株型平展,株高 210 cm,穗位高 85 cm,雄穗分枝中等,花粉量中等,护颖绿色,花药黄色,花丝绿色变浅粉色;果穗长筒形,穗长 15 cm,穗粗 3.8 cm,穗行数 10~12 行,穗轴红色;籽粒马齿型、黄色,百粒重 30 g。植株清秀,抗倒伏(图 4-119)。

图 4-119　T75

41. 龙系365

黑龙江省农业科学院玉米研究所选育。龙系365是用PH09B与龙系53杂交,然后选择优良单株再经多代高压自交选育而成;在哈尔滨市从出苗到成熟127天左右,需≥10 ℃活动积温2 630 ℃左右。株高185 cm、穗位高85 cm、叶片宽度适中、花丝粉色。果穗圆柱形,穗长15 cm、穗粗4.6 cm,籽粒中齿类型,穗轴白色,穗行数16行,百粒重30 g左右(图4－120)。

图4－120　龙系365

42. 龙系314

黑龙江省农业科学院玉米研究所选育。龙系314是用瑞德群体的优良单株,经多代自交选育而成。在哈尔滨市生育日数127天左右,需≥10 ℃活动积温2 650 ℃左右;幼苗生长健壮,易抓全苗;株高210 cm,穗位高95 cm,花丝绿色,雌雄穗开花期协调,叶片绿色;果穗圆柱形,穗长16 cm,穗粗4.6 cm,籽粒硬粒类型,穗轴红色,穗行数14～16行,百粒重29.2 g左右(图4－121)。

图4－121　龙系314

43. 龙系317

黑龙江省农业科学院玉米研究所选育。龙系317是用吉林引入系与龙系6杂交,然后选择优良单株再经多代自交选育而成;在哈尔滨市从出苗到成熟127天左右,需≥10℃活动积温2 690℃左右。株高165 cm,穗位高55 cm,叶片宽度适中,花丝绿色。果穗圆柱形,穗长16 cm,穗粗4.7 cm,籽粒齿型,穗轴白色,穗行数16行,百粒重30 g左右(图4-122)。

图4-122 龙系317

44. N6-321

N6-321由黑龙江省农业科学院齐齐哈尔分院利用美国杂交种连续自交8代选育而成。生育日数127天左右,需≥10℃活动积温2 580℃左右,叶鞘紫色,叶色深绿色,成株叶片数17片,株高167 cm左右,穗位高62 cm左右。花丝黄色,花药紫色,雄穗一级分枝1~2个,花粉量较大,果穗圆筒形,穗轴红色,穗长17 cm左右,穗粗4.0 cm左右,16~18行,硬粒型,百粒重约31 g左右,籽粒黄色,适宜密度8.0万株/公顷,公顷产量5 000 kg。高抗丝黑穗病、玉米大小斑病及茎基腐病(图4-123)。

图4-123 N6-321

45. A19

A19 由黑龙江省农业科学院齐齐哈尔分院利用郑58×N104杂交选育的二环系连续自交8代选育而成。生育日数127天左右,需≥10℃活动积温2 620℃左右,叶鞘紫色,叶色深绿色,成株叶片数16片,株高181 cm左右,穗位高61 cm左右。花丝黄色,花药黄色,雄穗一级分枝7~9个,花粉量大,果穗圆筒形,穗轴红色,穗长14 cm左右,穗粗4.2 cm左右,16~18行,硬粒型,百粒重约33 g左右,籽粒橙红色,适宜密度7.0万株/公顷,公顷产量4 900 kg。高抗丝黑穗病、玉米大小斑病及茎基腐病(图4-124)。

图 4-124 A19

46. T418

T418是黑龙江省农科院草业研究所玉米室以Mo17×T116为基础材料,连续自交7代选育而成。出苗至成熟(哈尔滨)127天左右,需≥10℃活动积温2 650℃左右。幼苗绿色,叶鞘紫色,早发性好,株高230 cm,穗位高80 cm,叶片绿色,茎绿色,雄穗分枝3~6个,花丝黄绿色,花药绿色,果穗柱形,穗长16.5 cm,穗行数12~14行,籽粒黄色,百粒重28.0 g(图4-125)。

图 4-125 T418

47. MP3

MP3 是黑龙江省农科院草业研究所玉米室以自选系 T422(4112×7922)和乌克兰杂交种 ZYM300 为基础材料,连续自交 7 代选育而成。出苗至成熟(哈尔滨)127 天左右,需 ≥10 ℃活动积温 2 650 ℃左右。幼苗绿色,叶鞘绿色,早发性好,株高 235 cm,穗位高 80 cm,叶色绿色,茎绿色,雄穗分枝 1~3 个,花丝粉色,花药绿色,花粉量中,株型收敛,果穗柱形,穗长 18.6 cm,穗行数 14~16 行,籽粒橙黄色,百粒重 31.5 g(图 4-126)。

图 4-126 MP3

48. G283

黑龙江省农业科学院玉米研究所选育。G283 是从龙晚群中选择优良穗行经单倍体技术选育而成的 DH 系。在哈尔滨市生育日数 128 天左右,需 ≥10 ℃活动积温 2 650 ℃左右;株高 180 cm,穗位高 82 cm,花丝粉红色,雌雄穗开花期协调,叶片绿色;果穗圆柱形,穗长 19 cm,穗粗 4.7 cm,穗行数 14~16 行,穗轴粉红色,籽粒马齿类型,百粒重 29 g 左右(图 4-127)。

图 4-127 G283

49. 1455

黑龙江省农业科学院齐齐哈尔分院利用
PH6WC×N79232 杂交选育的二环系连续自交
8 代选育而成。生育日数 128 天左右,需
≥10 ℃活动积温 2 650 ℃左右,叶鞘紫色,叶
色绿色,成株叶片数 18 片,株高 177 cm 左右,
穗位高 70 cm 左右。花丝黄色,花药黄色,雄
穗一级分枝 4～6 个,花粉量较大,果穗圆筒
形,穗轴白色,穗长 15 cm 左右,穗粗 4.2 cm 左
右,14～16 行,偏硬粒型,百粒重 33 g 左右,籽
粒橙红色,适宜密度 7.5 万株/公顷,公顷产量
5 000 kg。高抗丝黑穗病、玉米大小班病及茎
基腐病(图 4－128)。

图 4－128　1455

50. 1461

黑龙江省农业科学院齐齐哈尔分院利用
N1021×M54 杂交选育的二环系连续自交 8 代
选育而成。生育日数 128 天左右,需≥10 ℃活
动积温 2 650 ℃左右,叶鞘紫色,叶色绿色,成
株叶片数 18 片,株高 177 cm 左右,穗位高
74 cm左右。花丝黄色,花药黄色,雄穗一级分
枝4～6 个,花粉量适中,果穗圆筒形,穗轴红
色,穗长 15 cm 左右,穗粗 4.4 cm 左右,14～16
行,偏马齿型,百粒重 34 g 左右,籽粒橙红色,
适宜密度 7.5 万株/公顷,公顷产量 4 800 kg。
高抗丝黑穗病、玉米大小班病及茎基腐病(图
4－129)。

图 4－129　1461

51. A98

A98 由黑龙江省农业科学院齐齐哈尔分院利用 N8924×M54 杂交选育的二环系连续自交 8 代选育而成。生育日数 128 天左右,需≥10 ℃活动积温 2 650 ℃左右,叶鞘紫色,叶色深绿色,成株叶片数 16 片,株高 188 cm 左右,穗位高 48 cm 左右。花丝粉色,花药红色,雄穗一级分枝 4~6 个,花粉量较大,果穗圆筒形,穗轴粉红色,穗长 13 cm 左右,穗粗 4.3 cm 左右,16~18 行,偏马齿型,百粒重约 31 g 左右,籽粒橙黄色,适宜密度 7.5 万株/公顷,公顷产量 5 000 kg。高抗丝黑穗病、玉米大小斑病及茎基腐病(图 4 - 130)。

图 4 - 130　A98

52. N1437

N1437 由黑龙江省农业科学院齐齐哈尔分院利用 PH6WC×L203 杂交选育的二环系连续自交 8 代选育而成。生育日数 128 天左右,需≥10 ℃活动积温 2 650 ℃左右,叶鞘紫色,叶色深绿色,成株叶片数 17 片,株高 236 cm 左右,穗位高 73 cm 左右。花丝黄色,花药红色,雄穗一级分枝 3~5 个,花粉量适中,果穗圆筒形,穗轴白色,穗长 18 cm 左右,穗粗 4.1 cm 左右,16~18 行,偏马齿型,百粒重约 30 g 左右,籽粒黄色,适宜密度 7.5 万株/公顷,公顷产量 4 800 kg。高抗丝黑穗病、玉米大小斑病及茎基腐病(图 4 - 131)。

图 4 - 131　N1437

53. N8924

N8924 由黑龙江省农业科学院齐齐哈尔分院利用 8008×U81162 杂交选育的二环系连续自交 8 代选育而成。生育日数 128 天左右，需≥10 ℃活动积温 2 650 ℃左右，叶鞘紫色，叶色深绿色，成株叶片数 17 片，株高 196 cm 左右，穗位高 73 cm 左右。花丝粉色，花药红色，雄穗一级分枝 2～4 个，花粉量适中，果穗圆筒形，穗轴红色，穗长 18 cm 左右，穗粗 4.0 cm 左右，12～14 行，偏硬粒型，百粒重约 32 g，籽粒橙红色，适宜密度 7.5 万株/公顷，公顷产量 4 800 kg。高抗丝黑穗病、玉米大小斑病及茎基腐病（图 4－132）。

图 4－132　N8924

54. 绥系 717

绥系 717 是单交种绥玉 42 的父本，为引自中国农业科学院作物科学研究所低世代材料，基础组合为 287/4208。玉米丝黑穗病、大斑病病害接种鉴定，选择优良单株连续自交 4 代选育而成。幼苗生长势强，叶色鲜绿，株高 190 cm，穗位高 80 cm，花药红色，雄穗分枝少，花粉量中，花丝红色，籽粒橙黄色，硬粒型，抗大斑病和丝黑穗病。穗长 15 cm，穗粗 4.5 cm，穗行数 14～16 行，筒形穗，穗轴深红色，百粒重 31 g。适应区出苗至成熟 128 天，需≥10 ℃活动积温 2 650 ℃左右（图4－133）。

图 4－133　绥系 717

55. T340

T340 是黑龙江省农科院草业所玉米室以丹黄 02×E28 为基础材料,连续自交 6 代选育而成的自交系。出苗至成熟(哈尔滨)128 天左右,需≥10 ℃活动积温 2 680 ℃左右。幼苗绿色,叶鞘绿色,早发性好,株高 205 cm,穗位高 90 cm,叶色绿色,茎绿色,雄穗分枝 9～11 个,花丝绿色,花药黄色,花粉量中,株型半收敛,果穗圆柱形,穗长 16.7 cm,穗行数 16 行,籽粒浅黄色,百粒重 30.7 g(图 4－134)。

图 4－134 T340

56. H163

黑龙江省农业科学院玉米研究所选育。H163 是用山东省引入的自交系与兰卡斯特血缘种质自交系回交,又经多代自交选育而成。在哈尔滨市生育日数 129 天左右,需≥10 ℃活动积温 2 680 ℃左右;幼苗发苗快,生长健壮;株高 185 cm,穗位高 75 cm,花丝绿色,雌雄穗开花期协调,叶片绿色;果穗圆柱形,穗长 15 cm,穗粗 5.2 cm,籽粒齿型,穗轴粉红色,穗行数 16 行,百粒重 31 g 左右。抗玉米大斑病、丝黑穗病;耐瘤黑粉和茎腐病(图 4－135)。

图 4－135 H163

57. CA87

该品种 2005 年引自中国农业科学院作物科学研究所,系谱为亚热带群体选系。生育期约 129 天,需 ≥10 ℃ 活动积温 2 680 ℃ 左右。幼苗拱土快,幼苗绿色,叶鞘深紫色,株型半紧凑。株高 235 cm,穗位高 110 cm,成株可见叶数 18 ~ 19 片,雄穗较发达,花粉量大,雄花序分枝 11 ~ 12 个,分枝角度中等,小穗颖壳紫色,花药淡紫色,花丝紫色。果穗圆筒型,穗长 14.5 cm,穗粗 4.1 cm,穗行数 14 行,籽粒橘红色,硬粒型,穗轴红色,百粒重约 35.1 g。茎秆粗壮,根系发达并伴有气生根,具有较强的抗倒性、抗旱性强、抗玉米丝黑穗病、小斑病及茎腐病。繁殖和制种适宜选用中等以上肥力地块,种植密度宜控制在 7.5 万株/公顷左右,公顷产量可达 4 800 kg 左右(图 4 - 136)。

图 4 - 136　CA87

58. DN139

DN139 是东北农业大学自育自交系,系谱为(CA335 × 黄早四)× CA335,连续回交 3 代自交 5 代选育而成。生育期约 129 天,需 ≥10 ℃ 活动积温 2 730 ℃ 左右。幼苗拱土快,苗势强,幼苗绿色,叶鞘淡紫色,株型半紧凑。株高 210 cm,穗位高 70 cm,成株可见叶数 17 ~ 18 片,雄穗发达,花粉量较大,雄花序分枝 13 ~ 15 个,分枝角度中等,小穗颖壳黄绿色,花药黄绿色,花丝黄绿色。果穗圆筒形,穗长 15.0 cm,穗粗 4.0 cm,穗行数 12 ~ 14 行,籽粒紫红色,偏硬粒型,穗轴白色,百粒重约 35.0 g。茎秆粗壮,根系发达并伴有气生根,具有较强的抗倒性、抗旱性强、抗玉米丝黑穗病、大斑病、小斑病及茎腐病。繁殖和制种适宜选用中等以上肥力地块,种植密度宜控制在 6.75 万株/公顷左右,公顷产量可达4 500 kg 左右(图 4 - 137)。

图 4 - 137　DN139

59. T107

T107 是黑龙江省农科院草业研究所玉米室以自交系丹 340×掖 107 为基础材料,连续自交 7 代选育而成。出苗至成熟(哈尔滨)129 天左右,需≥10 ℃活动积温 2 630 ℃左右。幼苗绿色,第一叶鞘紫色,早发性好,株高 220 cm,穗位高 95 cm,叶片绿色,茎绿色,雄穗分枝 6~8 个,花丝浅红色,花药浅紫色,花粉量大,株型收敛,果穗柱形,穗长 14.0 cm,穗行数 14~16 行,穗轴白色,籽粒黄色,百粒重 30.2 g(图 4-138)。

图 4-138 T107

60. T79

T79 是黑龙江省农科院草业所玉米室以美国杂交种 78599 混粉一代,连续自交 7 代选育而成。出苗至成熟(哈尔滨)129 天左右,需≥10 ℃活动积温 2 700 ℃左右。幼苗绿色,叶鞘紫色,早发性好,株高 235 cm,穗位高 100 cm,叶色绿色,茎绿色,雄穗分枝 4~8 个,花丝绿色,花药绿色,花粉量中,成株 19~20 片叶,株型半收敛,果穗圆柱形,穗长 17.6 cm,穗行数 16 行,籽粒黄色,百粒重 31.5 g(图 4-139)。

图 4-139 T79

61. G280

黑龙江省农业科学院玉米研究所选育。G280是从龙晚群中选择优良穗行经单倍体技术选育而成的DH系。在哈尔滨市生育日数130天左右,需≥10℃活动积温2 700℃左右;株高175 cm,穗位高80 cm,花丝绿色,雌雄穗开花期协调,叶片绿色;果穗圆柱形,穗长17 cm,穗粗4.5 cm,穗行数18行,穗轴红色,中齿类型,百粒重29 g左右(图4-140)。

图4-140　G280

62. 41121

41121由黑龙江省农业科学院齐齐哈尔分院利用MO17×U81162杂交选育的二环系连续自交8代选育而成。生育日数130天左右,需≥10℃活动积温2 680℃左右,叶鞘紫色,叶色绿色,成株叶片数18片,株高203 cm左右,穗位高85 cm左右。花丝粉红色,花药紫红色,雄穗一级分枝2~3个,花粉量较大,果穗圆筒形,穗轴红色,穗长18 cm左右,穗粗4.6 cm左右,14~16行,硬粒型,百粒重约34 g左右,籽粒橙红色,适宜密度7.5万株/公顷,公顷产量4 700 kg。高抗丝黑穗病、玉米大小班病及茎基腐病(图4-141)。

图4-141　41121

63. 东62072

东北农业大学自育自交系,系谱为掖52106×昌7-2杂交后代选系。生育日数130天左右,需≥10 ℃活动积温2 650 ℃左右。株高220 cm,穗位高90 cm,成株可见叶17～18片,穗上叶与茎秆夹角较小,姿态直或轻度下垂,叶色中绿;雄穗主轴长度长,侧枝数中等,侧枝姿态直或轻度下垂,花药粉红色,雌穗剑叶短或无,花丝红色;果穗圆柱形,穗长16.0 cm,穗粗5.0 cm,穗行数16～18行,籽粒偏马齿型,穗轴红色,籽粒橙黄色,百粒重28.0 g。茎秆粗壮,根系发达并伴有气生根,具有较强的抗倒性、抗旱性强、抗玉米丝黑穗病、大斑病、小斑病及茎腐病。繁殖和制种时宜选用中等以上肥力地块,种植密度宜控制在6万株/公顷左右。公顷产量可达4 500 kg左右(图4-142)。

图4-142 东62072

64. T596

T596是黑龙江省农科院草业所玉米室以美国杂交种78599混粉一代,连续自交6代选育而成。出苗至成熟(哈尔滨)130天左右,需≥10 ℃活动积温2 700 ℃左右。幼苗绿色,叶鞘紫色,早发性好,株高220 cm,穗位高105 cm,叶片绿色,茎绿色,雄穗分枝10～14个,花丝浅紫色,花药紫色,花粉量大,果穗锥形,穗长20.5 cm,穗行数14～16行,籽粒黄色,百粒重28 g(图4-143)。

图4-143 T596

65. T3125

　　T3125 是黑龙江省农业科学院草业研究所用吉 853 经多次回交改良选育而成。T3125 在哈尔滨生育日数 130 天左右,需≥10 ℃活动积温 2 700 ℃左右;幼苗叶鞘绿色,叶色绿色,早发性好,幼苗健壮;株型收敛型,叶片上举。株高 195 cm,穗位 65 cm;雄穗分枝中等,护颖绿色,花丝绿色;果穗圆柱形,穗长 12 cm,穗粗 4.7 cm,穗行数 12～14 行,穗轴白色。籽粒偏硬粒型,黄色,百粒重 31 g(图4－144)。

图 4－144　T3125

66. DN6082

　　DN6082 为东北农业大学自育自交系,系谱为辽 6082×掖 81162 组建的群体后代选系。生育日数 131 天左右,需≥10 ℃活动积温 2 750 ℃左右。株高 245 cm,穗位高 120 cm,成株可见叶 18～19 片,上位穗上叶与茎秆夹角中,叶片上部轻度下披,穗上叶片数 5～6 片,株型平展,叶色深绿色;雄穗分枝 8～11 个,分枝与主轴夹角中,侧枝姿态直或轻度下垂,花药黄绿色,颖壳颜色绿色,花丝紫色;果穗圆筒形,穗长16.7 cm,穗粗 4.8 cm,穗行数 16～18 行,籽粒偏马齿型,穗轴白色,籽粒黄色,百粒重 33.4 g。茎秆粗壮,气生根发达,抗倒性强,抗玉米丝黑穗病、茎腐病及穗腐病。繁殖和制种时宜选用中等以上肥力地块,种植密度宜控制在 6.75 万株/公顷左右,公顷产量可达 5 500 kg 左右(图4－145)。

图 4－145　DN6082

67. G234

黑龙江省农业科学院玉米研究所选育。G234是用黄早4、吉853等多个自交系混合授粉,经多代自交选育而成的自交系。在哈尔滨市生育日数133天左右,需≥10 ℃活动积温2 760 ℃左右;幼苗生长健壮;株高180 cm,穗位高 70 cm;果穗圆柱形,穗长17 cm,穗粗4.3 cm,无秃尖,籽粒中齿型,穗轴白色,穗行数18~20行,百粒重31.7 g。抗玉米大斑病、丝黑穗病(图4-146)。

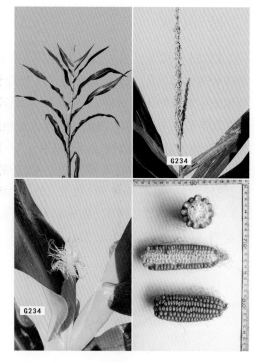

图4-146 G234

第五章　黑龙江省玉米品种

第一节　第一积温带玉米品种

1. 龙单46

品种审定编号：黑审玉 2009002

原代号：黑134

选育单位：黑龙江省农业科学院玉米研究所

品种来源：以自育自交系 W40 为母本，以自育自交系 HR034 为父本，杂交方法选育而成。

特征特性：普通玉米品种。在适应区出苗至成熟生育日数为 129 天左右，需 ≥10 ℃活动积温 2 700 ℃左右。幼苗第一叶鞘紫色，叶片绿色，茎绿色直立；株高 290 cm、穗位高 100 cm，果穗圆柱形，穗轴白色，成株叶片数 21，穗长 24 cm、穗粗 5.4 cm，穗行数 14 ~ 16 行，籽粒中齿型、黄色。品质分析结果：粗蛋白含量 10.52% ~ 10.79%，粗脂肪含量 4.25% ~ 4.37%，粗淀粉含量 71.94% ~ 72.52%，容重 730 ~ 760 g/L。接种鉴定结果：大斑病 3 级，丝黑穗病发病率 15.0% ~ 19.0%。

产量表现：2006—2007 年区域试验平均公顷产量 10 478.1 kg，较对照品种吉单 261 增产 12.6%；2008 年生产试验平均公顷产量 8 081.1 kg，较对照品种吉单 261 增产 19.0%。

注意事项：生育前期及时铲趟管理，适时早追肥。

适应区域：黑龙江省第一积温带上限。

2. 龙单47

品种审定编号：黑审玉 2009013

原代号：黑255

选育单位：黑龙江省农业科学院玉米研究所

品种来源：以自育自交系 HRG17 为母本，以自育自交系 HR0221 为父本，杂交方法选育而成。

特征特性：普通玉米品种。在适应区出苗至成熟生育日数为 126 天左右，需 ≥10 ℃

活动积温 2 600 ℃左右。幼苗期第一叶鞘绿色,叶片绿色,茎绿色直立;株高 290 cm、穗位高 100 cm,果穗圆柱型,穗轴红色,成株叶片数 20,穗长 24 cm、穗粗 5.4 cm,穗行数 14 ~ 16 行,籽粒楔型、黄色。品质分析结果:粗蛋白含量 8.80% ~11.96%,粗脂肪含量 4.45% ~4.82%,淀粉 68.71% ~ 74.30%,容重 756 ~ 768 g/L。接种鉴定结果:大斑病 2 ~ 3 级,丝黑穗病发病率 10.5% ~ 19.7%。

产量表现:2006—2007 年区域试验平均公顷产量 9 551.7 kg,较对照品种四单 19 增产 10.6%;2008 年生产试验平均公顷产量 10 046.2 kg,较对照品种四单 19 增产 9.0%。

注意事项:生育前期及时铲趟管理,适时早追肥。

适应区域:黑龙江省第一积温带。

3. 龙单 53

品种审定编号:黑审玉 2010004
原代号:龙 176
选育单位:黑龙江省农业科学院玉米研究所
品种来源:以改良系 H163 为母本、外引系 H247 为父本杂交育成。

特征特性:普通玉米品种。在适应区出苗至成熟生育日数为 128 天左右,需≥10 ℃活动积温 2 650 ℃左右。幼苗期第一叶鞘深紫色,叶片深绿色,茎绿色;株高 260 cm,穗位高 90 cm,果穗圆柱形,穗轴粉色,成株可见叶片数 18 片,穗长 23 cm,穗粗 5.2 cm,穗行数 16 ~18 行,籽粒马齿型、黄色,百粒重 38 g。品质分析结果:容重 704 ~765 g/L,粗淀粉含量 70.0% ~73.48%,粗蛋白含量 10.65% ~ 10.74%,粗脂肪含量 4.12% ~4.63%。接种鉴定结果:大斑病 3 级,丝黑穗病发病率 11.9% ~15.2%。

产量表现:2006—2007 年区域试验平均公顷产量 10 212.1 kg,较对照品种本育 9、吉单 261 平均增产 9.7%;2008 年生产试验平均公顷产量 8 936.2 kg,较对照品种吉单 261 增产 24.1%。

适应区域:黑龙江省第一积温带上限。

4. 龙单 54

品种审定编号:黑审玉 2010001
原代号:龙 179
选育单位:黑龙江省农业科学院玉米研究所
品种来源:以改良系 H163 为母本、自育系 G234 为父本杂交育成。

特征特性:普通玉米品种。在适应区出苗至成熟生育日数 128 天左右,需≥10 ℃活动积温 2 650 ℃左右。幼苗期第一叶鞘紫色,叶片绿色,茎绿色;株高 275 cm,穗位高 95 cm,果穗圆柱形,穗轴粉色,成株可见叶片数 17 片,穗长 25 cm,穗粗 5.6 cm,穗行数 18 ~20 行,籽粒马齿型、黄色,百粒重 34 g。品质分析结果:容重 693 ~712 g/L,粗淀粉含量 74.87% ~ 75.22%,粗蛋白含量 9.61% ~ 9.73%,粗脂肪含量 4.04% ~4.15%。接种鉴定结果:大斑病 2 级,丝黑穗病发病率 10.7% ~ 15.9% 。

产量表现:2007—2008 年区域试验平均公顷产量 9 321.3 kg,较对照品种吉单 261 增产 10.1% ;2009 年生产试验平均公顷产量 8 937.7 kg,较对照品种丰禾 1 号增产 20.5% 。

适应区域:黑龙江省第一积温带上限。

5. 龙单 55

品种审定编号:黑审玉 2010012
原代号:龙 241
选育单位:黑龙江省农业科学院玉米研究所
品种来源:以自育系龙系 292 为母本、改良系 H232 为父本杂交育成。

特征特性:普通玉米品种。在适应区出苗至成熟生育日数为 125 天左右,需 ≥10 ℃ 活动积温 2 580 ℃左右。幼苗期第一叶鞘紫色,叶片绿色,茎绿色;株高 265 cm,穗位高 90 cm,果穗圆柱形,穗轴白色,成株可见叶片数 16 片,穗长 24 cm,穗粗 5.1 cm,穗行数 14 ~ 16 行,籽粒中齿型、黄色,百粒重 40.6 g。品质分析结果:容重 752 ~ 762 g/L,粗淀粉含量 70.35% ~ 72.08% ,粗蛋白含量 11.71% ~ 11.72% ,粗脂肪含量 3.83% ~ 4.67% 。接种鉴定结果:大斑病 2 ~ 3 级,丝黑穗病发病率 7.5% ~ 21.5% 。

产量表现:2006—2007 年区域试验平均公顷产量 9 380.7 kg,较对照品种四单 19 增产 8.9% ;2008 年生产试验平均公顷产量 9 944.7 kg,较对照品种四单 19 增产 13.3% 。

适应区域:黑龙江省第一积温带。

6. 龙单 61

品种审定编号:黑审玉 2011004
原代号:黑 138
选育单位:黑龙江省农业科学院玉米研究所
品种来源:以 HR21 为母本,HR58 为父本,杂交方法选育而成。

特征特性:普通玉米品种。在适应区出苗至成熟生育日数为 126 天左右,需 ≥10 ℃ 活动积温 2 700 ℃左右。幼苗期第一叶鞘紫色,叶片绿色,茎绿色;株高 280 cm,穗位高 100 cm,果穗圆柱形,穗轴白色,成株叶片数 21 片,穗长 24 cm、穗粗 4.9 ~ 5.2 cm,穗行数 16 ~ 18 行,籽粒中齿型、黄色,百粒重 35 g。品质分析结果:容重 734 ~ 768 g/L,粗淀粉含量 74.53% ~ 75.44% ,粗蛋白含量 8.12% ~ 8.73% ,粗脂肪含量 3.32% ~ 4.11% 。接种鉴定结果:大斑病 3 级,丝黑穗病发病率 2.4% ~ 10.8% 。

产量表现:2008—2009 年区域试验平均公顷产量 9 012.0 kg,较对照品种郑单 958 增产 10.4% ;2010 年生产试验平均公顷产量 9 983.3 kg,较对照品种郑单 958 增产 12.5% 。

适应区域:黑龙江省第一积温带上限。

7. 龙单 68

品种审定编号:黑审玉 2012013

原代号:黑262

选育单位:黑龙江省农业科学院玉米研究所

品种来源:以 HRG58 为母本,以 HRM8 为父本,用杂交方法选育而成。

特征特性:普通玉米品种。在适应区出苗至成熟生育日数为125天左右,需≥10 ℃活动积温 2 600 ℃左右。幼苗期第一叶鞘紫色,叶片绿色,茎绿色;株高 270 cm、穗位高 100 cm,果穗圆柱形,穗轴白色,成株叶片数 20,穗长 22 cm、穗粗 4.6～4.9 cm,穗行数 14～16 行,籽粒半马齿型、黄色,百粒重 35 g。品质分析结果:容重 744～753 g/L,粗淀粉含量 74.61%～74.89%,粗蛋白含量 8.91%～9.09%,粗脂肪含量 4.06%～4.08%。接种鉴定结果:大斑病 2～3 级;丝黑穗病发病率 4.4%～12.2%。

产量表现:2009—2010 年区域试验平均公顷产量 1 0349.1 kg,较对照品种江单 1 号、丰单 1 号增产 13.1%;2011 年生产试验平均公顷产量 11 446.8 kg,较对照品种丰单 1 号增产 14.5%。

适应区域:黑龙江省第一积温带。

8. 龙单 69

品种审定编号:黑审玉 2012010

原代号:黑264

选育单位:黑龙江省农业科学院玉米研究所

品种来源:以 HR210 为母本,HR78 为父本,杂交方法选育而成。

特征特性:普通玉米品种。在适应区出苗至成熟生育日数为 125 天左右,需≥10 ℃活动积温 2 600 ℃左右。幼苗期第一叶鞘紫色,叶片绿色,茎绿色;株高 280 cm、穗位高 100 cm,果穗圆柱形,穗轴红色,成株叶片数 20,穗长 24 cm、穗粗 4.7～4.9 cm,穗行数 14～16 行,籽粒半马齿型、黄色,百粒重 35 g。品质分析结果:容重 775～780 g/L,粗淀粉含量 72.42%～73.10%,粗蛋白含量 9.36%～9.41%,粗脂肪含量 4.47%～4.63%。接种鉴定结果:大斑病 2～3 级,丝黑穗病发病率 17.8%～20.3%。

产量表现:2009—2010 年区域试验平均公顷产量 9 169.6 kg,较对照品种兴垦 3 号增产 12.8%;2011 年生产试验平均公顷产量 9 514.5 kg,较对照品种兴垦 3 号增产 13.0%。

适应区域:黑龙江省第一积温带。

9. 龙单 72

品种审定编号:黑审玉 2013003

原代号:龙208

选育单位:黑龙江省农业科学院玉米研究所

品种来源:以 G239 为母本,龙系 314 为父本,杂交方法选育而成。

特征特性:普通玉米品种。在适应区出苗至成熟生育日数为 125 天左右,需≥10 ℃活动积温 2 600 ℃左右。该品种幼苗期第一叶鞘紫色,叶片绿色,茎绿色,成株可见 17 片叶,株高 295 cm,穗位高 95 cm。果穗圆柱形,穗轴粉红色,穗长 22 cm,穗粗 4.8 cm,穗行数 14 ~ 16 行,籽粒中间型、橙黄色,百粒重 35.8 g。两年品质分析结果:容重 798 ~ 801 g/L,粗淀粉含量 74.10% ~ 75.70% ,粗蛋白含量 8.00% ~ 9.10%,粗脂肪含量 3.73% ~ 4.00% 。三年抗病接种鉴定结果:大斑病 3 级,丝黑穗病发病率 17.5% ~ 18.7% 。

产量表现:2010—2011 区域试验平均公顷产量 10 053.1 kg,较对照品种兴垦 3 号增产 12% ;2012 年生产试验平均公顷产量 9 913.8 kg,较对照品种兴垦 3 号增产 12.3% 。

适应区域:黑龙江省第一积温带。

10. 乾玉 118

品种审定编号:黑审玉 2016015

原代号:黑 280

申请者:黑龙江省农业科学院玉米研究所、黑龙江省乾润农业科技有限公司

育种者:黑龙江省农业科学院玉米研究所、黑龙江省乾润农业科技有限公司

品种来源:以 HRU332 为母本,W40 为父本,杂交方法选育而成。

特征特性:普通玉米品种。在适应区出苗至成熟生育日数为 125 天左右,需≥10 ℃活动积温 2 600 ℃左右。该品种幼苗期第一叶鞘紫色,叶片绿色,茎绿色。株高 260 cm,穗位高 100 cm,成株可见 17 片叶。果穗圆筒形,穗轴红色,穗长 21.0 cm,穗粗 5.1 cm,穗行数 16 ~ 18 行,籽粒偏马齿型、黄色,百粒重 40.0 g。两年品质分析结果:容重 772 ~ 793 g/L,粗淀粉含量 73.79% ~ 74.86%,粗蛋白含量 10.70% ~ 10.91%,粗脂肪含量 3.96% ~ 4.42% 。三年抗病接种鉴定结果:中抗至中感大斑病,丝黑穗病发病率 8% ~ 16.7% 。

产量表现:2013—2014 年区域试验平均公顷产量 11 511.2 kg,较对照品种兴垦 3/誉成 1 号增产 11.9% ;2015 年生产试验平均公顷产量 11 627.7 kg,较对照品种誉成 1 号增产 11.2 % 。

审定意见:该品种符合黑龙江省玉米品种审定标准,通过审定。适宜黑龙江省第一积温带。

11. 敦玉 213

品种审定编号:黑审玉 2016012

原代号:龙 213

申请者:黑龙江省农业科学院玉米研究所、甘肃省敦煌种业股份有限公司

育种者:黑龙江省农业科学院玉米研究所、甘肃省敦煌种业股份有限公司

品种来源:以龙系 373 为母本,H240 为父本,杂交方法选育而成。

特征特性:普通玉米品种。在适应区出苗至成熟生育日数为 125 天左右,需≥10 ℃活动积温 2 580 ℃左右。该品种幼苗期第一叶鞘紫色,叶片绿色,茎绿色。株高 285 cm,

穗位高 110 cm,成株可见 17 片叶。果穗圆筒形,穗轴粉色,穗长 22.0 cm,穗粗 5.3 cm,穗行数 16 ~ 18 行,籽粒马齿型、黄色,百粒重 35.0 g。两年品质分析结果:容重 770 ~ 786 g/L,粗淀粉含量 72.78% ~ 74.63%,粗蛋白含量 9.35% ~ 9.60%,粗脂肪含量 4.36% ~ 4.46%。三年抗病接种鉴定结果:中感大斑病,丝黑穗病发病率 11.5% ~ 19.4%。

产量表现:2013—2014 年区域试验平均公顷产量 11 184.2 kg,较对照品种兴垦 3 号/誉成 1 号增产 8.8%;2015 年生产试验平均公顷产量 12 437.4 kg,较对照品种誉成 1 号增产 16.5%。

审定意见:该品种符合黑龙江省玉米品种审定标准,通过审定。适宜黑龙江省第一积温带种植。

12. 中龙玉 5 号

品种审定编号:黑审玉 2016005
原代号:龙 111
申请者:黑龙江省农业科学院玉米研究所、国家玉米改良中心
育种者:黑龙江省农业科学院玉米研究所、国家玉米改良中心
品种来源:以 G268 为母本,G272 为父本,杂交方法选育而成。

特征特性:普通玉米品种。在适应区出苗至成熟生育日数为 128 天左右,需≥10 ℃活动积温 2 650 ℃左右。该品种幼苗期第一叶鞘紫色,叶片绿色,茎绿色。株高 288 cm,穗位高 119 cm,成株可见 18 片叶。果穗圆筒形,穗轴白色,穗长 21.0 cm,穗粗 5.6 cm,穗行数 18 ~ 20 行,籽粒偏马齿型、黄色,百粒重 37.0 g。两年品质分析结果:容重 741 ~ 770 g/L,粗淀粉含量 72.23% ~ 72.53%,粗蛋白含量 8.95% ~ 10.83%,粗脂肪含量 3.46% ~ 3.88%。三年抗病接种鉴定结果:中抗至中感大斑病,丝黑穗病发病率 14.6% ~ 19.6%。

产量表现:2013—2014 年区域试验平均公顷产量 12 358.3 kg,较对照品种郑单 958 增产 8.0%;2015 年生产试验平均公顷产量 10 866.9 kg,较对照品种郑单 958 增产 12.3%。

审定意见:该品种符合黑龙江省玉米品种审定标准,通过审定。适宜黑龙江省第一积温带上限种植。

13. 龙单 96

品种审定编号:黑审玉 2017011
原代号:龙 214
申请者:黑龙江省农业科学院玉米研究所
育种者:黑龙江省农业科学院玉米研究所
品种来源:以 H261 为母本,G289 为父本,杂交方法选育而成。

特征特性:普通玉米品种。在适应区出苗至成熟生育日数为 125 天左右,需≥10 ℃活动积温 2 600 ℃左右。该品种幼苗期第一叶鞘紫色,叶片绿色,茎绿色。株高 280 cm,穗位高 100 cm,成株可见 18 片叶。果穗圆柱形,穗轴白色,穗长 21 cm,穗粗 5.3 cm,穗行数 16 ~ 18 行,籽粒中齿型、黄色,百粒重 34 g。两年品质分析结果:容重 782 ~ 783 g/L,粗淀粉含量 73.51 ~ 74.90%,粗蛋白含量 9.45% ~ 9.64%,粗脂肪含量 4.95 ~ 5.07%。三年抗病接种鉴定结果:中抗至中感大斑病,丝黑穗病发病率 9.7 ~ 14.8%。

产量表现:2014—2015 年区域试验平均公顷产量 12 035.9 kg,较对照品种誉成 1 号平均增产 10.4%;2016 年生产试验平均公顷产量 10 870.6 kg,较对照品种先玉 696 平均增产 14.2%。

审定意见:该品种符合黑龙江省玉米品种审定标准,通过审定。适宜黑龙江省第一积温带种植。

14. 龙单 156

品种审定编号:黑审玉 2018001

原代号:龙 113

申请者:黑龙江省农业科学院玉米研究所

育种者:黑龙江省农业科学院玉米研究所

品种来源:以 G280 为母本,龙系 365 为父本,杂交方法选育而成。

特征特性:普通玉米品种。在适应区出苗至成熟需≥10 ℃活动积温 2 650 ℃左右,生育日数为 128 天左右。该品种幼苗期第一叶鞘紫色,叶片绿色,茎绿色。株高 275 cm,穗位高 105 cm,成株可见 18 片叶。果穗圆柱形,穗轴红色,穗长 19.4 cm,穗粗 5.1 cm,穗行数 16 ~ 18 行,籽粒偏马齿型、黄色,百粒重 35.1 g。两年品质分析结果:容重 773 ~ 785 g/L,粗淀粉含量 73.80% ~ 74.16%,粗蛋白含量 10.50% ~ 10.85%,粗脂肪含量 4.50% ~ 4.71%。三年抗病接种鉴定结果:中感至感大斑病,丝黑穗病发病率 11.0% ~ 29.3%。

产量表现:2015—2016 年区域试验平均公顷产量 12 209.7 kg,较对照品种郑单 958 增产 9.4%;2017 年生产试验平均公顷产量 9 011.1 kg,较对照品种先玉 335 增产 4.4%。

注意事项:病害高发年应注意丝黑穗病及大斑病防治。

审定意见:该品种符合黑龙江省玉米品种审定标准,通过审定。适宜在黑龙江省≥10 ℃活动积温 2 800 ℃以上区域种植。

15. 龙单 81

品种审定编号:黑审玉 20190006

原代号:龙单 81

申请者:黑龙江省农业科学院玉米研究所

育种者:黑龙江省农业科学院玉米研究所

品种来源:以 HRH015 为母本,HRU322 为父本,杂交方法选育而成。

特征特性:普通玉米品种。在适应区出苗至成熟生育日数为 125 天左右,需≥10 ℃活动积温 2 600 ℃左右。该品种幼苗期第一叶鞘紫色,叶片绿色,茎绿色。株高 260 cm,穗位高 111 cm,成株可见 17 片叶。果穗圆筒型,穗轴红色,穗长 18.9 cm,穗粗 5.3 cm,穗行数 14～16 行,籽粒偏马齿型、黄色,百粒重 41.4 g。两年品质分析结果:容重 778～779 g/L,粗淀粉含量 72.83%～74.18%,粗蛋白含量 10.80%～11.16%,粗脂肪含量 4.35%～4.69%。三年抗病接种鉴定结果:中抗至中感大斑病,丝黑穗病发病率 6.4%～7.3%,茎腐病发病率 1.2%～4.5%。

产量表现:2016—2017 年区域试验平均公顷产量 10 446.6 kg,较对照品种誉成 1 和先玉 696 平均增产 11.2%;2018 年生产试验平均公顷产量 10 853.4 kg,较对照品种先玉696 增产 19.4%。

注意事项:病害高发年份注意大斑病防治。

审定意见:该品种符合黑龙江省玉米品种审定标准,通过审定。适宜在黑龙江省≥10 ℃活动积温 2 750 ℃以上区域种植。

16. 龙单 82

品种审定编号:黑审玉 20190002
原代号:龙单 82
申请者:黑龙江省农业科学院玉米研究所
育种者:黑龙江省农业科学院玉米研究所
品种来源:以龙系 375 为母本,H294 为父本,杂交方法选育而成。

特征特性:普通玉米品种。在适应区出苗至成熟生育日数为 128 天左右,需≥10 ℃活动积温 2 650 ℃左右。该品种幼苗期第一叶鞘紫色,叶片绿色,茎绿色。株高 285 cm,穗位高 105 cm,成株可见 18 片叶。果穗圆柱形,穗轴粉红色,穗长 24.0 cm,穗粗 5.3 cm,穗行数 16～18 行,籽粒中齿型、黄色,百粒重 37.0 g。两年品质分析结果:容重 760～795 g/L,粗淀粉含量 71.13%～74.29%,粗蛋白含量 10.9%～12.2%,粗脂肪含量 4.02%～4.29%。三年抗病接种鉴定结果:中抗至中感大斑病,丝黑穗病发病率 18.4%～24.8%,茎腐病发病率 0.0%。

产量表现:2016—2017 年区域试验平均公顷产量 11 991.9 kg,较对照品种郑单 958和先玉 335 平均增产 9.9%;2018 年生产试验平均公顷产量 9 933.1 kg,较对照品种先玉335 增产 3.6%。

注意事项:病害高发年份应注意大斑病和丝黑穗病防治。

审定意见:该品种符合黑龙江省玉米品种审定标准,通过审定。适宜在黑龙江省≥10 ℃活动积温 2 800 ℃以上区域种植。

17. 龙单 118

品种审定编号:黑审玉 20190041

原代号:龙单118

申请者:黑龙江省农业科学院玉米研究所

育种者:黑龙江省农业科学院玉米研究所

品种来源:以龙系399为母本,H292为父本,杂交方法选育而成。

特征特性:普通机收玉米品种。在适应区出苗至成熟生育日数为122天左右,需≥10℃活动积温2 500℃左右。该品种幼苗期第一叶鞘紫色,叶片绿色,茎绿色。株高265 cm,穗位高105 cm,成株可见16片叶。果穗圆柱形,穗轴粉红色,穗长20.0 cm,穗粗4.4 cm,穗行数18~20行,籽粒中齿型、黄色,百粒重35.2 g。一年品质分析结果:容重793 g/L,粗淀粉含量70.98%,粗蛋白含量13.16%,粗脂肪含量4.81%。两年抗病接种鉴定结果:中感大斑病,丝黑穗病发病率21.7%~24.5%,茎腐病发病率2.2%~3.8%。

产量表现:2017—2018年第一积温带机收组生产试验平均公顷产量9 757.9 kg,较对照品种益农玉10号增产6.05%。

注意事项:注意大斑病和丝黑穗病的防治。

审定意见:该品种符合黑龙江省玉米品种审定标准,通过审定。适宜在黑龙江省≥10℃活动积温2 700℃以上区域作为机收籽粒品种种植。

18. 德誉1号

品种审定编号:黑审玉2014004

原代号:龙育1067

选育单位:北京德大世纪农业科技有限公司、黑龙江省农业科学院草业研究所、黑龙江大鹏农业有限公司

品种来源:以自交系T122为母本,自交系T41为父本,杂交方法选育而成。

特征特性:在适应区出苗至成熟生育日数128天左右,需≥10℃活动积温2650℃左右。该品种幼苗期第一叶鞘紫色,叶片绿色,茎绿色。株高280 cm,穗位高100 cm,成株可见18片叶。果穗柱形,穗轴红色,穗长22.5 cm,穗粗5.2 cm,穗行数16~18行,籽粒马齿型、黄色,百粒重36.0 g。二年品质分析结果:容重756~774 g/L,粗淀粉含量74.29%~76.34%,粗脂肪含量3.45%~3.85%。三年抗病接种鉴定结果:大斑病3级,丝黑穗病发病率6.0%~13.6%。

审定意见:该品种符合黑龙江省玉米品种审定标准,通过审定。适宜在黑龙江省第一积温带上限种植。

19. 龙育168

品种审定编号:黑审玉2016016

原代号:龙育2881

申请者:黑龙江省农业科学院草业研究所

育种者:黑龙江省农业科学院草业研究所

品种来源:以 M504 为母本,T418 为父本,杂交方法选育而成。

特征特性:普通玉米品种。在适应区出苗至成熟生育日数为 125 天左右,需 ≥10 ℃ 活动积温 2 600 ℃左右。该品种幼苗期第一叶鞘紫色,叶片绿色,茎绿色。株高 290 cm, 穗位高 100 cm,成株可见 17 片叶。果穗柱形,穗轴粉色,穗长 21.5 cm,穗粗 5.3 cm,穗行 数 14 ~ 18 行,籽粒马齿型、黄色,百粒重 38.7 g。两年品质分析结果:容重 762 ~ 776 g/L, 粗淀粉含量 71.80% ~ 73.43%,粗蛋白含量 10.98% ~ 11.05%,粗脂肪含量 4.11% ~ 4.16%。三年抗病接种鉴定结果:中抗至中感大斑病,丝黑穗病发病率 8.7% ~ 20.8%。

产量表现:2013—2014 年区域试验平均公顷产量 11 394.1 kg,较对照品种兴垦 3 号/ 誉成 1 号增产 10.8%;2015 年生产试验平均公顷产量 11 702.3 kg,较对照品种誉成 1 号 增产 7.6%。

审定意见:该品种符合黑龙江省玉米品种审定标准,通过审定。适宜黑龙江省第一积 温带种植。

20. 龙育 601

品种审定编号:黑审玉 20190044

原代号:龙育 601

申请者:黑龙江省农业科学院草业研究所

育种者:黑龙江省农业科学院草业研究所

品种来源:以 DK1411 为母本,TP01 为父本,杂交方法选育而成。

特征特性:普通机收玉米品种。在适应区出苗至成熟生育日数为 122 天左右,需 ≥10 ℃活动积温 2 500 ℃左右。该品种幼苗期第一叶鞘紫色,叶片绿色,茎绿色。株高 285 cm,穗位高 105 cm,成株可见 16 片叶。果穗圆筒形,穗轴红色,穗长 21.5 cm,穗粗 5.1 cm,穗行数 14 ~ 18 行,籽粒偏马齿型、黄色,百粒重 40.2 g。一年品质分析结果:容重 786 g/L,粗淀粉含量 72.63%,粗蛋白含量 12.35%,粗脂肪含量 4.11%。两年抗病接种 鉴定结果:中抗至中感大斑病,丝黑穗病发病率 20.3 % ~ 23.7%,茎腐病发病率 0.0% ~1.3%。

产量表现:2017—2018 年第一积温带机收组生产试验平均公顷产量 9 641.7 kg,较对 照品种益农玉 10 增产 5.7%。

审定意见:该品种符合黑龙江省玉米品种审定标准,通过审定。适宜在黑龙江省 ≥10 ℃活动积温 2 700 ℃以上的区域作为机收籽粒品种种植。

21. 嫩单 16

品种审定编号:黑审玉 2013006

原代号:嫩 8201

选育单位:黑龙江省农业科学院齐齐哈尔分院

品种来源:以嫩 581 为母本,嫩 52106 为父本,杂交方法选育而成。

特征特性:普通玉米品种。在适应区出苗至成熟生育日数为 125 天左右,需≥10 ℃活动积温 2 600 ℃左右。该品种幼苗期第一叶鞘淡紫色,叶片绿色,茎绿色,成株可见 17 片叶,株高 253 cm,穗位高 92 cm。果穗圆柱形,穗轴粉色,穗长 23 cm,穗粗 4.8 cm,穗行数 14 ~ 16 行,籽粒马齿型、黄色,百粒重 34.6 g。两年品质分析结果:容重 744 ~ 785 g/L,粗淀粉含量 74.13% ~ 75.27%,粗蛋白含量 7.33% ~ 9.85%,粗脂肪含量 74.13% ~ 75.27%。三年抗病接种鉴定结果:大斑病 3 级,丝黑穗病发病率 12.0% ~ 18.0%。

产量表现:2009—2010 年区域试验平均公顷产量 10 225.3 kg,较对照品种丰单 1 号增产 13.7%;2011—2012 年生产试验平均公顷产量 9 382.3 kg,较对照品种兴垦 3 号增产 5.9%。

适应区域:黑龙江省第一积温带。

22. 嫩单 17

品种审定编号:黑审玉 2014014

原代号:嫩 1021

选育单位:黑龙江省农业科学院齐齐哈尔分院

品种来源:以 N788411 为母本,N1053 为父本,杂交方法选育而成。

特征特性:在适应区出苗至成熟生育日数 125 天左右,需≥10 ℃活动积温 2 600 ℃左右。该品种幼苗期第一叶鞘紫色,叶片绿色,茎绿色。株高 281 cm,穗位高 108 cm,成株可见 17 片叶。果穗筒形,穗轴粉色,穗长 22.0 cm,穗粗 4.9 cm,穗行数 14 ~ 16 行,籽粒偏马齿型、黄色,百粒重 40.0 g。二年品质分析结果:容重 760 ~ 808 g/L,粗淀粉含量 71.83% ~ 75.67%,粗蛋白含量 8.34% ~ 9.90%,粗脂肪含量 3.50% ~ 4.07%。三年抗病接种鉴定结果:大斑病 3 ~ 3 + 级,丝黑穗病发病率 5.6% ~ 10.0%。

产量表现:2011—2012 年区域试验平均公顷产量 10 324.8 kg,较对照品种兴垦 3 号增产 14.2%;2013 年生产试验平均公顷产量 9 656.7 kg,较对照品种兴垦 3 号增产 13.9%。

审定意见:该品种符合黑龙江省玉米品种审定标准,通过审定。适宜在黑龙江省第一积温带种植。

23. 嫩单 18 号

品种审定编号:黑审玉 2015011

原代号:嫩 1122

申请者:黑龙江省农业科学院齐齐哈尔分院

育种者:黑龙江省农业科学院齐齐哈尔分院

品种来源:以 N0455 为母本,NYU51321211 为父本,杂交方法选育而成。

特征特性:普通玉米品种。在适应区出苗至成熟生育日数为 125 天左右,需≥10 ℃活动积温 2 600 ℃左右。该品种幼苗期第一叶鞘浅紫色,叶片绿色,茎绿色。株高 266 cm,穗位高 103 cm,成株可见 17 片叶。果穗圆筒形,穗轴粉色,穗长 20.0 cm,穗粗

5.0 cm,穗行数 16 ~ 18 行,籽粒偏马齿型、黄色,百粒重 38.3 g。两年品质分析结果:容重 714 ~ 742 g/L,粗淀粉含量 71.50% ~ 71.51%,粗蛋白含量 9.83% ~ 11.43%,粗脂肪含量 3.83% ~ 4.10%。三年抗病接种鉴定结果:中抗、中感大斑病,丝黑穗病发病率 6.3% ~ 15.5%。

产量表现:2012—2013 年区域试验平均公顷产量 10 916.6 kg,较对照品种兴垦 3 号增产 12.2%;2014 年生产试验平均公顷产量 12 841.8 kg,较对照品种誉成 1 号增产 9.2%。

审定意见:该品种符合黑龙江省玉米品种审定标准,通过审定。适宜黑龙江省第一积温带种植。

24. 嫩单 19 号

品种审定编号:黑审玉 2017012
原代号:嫩 1321
申请者:黑龙江省农业科学院齐齐哈尔分院
育种者:黑龙江省农业科学院齐齐哈尔分院
品种来源:以 N8924 为母本,N7923 为父本,杂交方法选育而成。

特征特性:普通玉米品种。在适应区出苗至成熟生育日数为 126 天左右,需 ≥10 ℃ 活动积温 2 620 ℃ 左右。该品种幼苗期第一叶鞘浅紫色,叶片绿色,茎绿色。株高 283 cm,穗位高 114 cm,成株可见 19 片叶。果穗圆筒形,穗轴粉色,穗长 20.3 cm,穗粗 5.1 cm,穗行数 16 ~ 18 行,籽粒偏硬粒型、黄色,百粒重 37.5 g。两年品质分析结果:容重 782 ~ 784 g/L,粗淀粉含量 71.76% ~ 72.22%,粗蛋白含量 11.33 ~ 11.76%,粗脂肪含量 3.75% ~ 4.27%。三年抗病接种鉴定结果:中抗至感大斑病,丝黑穗病发病率 3 ~ 17.5%。

产量表现:2014—2015 年区域试验平均公顷产量 12 321.3 kg,较对照品种誉成 1 号平均增产 11.4%;2016 年生产试验平均公顷产量 10 398.85 kg,较对照品种誉成 1 号平均增产 14.0%。

注意事项:遇干旱及时灌溉。

审定意见:该品种符合黑龙江省玉米品种审定标准,通过审定。适宜黑龙江省第一积温带种植。

25. 嫩单 22

品种审定编号:黑审玉 20190005
原代号:嫩单 22
申请者:黑龙江省农业科学院齐齐哈尔分院
育种者:黑龙江省农业科学院齐齐哈尔分院
品种来源:以 N8924 为母本,N2035 为父本,杂交方法选育而成。

特征特性:普通玉米品种。在适应区出苗至成熟生育日数为 125 天左右,需 ≥10 ℃

活动积温 2 600 ℃ 左右。该品种幼苗期第一叶鞘浅紫色,叶片绿色,茎绿色,株高 277 cm,穗位高 118 cm,成株可见 17 片叶。果穗圆筒形,穗轴粉色,穗长 20.5 cm,穗粗 5.1 cm,穗行数 16 ~ 18,籽粒中齿质型、黄色,百粒重 39.6 g。两年品质分析结果:容重 771 ~ 783 g/L,粗淀粉含量 72.93% ~ 76.57%,粗蛋白含量 11.31% ~ 11.63%,粗脂肪含量 3.97% ~ 4.06%。三年抗病接种鉴定结果:中感至感大斑病,丝黑穗病发病率 7.4% ~ 11.8%,茎腐病发病率 2.0% ~ 9.2%。

产量表现:2016—2017 年区域试验平均公顷产量 10 428.9 kg,较对照品种誉成 1 和先玉 696 平均增产 11.2%;2018 年生产试验平均公顷产量 10 419.3 kg,较对照品种先玉 696 增产 15.7%。

注意事项:病害高发年份注意大斑病防治。

审定意见:该种符合黑龙江省玉米品种审定标准,通过审定。适宜在黑龙江省 ≥10 ℃ 活动积温 2 750 ℃ 区域种植。

26. 绥玉 26

品种审定编号:黑审玉 2013009

原代号:绥 235

选育单位:黑龙江省龙科种业集团有限公司、黑龙江省农业科学院绥化分院

品种来源:以绥系 708 为母本,绥系 611 为父本,杂交方法选育而成。

特征特性:普通玉米品种。在适应区出苗至成熟生育日数为 125 天左右,需 ≥10 ℃ 活动积温 2 600 ℃ 左右。该品种幼苗期第一叶鞘紫色,叶片绿色,茎绿色,成株可见 17 片叶,株高 270 cm、穗位高 100 cm。果穗圆柱形,穗轴粉红色,穗长 22 cm,穗粗 4.8 cm,穗行数 14 ~ 16 行,籽粒中齿型、黄色,百粒重 29.6 g。两年品质分析结果:容重 704 ~ 742 g/L,粗淀粉含量 71.83% ~ 74.78%,粗蛋白含量 9.06% ~ 9.50%,粗脂肪含量 4.00% ~ 4.82%。三年接种鉴定结果:大斑病 3 级,丝黑穗病发病率 4.5% ~ 10.8%。

产量表现:2009—2010 年区域试验平均公顷产量 10 055.2 kg,较对照品种丰单 1 号增产 11.0%;2011—2012 年生产试验平均公顷产量 9 366.0 kg,较对照品种兴垦 3 号增产 9.3%。

适应区域:黑龙江省第一积温带。

27. 东农 253

品种审定编号:黑审玉 2009010

原代号:东农 0501A

选育单位:东北农业大学农学院

品种来源:以自交系 58 - 1 为母本,东 62001 为父本,杂交方法选育而成。

特征特性:普通玉米品种。在适应区出苗至成熟生育日数 130 天左右,需 ≥10 ℃ 活动积温 2 700 ℃ 左右。幼苗期第一叶鞘紫色,第一叶尖端形状圆形、叶片绿色,茎绿色;株

高 280 cm、穗位高 110 cm,果穗筒形,穗轴白色,成株叶片数 20、穗长 22 cm、穗粗 5.5 cm、穗行数 14~18 行,籽粒偏马齿型、淡黄色。品质分析结果:容重 752~756 g/L;粗蛋白含量 10.04%~10.08%;粗脂肪含量 4.01%~4.02%;粗淀粉含量 71.16%~72.62%。接种鉴定结果:大斑病 2~3 级,丝黑穗病发病率 7.7%~8.3%。

产量表现:2006—2007 年区域试验平均公顷产量 10 406.1 kg,较对照品种吉单 261 增产 12.0%;2008 年生产试验平均公顷产量 7 665.4 kg,较对照品种吉单 261 增产 6.2%。

注意事项:丝黑穗病或地下害虫危害严重的地块应注意防治,拔节至孕穗期追肥尿素 300 kg/hm^2,孕穗期和花期遇到严重干旱应适当灌溉。

适应区域:黑龙江省第一积温带上限。

28. 东农 255

品种审定编号:黑审玉 2014005

原代号:东农 0901A

选育单位:东北农业大学

品种来源:以东 58-1 为母本,东 62072 为父本,杂交方法选育而成。

特征特性:在适应区出苗至成熟生育日数 128 天左右,需≥10 ℃活动积温 2 650 ℃左右。该品种幼苗期第一叶鞘绿色,叶片浅绿色,茎绿色。株高 302 cm,穗位高 126 cm,成株可见 18 片叶。果穗圆柱形,穗轴红色,穗长 22.0 cm,穗粗 5.2 cm,穗行数 16~18 行,籽粒马齿型、黄色,百粒重 39.5 g。二年品质分析结果:容重 728~760 g/L,粗淀粉含量 73.24%~74.81%,粗蛋白含量 8.69%~9.60%,粗脂肪含量 3.56%~4.69%。三年接种鉴定结果:大斑病 3~3+级,丝黑穗病发病率 4.5%~9.9%。

产量表现:2010—2011 年区域试验平均公顷产量 9 313.7 kg,较对照品种丰禾 1 号增产 11.9%;2013 年生产试验平均公顷产量 11 076.9 kg,较对照品种丰禾 1 号增产 11.8%。

审定意见:该品种符合黑龙江省玉米品种审定标准,通过审定。适宜在黑龙江省第一积温带上限种植。

29. 东农 256

品种审定编号:黑审玉 2014008

原代号:T0901

选育单位:东北农业大学

品种来源:以 S0912 为母本,东 221 为父本,杂交方法选育而成。

特征特性:在适应区出苗至成熟生育日数 128 天左右,需≥10 ℃活动积温 2 650 ℃左右。该品种幼苗期第一叶鞘紫色,叶片绿色,茎绿色。株高 270 cm,穗位高 115 cm,成株可见 18 片叶。果穗圆筒形,穗轴红色,穗长 20.0 cm,穗粗 5.0 cm,穗行数 16~18 行,籽粒马齿型、黄色,百粒重 33.0 g。二年品质分析结果:容重 750~760 g/L,粗淀粉含量 72.36%~74.47%,粗蛋白含量 9.92%~10.63%,粗脂肪含量 3.79%~4.17%。三年抗病接种鉴定结果:大斑病 3~3+级,丝黑穗病发病率 17.9%~23.9%。

产量表现:2010—2011 年区域试验平均公顷产量 9 539.8 kg,较对照品种郑单 958 增产 7.9%;2013 年生产试验平均公顷产量 11 538.2 kg,较对照品种郑单 958 增产 9.3%。

审定意见:该品种符合黑龙江省玉米品种审定标准,通过审定。适宜在黑龙江省第一积温带上限种植。

30. 东农 258

品种审定编号:黑审玉 2015001

原代号:东农 1001

申请者:东北农业大学

育种者:东北农业大学

品种来源:以 D5801 为母本,DN139 为父本,杂交方法选育而成。

特征特性:普通玉米品种。在适应区出苗至成熟生育日数为 127 天左右,需 ≥10 ℃ 活动积温 2 635 ℃左右。该品种幼苗期第一叶鞘紫色,叶片绿色,茎绿色。株高 271 cm,穗位高 98 cm,成株可见 18 片叶。果穗圆筒形,穗轴白色,穗长 22.0 cm,穗粗 5.0 cm,穗行数 12 ~ 14 行,籽粒偏马齿型、橙黄色,百粒重 49.6 g。两年品质分析结果:容重 732 ~ 736 g/L,粗淀粉含量 73.17% ~ 74.58%,粗蛋白含量 9.79% ~ 10.93%,粗脂肪含量 3.41% ~ 3.63%。三年抗病接种鉴定结果:中抗至中感大斑病,丝黑穗病发病率 7.1% ~ 12.3%。

产量表现:2011—2013 年区域试验平均公顷产量 11 334.0 kg,较对照品种郑单 958 增产 9.8%;2014 年生产试验平均公顷产量 13 883.4 kg,较对照品种郑单 958 增产 13.2%。

审定意见:该品种符合黑龙江省玉米品种审定标准,通过审定。适宜黑龙江省第一积温带上限种植。

31. 中单 105

品种审定编号:黑审玉 2017009

原代号:东农 1302

申请者:中国农业科学院作物科学研究所、东北农业大学

育种者:中国农业科学院作物科学研究所、东北农业大学

品种来源:以四 144 为母本,CA667 为父本,杂交方法选育而成。

特征特性:普通玉米品种。在适应区出苗至成熟生育日数为 125 天左右,需 ≥10 ℃ 活动积温 2 600 ℃左右。幼苗期第一叶鞘紫色,叶片绿色,茎绿色。株高 282 cm,穗位高 114 cm,成株可见 17 片叶。果穗圆筒形,穗轴白色,穗长 21.0 cm,穗粗 5.1 cm,穗行数 16 ~ 18 行,籽粒偏马齿型、黄色,百粒重 38.3 g。两年品质分析结果:容重 786 ~ 796 g/L,粗淀粉含量 72.30% ~ 72.54%,粗蛋白含量 11.12% ~ 11.21%,粗脂肪含量 4.19% ~ 4.47%。三年抗病接种鉴定结果:中感大斑病,丝黑穗病:21.1% ~ 23.9%。

产量表现:2014—2015 年区域试验平均公顷产量 12 204.0 kg,较对照品种誉成 1 号平均增产 10.4%;2016 年生产试验平均公顷产量 10 107.0 kg,较对照品种誉成 1 号平均增产 10.5%。

审定意见:该品种符合黑龙江省玉米品种审定标准,通过审定。适宜黑龙江省第一积温带种植。

32. 东农 264

品种审定编号:黑审玉 2018049
原代号:东农 264
申请者:东北农业大学
育种者:东北农业大学
品种来源:以 DN2710 为母本,东 301 为父本,杂交方法选育而成。

特征特性:普通机收玉米品种。在适应区出苗至成熟生育日数为 122 天左右,需 ≥10 ℃活动积温 2 500 ℃左右。该品种幼苗期第一叶鞘紫色,叶片绿色,茎绿色。株高 278 cm,穗位高 103 cm,成株可见 16 片叶。果穗圆筒形,穗轴粉色,穗长 20.5 cm,穗粗 4.9 cm,穗行数 16～18 行,籽粒马齿型、黄色,百粒重 36.4 g。一年品质分析结果:容重 768 g/L,粗淀粉含量 72.42%,粗蛋白含量 11.7%,粗脂肪含量 4.51%。两年抗病接种鉴定结果:中感大斑病,丝黑穗病:8.6%～8.8%。

产量表现:2016—2017 年机收组试验平均公顷产量 10 352.4 kg,较对照品种益农玉 10 平均增产 9.3%。

注意事项:病害高发年份应注意大斑病防治。

审定意见:该品种符合黑龙江省玉米品种审定标准,通过审定。适宜在黑龙江省 ≥10 ℃活动积温 2 800 ℃以上区域作为机收籽粒品种种植。

33. 东农 262

品种审定编号:黑审玉 20190003
原代号:东农 262
申请者:东北农业大学
育种者:东北农业大学
品种来源:以 M54 为母本,DNPH4 为父本,杂交方法选育而成。

特征特性:普通玉米品种。在适应区出苗至成熟生育日数为 128 天左右,需 ≥10 ℃活动积温 2 650 ℃左右。该品种幼苗期第一叶鞘紫色,叶片绿色,茎绿色。株高 282 cm,穗位高 114 cm,成株可见 18 片叶。果穗圆筒形,穗轴红色,穗长 19.5 cm,穗粗 5.2 cm,穗行数 16～18 行,籽粒偏马齿型、黄色,百粒重 40.6 g。两年品质分析结果:容重 778～782 g/L,粗淀粉含量 71.96%～72.87%,粗蛋白含量 12.18%～12.64%,粗脂肪含量 3.56%～3.67%。三年抗病接种鉴定结果:感至中抗大斑病,丝黑穗病发病率 10.1%～

24.4%,茎腐病发病率0.0%~2.4%。

产量表现:2016—2017年区域试验平均公顷产量12 196.4 kg,较对照品种郑单958和先玉335平均增产11.4%;2018年生产试验平均公顷产量10 891.0 kg,较对照品种先玉335增产17.5%。

注意事项:病害高发年份应注意大斑病和丝黑穗病防治。

审定意见:该品种符合黑龙江省玉米品种审定标准,通过审定。适宜在黑龙江省≥10 ℃活动积温2 800 ℃以上区域种植。

34. 龙作2号

品种审定编号:黑审玉2013007

原代号:育232

选育单位:黑龙江省农业科学院作物育种研究所

品种来源:以L211为母本,L217为父本,杂交方法选育而成。

特征特性:普通玉米品种。在适应区出苗至成熟生育日数为124天左右,需≥10 ℃活动积温2 580 ℃左右。该品种幼苗期第一叶鞘紫色,叶片深绿色,茎紫色,成株可见17片叶,株高271 cm,穗位高96 cm。果穗长锥形,穗轴粉红色,穗长23 cm,穗粗5.0 cm,穗行数14~16行,籽粒中齿型、黄色,百粒重36.2 g。两年品质分析结果:容重762~786 g/L,粗淀粉含量74.82%~75.89%,粗蛋白含量8.96%~9.64%,粗脂肪含量4.44%~4.53%。三年抗病接种鉴定结果:大斑病3级,丝黑穗病发病率9.7%~19.6%。

产量表现:2010—2011年区域试验平均公顷产量10 260.5 kg,较对照品种丰单1号增产13.6%;2012年生产试验平均公顷产量11 055.7 kg,较对照品种兴垦3号增产11.2%。

适应区域:黑龙江省第一积温带。

35. 富单7号

品种审定编号:黑审玉2011001

原代号:YM0701

选育单位:齐齐哈尔市富尔农艺有限公司、肇东市益民作物科学研究所

品种来源:以YMA108为母本,YMB79为父本,杂交方法选育而成。

特征特性:普通玉米品种。在适应区出苗至成熟生育日数为128天左右,需≥10 ℃活动积温2 680 ℃左右。幼苗期第一叶鞘绿色,叶片浅绿色,茎绿色;株高300 cm,穗位高120 cm,果穗圆柱形,穗轴粉红色,成株叶片数20片,穗长20 cm,穗粗5 cm,穗行数14~18行,籽粒马齿型、黄色,百粒重37.4 g。品质分析结果:容重715~762 g/L,粗淀粉含量73.05%~75.17%,粗蛋白含量9.37%~10.01%,粗脂肪含量3.95%~4.00%。接种鉴定结果:大斑病3级,丝黑穗病发病率5.6%~24.3%。

产量表现:2008—2009年区域试验平均公顷产量8 557.6 kg,较对照品种丰禾1号增

产 12.6% ;2010 年生产试验平均公顷产量 9 444.9 kg,较对照品种丰禾 1 号增产 11.1% 。

适应区域:黑龙江省第一积温带上限。

第二节　第二积温带玉米品种

1. 龙单 48

品种审定编号:黑审玉 2009017

原代号:黑 385

选育单位:黑龙江省农业科学院玉米研究所

品种来源:以自育自交系 HR9808 为母本,以自育自交系 HR110 为父本,杂交方法选育而成。

品种特征:普通玉米品种。在适应区出苗至成熟生育日数为 120 天左右,需≥10 ℃活动积温 2 400 ℃左右。幼苗期第一叶鞘绿色,叶片绿色,茎绿色直立;株高 280 cm、穗位高 90 cm,果穗圆柱形,穗轴粉色,成株叶片数 18,穗长 23 cm、穗粗 5.1 cm,穗行数 14 ~ 16 行,籽粒中齿型、黄色。品质分析结果:粗蛋白含量 9.38% ~ 11.0%,粗脂肪含量 4.46% ~ 4.64%,粗淀粉含量 68.44% ~ 71.74%,容重 747 ~ 750 g/L。接种鉴定结果:大斑病 3 级;丝黑穗病发病率 15.6% ~ 19.6% 。

产量表现:2006—2007 年区域试验平均公顷产量 9 487.0 kg,较对照品种龙单 13 增产 10.9% ;2008 年生产试验平均公顷产量 8 943.5 kg,较对照品种龙单 13 增产 9.1% 。

注意事项:生育前期及时铲趟管理,适时早追肥。

适应区域:黑龙江省第二积温带。

2. 龙单 49

品种审定编号:黑审玉 2009023

原代号:黑 387

选育单位:黑龙江省农业科学院玉米研究所

品种来源:以自育自交系 HR23 为母本,以自育自交系 HR8 为父本,杂交方法选育而成。

特征特性:普通玉米品种。在适应区出苗至成熟生育日数为 120 天左右,需≥10 ℃活动积温 2 400 ℃左右。幼苗期第一叶鞘绿色,叶片绿色,茎绿色直立;株高 270 cm、穗位高 90 cm,果穗圆柱形,穗轴红色,成株叶片数 19,穗长 24 cm、穗粗 4.9 cm,穗行数 14 ~ 16 行,籽粒中齿型、黄色。品质分析结果:粗蛋白含量 9.68% ~ 10.21%,粗脂肪含量 3.70% ~ 4.54%,淀粉 71.67% ~ 73.23%,容重 740 ~ 762 g/L。接种鉴定结果:大斑病 3 级,丝黑穗病发病率 4.9% ~ 11.9% 。

产量表现:2006—2007 年区域试验平均公顷产量 10 062.97 kg,较对照品种龙单 16 增产 17.8%;2008 年生产试验平均公顷产量 9 005.9 kg,较对照品种龙单 16 增产 30.4%。

注意事项:生育前期及时铲趟管理,适时早追肥。

适应区域:黑龙江省第二积温带。

3. 龙单 51

品种审定编号:黑审玉 2009014

原代号:龙 268

选育单位:黑龙江省农业科学院玉米研究所

品种来源:以龙系 279 为母本,H224 为父本,用杂交的方法选育而成。

特征特性:普通玉米品种。在适应区出苗至成熟生育日数为 122 天左右,需 ≥10 ℃ 活动积温 2 500 ℃左右。幼苗期第一叶鞘紫色,第一叶尖端形状圆导匙形,叶片绿色,茎绿色;株高 255 cm、穗位高 80 cm,果穗圆柱形,穗轴粉红色,成株叶片数 16,穗长 23 cm、穗粗 4.9 cm,穗行数 14 ~ 16 行,籽粒中硬型、黄色。品质分析结果:容重 785 ~ 789 g/L,粗淀粉含量 69.84% ~ 72.78%,粗蛋白含量 10.54% ~ 10.78%,粗脂肪含量 4.41% ~ 4.99%。接种鉴定结果:大斑病 2 ~ 3 级,丝黑穗病 10.3% ~ 15.0%。

产量表现:2006—2007 年区域试验平均公顷产量 9 099.8 kg,较对照品种增产 11.5%;2008 年生产试验平均公顷产量 9 163.2 kg,较对照品种吉单 27 增产 13.3%。

适应区域:黑龙江省第二积温带上限。

4. 龙单 52

品种审定编号:黑审玉 2009018

原代号:龙 343

选育单位:黑龙江省农业科学院玉米研究所

品种来源:以龙系 287 为母本,G213 为父本,杂交方法选育而成。

特征特性:普通玉米品种。在适应区出苗至成熟生育日数为 120 天左右,需 ≥10 ℃ 活动积温 2 400 ℃左右。幼苗期第一叶鞘紫色,第一叶尖端形状圆导匙形,叶片绿色,茎绿色;株高 252 cm、穗位高 85 cm,果穗圆柱形,穗轴粉色,成株叶片数 15,穗长 23 cm、穗粗 5.2 cm,穗行数 18 ~ 20 行,籽粒中硬型、黄色。品质分析结果:容重 776 ~ 785 g/L,粗淀粉含量 72.74% ~ 73.63%,粗蛋白含量 10.81% ~ 11.01%,粗脂肪含量 4.60% ~ 5.33%。接种鉴定结果:大斑病 3 级,丝黑穗病发病率 17.2% ~ 17.5%。

产量表现:2006—2007 年区域试验平均公顷产量 9 319.1 kg,较对照品种龙单 13 增产 9.7%;2008 年生产试验平均公顷产量 9 233.8 kg,较对照品种龙单 13 增产 14.9%。

适应区域:黑龙江省第二积温带。

5. 龙单 56

品种审定编号:黑审玉 2010013

原代号:龙270

选育单位:黑龙江省农业科学院玉米研究所

品种来源:以自育系龙系300为母本、改良系H240为父本杂交育成。

特征特性:普通玉米品种。在适应区出苗至成熟生育日数124天左右,需≥10℃活动积温2 500℃左右。幼苗期第一叶鞘浅紫色,叶片绿色,茎绿色;株高245 cm,穗位高80 cm,果穗圆柱形,穗轴白色,成株可见叶片数15片,穗长23 cm,穗粗5.1 cm,穗行数14~16行,籽粒中齿型、橙黄色,百粒重39.2 g。品质分析结果:容重728~735 g/L,粗淀粉含量73.52%~74.66%,粗蛋白含量8.96%~10.23%,粗脂肪含量4.24%。接种鉴定结果:大斑病2~3级,丝黑穗病8.8%~18.7%。

产量表现:2007—2008年区域试验平均公顷产量9 298.5 kg,较对照品种东农250和吉单27平均增产12.1%;2009年生产试验平均公顷产量8 507.1 kg,较对照品种吉单27增产13.4%。

适应区域:黑龙江省第二积温带上限。

6. 龙单57

品种审定编号:黑审玉2010022

原代号:龙376

选育单位:黑龙江省农业科学院玉米研究所

品种来源:以改良系H120为母本、自育系龙系287为父本杂交育成。

特征特性:普通玉米品种。在适应区出苗至成熟生育日数118天左右,需≥10℃活动积温2 340℃左右。幼苗期第一叶鞘浅紫色,叶片绿色,茎绿色;株高248 cm,穗位高70 cm,果穗圆柱形,穗轴粉色,成株可见叶片数13片,穗长22 cm,穗粗5.6 cm,穗行数18~20行,籽粒中齿型、黄色,百粒重35 g。品质分析结果:容重770~785 g/L,粗淀粉含量72.54%~72.74%,粗蛋白含量9.92%~10.81%,粗脂肪含量4.43%~5.33%。接种鉴定结果:大斑病3级,丝黑穗病发病率2.8%~7.0%。

产量表现:2007—2008年区域试验平均公顷产量9 140.8 kg,较对照品种绥玉7号增产12.1%;2009年生产试验平均公顷产量9 084.4 kg,较对照品种绥玉7号增产19.9%。

适应区域:黑龙江省第二积温带下限及第三积温带上限。

7. 龙单59

品种审定编号:黑审玉2010023

原代号:黑433

选育单位:黑龙江省农业科学院玉米研究所

品种来源:以HR0344为母本、HR8834为父本杂交育成。

特征特性:普通玉米品种。在适应区出苗至成熟生育日数为116天左右,需≥10℃活动积温2 300℃左右。幼苗期第一叶鞘紫色,叶片绿色,茎绿色;株高240 cm,穗位高

75 cm,果穗圆柱形,穗轴红色,成株可见叶片数 18 片,穗长 22 cm,穗粗 4.8 cm,穗行数 14 ~ 16 行,籽粒中齿型、黄色,百粒重 35 g。品质分析结果:容重 768 ~ 770 g/L,粗淀粉含量 71.31% ~ 72.24%,粗蛋白含量 10.28% ~ 10.91%,粗脂肪含量 4.18% ~ 4.56%。接种鉴定结果:大斑病 3 级,丝黑穗病发病率 1.0% ~ 9.5%。

产量表现:2007—2008 年区试验平均公顷产量 9 115.4 kg,较对照品种绥玉 7 号增产 12.3%;2009 年生产试验平均公顷产量 7 927.0 kg,较对照品种绥玉 7 号增产 10.7%。

注意事项:生育前期及时铲趟。

适应区域:黑龙江省第二积温带下限及第三积温带上限。

8. 龙单 60

品种审定编号:黑审玉 2011014

原代号:黑 392

选育单位:黑龙江省农业科学院玉米研究所

品种来源:以 HR1022 为母本,HR78 为父本,杂交方法选育而成。

特征特性:普通玉米品种。在适应区出苗至成熟生育日数为 120 天左右,需≥10 ℃ 活动积温 2 400 ℃左右。幼苗期第一叶鞘紫色,叶片绿色,茎绿色;株高 290 cm,穗位高 95 cm,果穗圆柱形,穗轴粉色,成株叶片数 18 片,穗长 23 cm、穗粗 4.8 ~ 5.2 cm,穗行数 14 ~ 16 行,籽粒半马齿型、黄色,百粒重 37.6 g。品质分析结果:容重 702 ~ 742 g/L,粗淀粉含量 74.03% ~ 74.74%,粗蛋白含量 8.26% ~ 9.76%,粗脂肪含量 4.12% ~ 4.24%。接种鉴定结果:大斑病 3 级,丝黑穗病发病率 14.3% ~ 20.9%。

产量表现:2008—2009 年区域试验平均公顷产量 9 530.7 kg,较对照品种龙单 13 增产 11.1%;2010 年生产试验平均公顷产量 10 432.7 kg,较对照品种龙单 13 增产 32.5%。

适应区域:黑龙江省第二积温带。

9. 龙单 62

品种审定编号:黑审玉 2011020

原代号:黑 393

选育单位:黑龙江省农业科学院玉米研究所

品种来源:以 HR774 为母本,HR113 为父本,杂交方法选育而成。

特征特性:普通玉米品种。在适应区出苗至成熟生育日数为 118 左右,需≥10 ℃活动积温 2 400 ℃左右。幼苗期第一叶鞘紫色,叶片绿色,茎绿色;株高 290 cm,穗位高 100 cm,果穗圆柱形,穗轴粉色,成株叶片数 18 片,穗长 23 cm、穗粗 4.7 ~ 5.0 cm,穗行数 14 ~ 16 行,籽粒中齿型、黄色,百粒重 35.5 g。品质分析结果:容重 785 ~ 794 g/L,粗淀粉含量 73.13% ~ 75.48%,粗蛋白含量 8.89% ~ 9.45%,粗脂肪含量 3.30% ~ 3.67%。接种鉴定结果:大斑病 3 级,丝黑穗病发病率 4.8% ~ 15.3%。

产量表现:2008—2009 年区域试验平均公顷产量 10 665.5 kg,较对照品种龙单 16 增产 16.0%;2010 年生产试验平均公顷产量 11 391.1 kg,较对照品种龙单 13 增产 28.4%。

适应区域:黑龙江省第二积温带。

10. 龙单 63

品种审定编号:黑审玉 2011026

原代号:黑 437

选育单位:黑龙江省农业科学院玉米研究所

品种来源:以 HR0344 为母本,HR701 为父本,杂交方法选育而成。

特征特性:普通玉米品种。在适应区出苗至成熟生育日数为 110 天左右,需 ≥10 ℃活动积温 2 300 ℃左右。幼苗期第一叶鞘紫色,叶片绿色,茎绿色;株高 290 cm,穗位高 95 cm,果穗圆柱形,穗轴红色,成株叶片数 17 片,穗长 22 cm、穗粗 4.8 ~ 5.2 cm,穗行数 14 ~ 16 行,籽粒中齿型、黄色,百粒重 31.8 g。品质分析结果:容重 756 ~ 757 g/L,粗淀粉含量 70.56% ~ 74.48%,粗蛋白含量 9.18% ~ 11.04%,粗脂肪含量 3.75% ~ 4.22%。接种鉴定结果:大斑病 3 级;丝黑穗病发病率 2.4% ~ 10.3%。

产量表现:2008—2009 年区域试验平均公顷产量 8 748.9 kg,较对照品种绥玉 7 号增产 12.1%,2010 年生产试验平均公顷产量 9 710.9 kg,较对照品种绥玉 7 号增产 24.9%。

适应区域:黑龙江省第二积温带下限及第三积温带上限。

11. 龙单 64

品种审定编号:黑审玉 2011027

原代号:龙 601

选育单位:黑龙江省农业科学院玉米研究所

品种来源:以改良系 G102 为母本,自育自交系龙系 308 为父本,杂交方法选育而成。

特征特性:普通玉米品种。在适应区出苗至成熟生育日数为 117 天左右,需 ≥10 ℃活动积温 2 310 ℃左右。幼苗期第一叶鞘紫色,叶片绿色,茎绿色;株高 280 cm,穗位高 70 cm,果穗长锥形,穗轴白色,成株叶片数 16 片,穗长 23 cm、穗粗 4.9 cm,穗行数 14 ~ 16 行,籽粒中齿型、浅黄色,百粒重 31.4 g。品质分析结果:容重 744 ~ 748 g/L,粗淀粉含量 71.05% ~ 71.47%,粗蛋白含量 11.61% ~ 12.05%,粗脂肪含量 4.02% ~ 4.41%。接种鉴定结果:大斑病 3 级,丝黑穗病发病率 13.5% ~ 20.8%。

产量表现:2008—2009 年区域试验平均公顷产量 8 329.8 kg,较对照品种绥玉 7 号增产 8.5%;2010 年生产试验平均公顷产量 8 485 kg,较对照品种绥玉 7 号增产 9.2%。

适应区域:黑龙江省第二积温带下限及第三积温带上限。

12. 龙辐玉 7 号

品种审定编号:黑审玉 2012030

原代号:龙辐 608

选育单位:黑龙江省农业科学院玉米研究所

品种来源:以辐 3018 为母本,辐 4459 为父本,杂交方法选育而成。

特征特性:普通玉米品种。在适应区出苗至成熟生育日数为 117 天左右,需 ≥10 ℃活动积温 2 300 ℃左右。幼苗期第一叶鞘紫色,叶片绿色,茎绿色;株高 271 cm、穗位高 102 cm,果穗圆锥形,穗轴红色,成株叶片数 17,穗长 21.6 cm、穗粗 5.0 cm,穗行数 12 ~ 18 行,籽粒中齿型、黄色,百粒重 36.4 g。品质分析结果:容重 774 ~ 785 g/L,粗淀粉含量 71.41% ~ 73.18%,粗蛋白含量 8.90% ~ 9.52%,粗脂肪含量 3.71% ~ 4.08%。接种鉴定结果:大斑病 2 ~ 3 级,丝黑穗病发病率 11.2% ~ 14.0%。

产量表现:2009—2010 年区域试验平均公顷产量 9 518.0 kg,较对照品种绥玉 7 号增产 16.3%;2011 年生产试验平均公顷产量 8 734.4 kg,较对照品种绥玉 7 号增产 15.1%。

适应区域:黑龙江省第二积温带下限及第三积温带上限(在鸡西市种植区域停止推广)。

13. 龙单 67

品种审定编号:黑审玉 2012018

原代号:黑 265

选育单位:黑龙江省农业科学院玉米研究所

品种来源:以 HR4404 为母本,HR8 为父本,杂交方法选育而成。

特征特性:普通玉米品种。在适应区出苗至成熟生育日数为 122 天左右,需 ≥10 ℃活动积温 2 500 ℃左右。幼苗期第一叶鞘浅紫色,叶片绿色,茎绿色;株高 285 cm、穗位高 100 cm,果穗圆柱形,穗轴红色,成株叶片数 18 ~ 19,穗长 23 cm、穗粗 4.7 ~ 4.9 cm,穗行数 14 ~ 16 行,籽粒半马齿型、黄色,百粒重 35 g。品质分析结果:容重 741 ~ 752 g/L,粗淀粉含量 72.90% ~ 74.36%,粗蛋白含量 9.54% ~ 9.97%,粗脂肪含量 3.80% ~ 4.08%。接种鉴定结果:大斑病 3 级;丝黑穗病发病率 5.3% ~ 18.8%。

产量表现:2009—2010 年区域试验平均公顷产量 9 778.5 kg,较对照品种吉单 27 增产 10.4%;2011 年生产试验平均公顷产量 9 488.8 kg,较对照品种吉单 27 增产 18.8%。

适应区域:黑龙江省第二积温带上限。

14. 龙单 70

品种审定编号:黑审玉 2013014

原代号:黑 268

选育单位:黑龙江省农业科学院玉米研究所

品种来源:以 HRKF32 为母本,HRDMO 为父本,杂交方法选育而成。

特征特性:普通玉米品种。在适应区出苗至成熟生育日数为 118 天左右,需 ≥10 ℃活动积温 2 460 ℃左右。该品种幼苗期第一叶鞘浅紫色,叶片绿色,茎绿色,成株可见 16 片叶,株高 280 cm,穗位高 100 cm。果穗圆柱形,穗轴红色,穗长 23 cm,穗粗 4.7 ~

5.0 cm,穗行数 14 ~ 16 行,籽粒半马齿型、黄色,百粒重 33.7 g。两年品质分析结果:容重 746 ~ 764 g/L,粗淀粉含量 73.92% ~ 73.93%,粗蛋白含量 8.53% ~ 8.95%,粗脂肪含量 4.65% ~ 5.04%。三年抗病接种鉴定结果:大斑病 3 级,丝黑穗病发病率 9.5% ~ 16.0%。

产量表现:2010—2011 年区域试验平均公顷产量 10 119.9 kg,较对照品种鑫鑫 2 号增产 12.8%;2012 年生产试验平均公顷产量 9 458.8 kg,较对照品种龙单 56 增产 12.0%。

适应区域:黑龙江省第二积温带上限。

15. 龙单 71

品种审定编号:黑审玉 2013020
原代号:黑 397
选育单位:黑龙江省农业科学院玉米研究所
品种来源:以 HRKF32 为母本,HRM8 为父本,杂交方法选育而成。

特征特性:普通玉米品种。在适应区出苗至成熟生育日数为 119 天左右,需≥10 ℃活动积温 2 360 ℃左右。该品种幼苗期第一叶鞘紫色,叶片绿色,茎绿色,成株可见 15 片叶,株高 290 cm,穗位高 100 cm。果穗圆柱形,穗轴粉色,穗长 22 cm,穗粗 5.0 cm,穗行数 14 ~ 16 行,籽粒中齿、黄色,百粒重 34.2 g。两年品质分析结果:容重 750 ~ 769 g/L,粗淀粉含量 74.53% ~ 75.36%,粗蛋白含量 8.56% ~ 8.78%,粗脂肪含量 4.70% ~ 5.11%。三年抗病接种鉴定结果:大斑病 3 级,丝黑穗病发病率 5.4% ~ 15.7%。

产量表现:2010—2011 年区域试验平均公顷产量 11 666.1 kg,较对照品种垦单 10 增产 13.1%;2012 年生产试验平均公顷产量 9 498.5 kg,较对照品种垦单 10 增产 9.7%。

适应区域:黑龙江省第二积温带。

16. 龙单 73

品种审定编号:黑审玉 2013012
原代号:龙 304
选育单位:黑龙江省农业科学院玉米研究所
品种来源:以 G260 为母本,H238 为父本,杂交方法选育而成。

特征特性:普通玉米品种。在适应区出苗至成熟生育日数为 122 天左右,需≥10 ℃活动积温 2 500 ℃左右。该品种幼苗期第一叶鞘紫色,叶片绿色,茎绿色,成株可见 16 片叶,株高 275 cm,穗位高 95 cm。果穗圆柱形,穗轴浅粉色,穗长 22 cm、穗粗 4.9 cm,穗行数 14 ~ 16 行,籽粒中齿类型、橙红色,百粒重 35.2 g。两年品质分析结果:容重 730 ~ 746 g/L,粗淀粉含量 70.54% ~ 71.81%,粗蛋白含量 10.27% ~ 11.74%,粗脂肪含量 3.98% ~ 4.31%。三年抗病接种鉴定结果:大斑病 3 级,丝黑穗病发病率 5.3% ~ 15.3%。

产量表现:2010—2011 年区域试验平均公顷产量 9 238.9 kg,较对照品种吉单 27 增产 8.7%;2012 年生产试验平均公顷产量 9 237.5 kg,较对照品种龙单 56 增产 7.5%。

适应区域:黑龙江省第二积温带上限。

17. 龙单76

品种审定编号:黑审玉2014026

原代号:龙307

选育单位:黑龙江省龙玉种业有限责任公司

品种来源:以H261为母本,H240为父本,杂交方法选育而成。

特征特性:在适应区出苗至成熟生育日数122天左右,需≥10 ℃活动积温2 500 ℃左右。该品种幼苗期第一叶鞘紫色,叶片绿色,茎绿色。株高255 cm,穗位高90 cm,成株可见16片叶。果穗圆柱形,穗轴白色,穗长21.0 cm,穗粗4.9 cm,穗行数16~18行,籽粒马齿型、橙黄色,百粒重29.5 g。两年品质分析结果:容重752~781 g/L,粗淀粉含量71.66%~71.93%,粗蛋白含量7.99%~9.59%,粗脂肪含量4.17%~4.67%。三年抗病接种鉴定结果:大斑病3级,丝黑穗病发病率12.5%~16.0%。

产量表现:2011—2012年区域试验平均公顷产量10 484.1 kg,较对照品种龙单56增产12.5%;2013年生产试验平均公顷产量10 307.9 kg,较对照品种龙单56增产13.3%。

审定意见:该品种符合黑龙江省玉米品种审定标准,通过审定。适宜在黑龙江省第二积温带上限种植。

18. 红旗688

品种审定编号:黑审玉2015032

原代号:黑449

申请者:黑龙江省农业科学院玉米研究所、江苏红旗种业股份有限公司

育种者:黑龙江省农业科学院玉米研究所、江苏红旗种业股份有限公司

品种来源:以HR0344为母本,HRM8为父本,杂交方法选育而成。

特征特性:普通玉米品种。在适应区出苗至成熟生育日数为118天左右,需≥10 ℃活动积温2 315 ℃左右。该品种幼苗期第一叶鞘紫色,叶片绿色,茎绿色。株高280 cm,穗位高100 cm,成株可见14片叶。果穗圆柱形,穗轴红色,穗长21.0 cm,穗粗5.0 cm,穗行数14~16行,籽粒偏马齿型、黄色,百粒重37.7 g。两年品质分析结果:容重731~788 g/L,粗淀粉含量72.83%~75.30%,粗蛋白含量8.37%~9.98%,粗脂肪含量3.80%~4.28%。三年抗病接种鉴定结果:中感大斑病,丝黑穗病发病率7.1%~11.7%。

产量表现:2012—2013年区域试验平均公顷产量9 805.8 kg,较对照品种绥玉7号、绿单1平均增产13.2%;2014年生产试验平均公顷产量11 592.5 kg,较对照品种德美亚3号增产11.4%。

审定意见:该品种符合黑龙江省玉米品种审定标准,通过审定。适宜黑龙江省第二积温带下限和第三积温带上限种植。

19. 锋玉6

品种审定编号:黑审玉2016033

原代号:龙609

申请者:黑龙江省农业科学院玉米研究所、龙江县丰吉种业有限责任公司

育种者:黑龙江省农业科学院玉米研究所、龙江县丰吉种业有限责任公司

品种来源:以H277为母本,龙系312为父本,杂交方法选育而成。

特征特性:普通玉米品种。在适应区从出苗至成熟生育日数为118天左右,需≥10 ℃活动积温2 315 ℃左右。该品种幼苗期第一叶鞘紫色,叶片绿色,茎绿色。株高270 cm,穗位高90 cm,成株可见14片叶。果穗圆筒形,穗轴粉红色,穗长20.0 cm,穗粗4.8 cm,穗行数14~16行,籽粒马齿型、黄色,百粒重35.6 g。两年品质分析结果:容重752~764 g/L,粗淀粉含量72.50%~76.04%,粗蛋白含量8.28%~12.41%,粗脂肪含量4.27%~5.00%。三年抗病接种鉴定结果:中感大斑病,丝黑穗病发病率10.3%~21.5%。

产量表现:2013—2014年区域试验平均公顷产量11 077.0 kg,较对照品种德美亚3号增产8.1%;2015年生产试验平均公顷产量10 706.5 kg,较对照品种德美亚3号增产11.0%。

审定意见:该品种符合黑龙江省玉米品种审定标准,通过审定。适宜黑龙江省第二积温带下限和第三积温带上限种植。

20. 德玉579

品种审定编号:黑审玉2016030

原代号:龙408

申请者:黑龙江省农业科学院玉米研究所、龙江县丰吉种业有限责任公司

育种者:黑龙江省农业科学院玉米研究所、龙江县丰吉种业有限责任公司

品种来源:以G283为母本,H261为父本,杂交方法选育而成。

特征特性:普通玉米品种。在适应区出苗至成熟生育日数为120天左右,需≥10 ℃活动积温2 400 ℃左右。该品种幼苗期第一叶鞘紫色,叶片绿色,茎绿色。株高285 cm,穗位高100 cm,成株可见15片叶。果穗圆筒形,穗轴粉红色,穗长20.0 cm,穗粗4.8 cm,穗行数16~18行,籽粒偏马齿型、黄色,百粒重33 g。两年品质分析结果:容重761~795 g/L,粗淀粉含量70.04%~71.31 %,粗蛋白含量11.96%~11.98%,粗脂肪含量4.43%~4.77%。三年抗病接种鉴定结果:中抗至中感大斑病,丝黑穗病发病率7.0%~10.9%。

产量表现:2013—2014年区域试验平均公顷产量10 929.5 kg,较对照品种垦单10号增产6.7%;2015年生产试验平均公顷产量10 643.9 kg,较对照品种垦单10号增产10.4%。

审定意见:该品种符合黑龙江省玉米品种审定标准,通过审定。适宜黑龙江省第二积温带种植。

21. 祥瑞 339

品种审定编号:黑审玉 2016029

原代号:黑 3103

申请者:黑龙江省农业科学院玉米研究所、黑龙江众鑫农业科技开发有限公司

育种者:黑龙江省农业科学院玉米研究所、黑龙江众鑫农业科技开发有限公司

品种来源:以 HRZM1 为母本,HRZF1 为父本,杂交方法选育而成。

特征特性:普通玉米品种。在适应区出苗至成熟生育日数为 120 天左右,需 ≥10 ℃活动积温 2 400 ℃左右。该品种幼苗期第一叶鞘紫色,叶片深绿色,茎绿色。株高 298 cm,穗位高 110 cm,成株可见 15 片叶。果穗圆筒形,穗轴红色,穗长 19.0 cm,穗粗 4.9 cm,穗行数 14 ~ 16 行,籽粒偏马齿型、黄色,百粒重 35.2 g。两年品质分析结果:容重 741 ~ 772 g/L,粗淀粉含量 70.84% ~ 72.17%,粗蛋白含量 11.73% ~ 12.59%,粗脂肪含量 3.74% ~ 4.22%。三年抗病接种鉴定结果:中抗至中感大斑病,丝黑穗病发病率 7.5% ~ 11.3%。

产量表现:2013—2014 年区域试验平均公顷产量 11 451.7 kg,较对照品种垦单 10 增产 10.2%;2015 年生产试验平均公顷产量 10 897.7 kg,较对照品种垦单 10 增产 13.3%。

审定意见:该品种符合黑龙江省玉米品种审定标准,通过审定。适宜黑龙江省第二积温带种植。

22. 龙单 80

品种审定编号:黑审玉 2016022

原代号:龙 311

申请者:黑龙江省农业科学院玉米研究所

育种者:黑龙江省农业科学院玉米研究所

品种来源:以龙系 379 为母本,H278 为父本杂交方法选育而成。

特征特性:普通玉米品种。在适应区出苗至成熟生育日数为 122 天左右,需 ≥10 ℃活动积温 2 500 ℃左右。该品种幼苗期第一叶鞘紫色,叶片绿色,茎绿色;株高 275 cm,穗位高 100 cm,成株可见叶 16 片。果穗圆筒形,穗轴粉红色,穗长 22.0 cm、穗粗 5.0 cm,穗行数 16 行,籽粒马齿型、黄色,百粒重 35.0 g。两年品质分析结果:容重 736 ~ 771 g/L,粗淀粉含量 72.44% ~ 73.27%,粗蛋白含量 10.32% ~ 10.94%,粗脂肪含量 3.98% ~ 4.18%。三年抗病接种鉴定结果:中抗至中感大斑病,丝黑穗病发病率 5.0% ~ 14.1%。

产量表现:2013—2014 年区域试验平均公顷产量 11 142.4 kg,较对照品种鑫鑫 1 号增产 10.2%;2015 年生产试验平均公顷产量 11 178.9 kg,较对照品种鑫鑫 1 号增产 12.1%。

审定意见:该品种符合黑龙江省玉米品种审定标准,通过审定。适宜黑龙江省第二积温带上限种植。

23. 龙单 83

品种审定编号:黑审玉 2017015
原代号:黑 283
申请者:黑龙江省农业科学院玉米研究所
育种者:黑龙江省农业科学院玉米研究所
品种来源:以 HRP3814 为母本,HRKR32 为父本,杂交方法选育而成。
特征特性:普通玉米品种。在适应区出苗至成熟生育日数为 125 天左右,需 ≥10 ℃活动积温 2 500 ℃左右。幼苗期第一叶鞘紫色,叶片深绿色,茎绿色。株高 297 cm,穗位高 114 cm,成株可见 18 片叶。果穗圆筒形,穗轴红色,穗长 20.3 cm,穗粗 4.9 cm,穗行数 14 ~ 18 行,籽粒半马齿型、黄色,百粒重 39.0 g。两年品质分析结果:容重 788 ~ 805 g/L,粗淀粉含量 71.74% ~ 71.81%,粗蛋白含量 11.11% ~ 11.64%,粗脂肪含量 3.97% ~ 5.63%。三年接种鉴定结果:中抗至中感大斑病,丝黑穗病 11.5% ~ 12.3%。

产量表现:2014—2015 年区域试验平均公顷产量 11 831.9 kg,较对照品种鑫鑫 1 号增产 10.6%;2016 年生产试验平均公顷产量 11 254.8 kg,较对照品种鑫鑫 1 号增产 9.0%。

注意事项:肥力差的地块种植密度应适当降低。

审定意见:该品种符合黑龙江省玉米品种审定标准,通过审定。适宜黑龙江省第二积温带上限种植。

24. 江单 6

品种审定编号:黑审玉 2017018
原代号:黑 3104
申请者:黑龙江省农业科学院玉米研究所
育种者:黑龙江省农业科学院玉米研究所
品种来源:以 HRM2961 为母本,HRK1075 为父本,杂交方法选育而成。
特征特性:普通玉米品种。在适应区出苗至成熟生育日数为 120 天左右,需 ≥10 ℃活动积温 2 400 ℃左右。该品种幼苗期第一叶鞘紫色,叶片绿色,茎绿色。株高 290 cm,穗位高 100 cm,成株可见 17 片叶。果穗圆锥形,穗轴白色,穗长 23 cm,穗粗 5.0 cm,穗行数 12 ~ 16 行,籽粒马齿型、黄色,百粒重 40.0 g。两年品质分析结果:容重 776 ~ 782 g/L,粗淀粉含量 71.48% ~ 72.64%,粗蛋白含量 10.90% ~ 10.96%,粗脂肪含量 4.01% ~ 4.09%。三年抗病接种鉴定结果:中感至感大斑病,丝黑穗病发病率 9.2% ~ 16.4%。

产量表现:2014—2015 年区域试验平均公顷产量 11 530.6 kg,较对照品种垦单 10 平均增产 9.8%;2016 年生产试验平均公顷产量 10 170.7 kg,较对照品种丰禾 7 平均增产 5.2%。

注意事项:肥力差的地块密度应适当降低。

审定意见:该品种符合黑龙江省玉米品种审定标准,通过审定。适宜黑龙江省第二积温带种植。

25. 龙单 86

品种审定编号:黑审玉 2017022

原代号:龙 410

申请者:黑龙江省农业科学院玉米研究所

育种者:黑龙江省农业科学院玉米研究所

品种来源:以龙系 379 为母本,H277 为父本,杂交方法选育而成。

特征特性:普通玉米品种。在适应区出苗至成熟生育日数为 122 天左右,需 ≥10 ℃ 活动积温 2 400 ℃左右。该品种幼苗期第一叶鞘紫色,叶片绿色,茎绿色。株高 270 cm, 穗位高 95 cm,成株可见 17 片叶。果穗圆柱形,穗轴粉红色,穗长 19.1 cm,穗粗 5.4 cm, 穗行数 16 ~ 18 行,籽粒偏齿型、黄色,百粒重 35.9 g。两年品质分析结果:容重 741 ~ 752 g/L,粗淀粉含量 74.13% ~ 75.96 %,粗蛋白含量 10.24% ~ 11.73%,粗脂肪含量 3.87% ~ 3.97%。三年抗病接种鉴定结果:中抗至中感大斑病,丝黑穗病发病率 7.6% ~ 18.4%。

产量表现:2014—2015 年区域试验平均公顷产量 11 593.0 kg,较对照品种垦单 10 号 平均增产 10.3%;2016 年生产试验平均公顷产量 11 652.1 kg,较对照品种丰禾 7 号平均增产 17.2%。

审定意见:该品种符合黑龙江省玉米品种审定标准,通过审定。适宜黑龙江省第二积温带种植。

26. 龙单 158

品种审定编号:黑审玉 2018011

原代号:龙 313

申请者:黑龙江省农业科学院玉米研究所

育种者:黑龙江省农业科学院玉米研究所

品种来源:以 G253 为母本、G268 为父本,杂交方法选育而成。

特征特性:普通玉米品种。在适应区出苗至成熟,需 ≥10 ℃活动积温 2 500 ℃左右, 生育日数为 122 天左右。该品种幼苗期第一叶鞘紫色,叶片绿色,茎绿色;株高 285 cm、穗 位高 100 cm,成株可见叶 16 片,果穗圆柱形,穗轴粉红色,穗长 21.0 cm、穗粗 5.1 cm,穗 行数 16 行,籽粒马齿型、黄色,百粒重 37 g 左右。两年品质分析结果:容重 786 ~ 793 g/L, 粗淀粉含量 71.73% ~ 71.77%,粗蛋白含量 10.67% ~ 10.88%,粗脂肪含量 4.02% ~ 4.24%。三年抗病接种鉴定结果:中感大斑病,丝黑穗病:9.8% ~ 19.1%。

产量表现:2015—2016 年区域试验平均公顷产量 11 373.7 kg,较对照品种鑫鑫 1 号增产 8.8%;2017 年生产试验平均公顷产量 11 753.8 kg,较对照品种鑫鑫 1 号增产 8.3%。

注意事项:病害高发年份注意大斑病和丝黑穗病的防治。

审定意见:该品种符合黑龙江省玉米品种审定标准,通过审定。适宜在黑龙江省≥10 ℃活动积温 2 650 ℃区域种植。

27. 江单 9 号

品种审定编号:黑审玉 2018007

原代号:黑 285

申请者:黑龙江省农业科学院玉米研究所、黑龙江大鹏农业有限公司

育种者:黑龙江省农业科学院玉米研究所、黑龙江大鹏农业有限公司

品种来源:以 HRM8 母本,HRU322 父本,杂交方法选育而成。

特征特性:普通玉米品种。在适应区出苗至成熟需≥10 ℃活动积温 2 500 ℃左右,生育日数为 122 天左右。该品种幼苗期第一叶鞘紫色,叶片绿色,茎绿色。株高 290 cm,穗位高 110 cm,成株可见 16 片叶。果穗圆筒形,穗轴红色,穗长 20.4 cm,穗粗 5.0 cm,穗行数 14～16 行,籽粒偏马齿型、黄色,百粒重 40 g。两年品质分析结果:容重 769～784 g/L,粗淀粉含量 72.64%～73.83%,粗蛋白含量 10.55%～10.83%,粗脂肪含量 4.21%～4.55%。三年抗病接种鉴定结果:中抗至中感大斑病,丝黑穗病发病率 6.8%～16.5%。

产量表现:2015—2016 年区域试验平均公顷产量 11 671.7 kg,较对照品种鑫鑫 1 号增产 9.9%;2017 年生产试验平均公顷产量 11 253.2 kg,较对照品种鑫鑫 1 号增产 3.2%。

注意事项:病害高发年份注意大斑病防治。

审定意见:该品种符合黑龙江省玉米品种审定标准,通过审定。适宜在黑龙江省≥10 ℃活动积温 2 650 ℃区域种植。

28. 江单 10

品种审定编号:黑审玉 20190020

原代号:黑 3105

申请者:黑龙江省农业科学院玉米研究所

育种者:黑龙江省农业科学院玉米研究所

品种来源:以 HRH2052 母本,HRL316 父本,杂交方法选育而成。

特征特性:普通玉米品种。在适应区出苗至成熟生育日数为 120 天左右,需≥10 ℃活动积温 2 400 ℃左右。该品种幼苗期第一叶鞘紫色,叶片绿色,茎绿色。株高 300 cm,穗位高 110 cm,成株可见 16 片叶。果穗圆筒形,穗轴白色,穗长 20.0 cm,穗粗 5.1 cm,穗行数 16～18 行,籽粒半马齿型、黄色,百粒重 38.0 g。两年品质分析结果:容重 783～798 g/L,粗淀粉含量 72.69%～73.82%,粗蛋白含量 10.52 %～10.63%,粗脂肪含量 4.19%～4.53%。三年抗病接种鉴定结果:中抗至感大斑病,丝黑穗病发病率 9.7%～

23.6%,茎腐病发病率 5.9% ~6.1%。

产量表现:2015—2016 年区域试验平均公顷产量 10 705.8 kg,较对照品种垦单 10/丰禾 7 号增产 9.1%;2017 年生产试验平均公顷产量 10 410.9 kg,较对照品种丰禾 7 号增产10.2%。

注意事项:注意大斑病和丝黑穗病防治。

审定意见:该品种符合黑龙江省玉米品种审定标准,通过审定。适宜在黑龙江省 ≥10 ℃活动积温 2 550 ℃区域种植。

29. 龙单 106

品种审定编号:黑审玉 20190048

原代号:龙单 106

申请者:黑龙江省农业科学院玉米研究所

育种者:黑龙江省农业科学院玉米研究所

品种来源:以龙系 379 为母本,H295 为父本,杂交方法选育而成。

特征特性:普通玉米品种。龙单 106 在适应区出苗至成熟生育日数为 117 天左右,需≥10 ℃活动积温 2 300 ℃左右。该品种幼苗期第一叶鞘紫色,叶片绿色,茎绿色。株高275 cm,穗位高 100 cm,成株可见 15 片叶。果穗圆柱形,穗轴粉红色,穗长 22.0 cm,穗粗5.1 cm,穗行数 16 ~18 行,籽粒中齿型、黄色,百粒重 37.5 g。两年品质分析结果:容重799 g/L,粗淀粉含量 71.90%,粗蛋白含量 10.95%,粗脂肪含量 3.63%。三年抗病接种鉴定结果:中感大斑病,丝黑穗病发病率 18.1% ~21.3%,茎腐病发病率 0.0% ~1.2%。

产量表现:2017—2018 年黑龙江省第二积温带机收组区域试验平均公顷产量9 949.9 kg,较对照品种德美亚 3 号增产 9.35%。

注意事项:注意防治丝黑穗病。

审定意见:该品种符合黑龙江省玉米品种审定标准,通过审定。适宜在黑龙江省≥10 ℃活动积温 2 500 ~2 700 ℃区域作为机收籽粒品种种植。

30. 龙育 5 号

品种审定编号:黑审玉 2009027

原代号:龙育 129

选育单位:黑龙江省农业科学院草业研究所

品种来源:以外引系合 344 为母本,以自选系 WBA31 为父本杂交选育而成。

特征特性:普通玉米品种。在适应区出苗至成熟生育日数 117 天左右,需 ≥10 ℃活动积温 2 300 ℃左右。幼苗期第一叶鞘为紫色,第一叶尖端形状圆形、叶片绿色,茎绿色;株高 270 cm,穗位高 95 cm,果穗长锥形,穗轴红色,成株叶片数 15,穗长 21.4 cm、穗粗5.0 cm,穗行数 14 ~16 行,籽粒中齿型、黄色。品质分析结果:容重 738 ~768 g/L,粗淀粉含量 71.52% ~72.11%,粗蛋白含量 10.83% ~11.08%,粗脂肪含量 3.93% ~4.04%。

接种鉴定结果:大斑病 3 级,丝黑穗病发病率 8.3% ~8.6%。

产量表现:2006—2007 年区域试验平均公顷产量 9 516.5 kg,较对照品种绥玉 7 增产 12.2%;2008 年生产试验平均公顷产量 8 649.0 kg,较对照品种绥玉 7 增产 9.3%。

适应区域:黑龙江省第二积温带下限及第三积温带上限。

31. 龙育 9 号

品种审定编号:黑审玉 2011023
原代号:龙育 6232
选育单位:黑龙江省农业科学院草业研究所
品种来源:以自选系 T056 为母本,自选系 T123 为父本,杂交方法选育而成。
特征特性:普通玉米品种。在适应区出苗至成熟生育日数为 117 天左右,需 ≥10 ℃活动积温 2 300 ℃左右。幼苗期第一叶鞘紫色,叶片绿色,茎绿色;株高 265 cm,穗位高 90 cm,果穗长锥形,穗轴红色,成株叶片数 15 片,穗长 20.4 cm、穗粗 5.0 cm,穗行数 14 ~18 行,籽粒中齿型、黄色,百粒重 39.4 g。品质分析结果:容重 788 ~815 g/L,粗淀粉含量 70.43% ~72.86%,粗蛋白含量 9.80% ~10.43%,粗脂肪含量 3.86% ~4.53%。接种鉴定结果:大斑病 3 级,丝黑穗病发病率 2.4% ~5.7%。

产量表现:2008—2009 年区域试验平均公顷产量 8 514.9 kg,较对照品种绥玉 7 号增产 10.5%;2010 年生产试验平均公顷产量 9 145.5 kg,较对照品种绥玉 7 号增产 15.5%。

适应区域:黑龙江省第二积温带下限及第三积温带上限。

32. 龙育 10

品种审定编号:黑审玉 2013021
原代号:龙育 1469
选育单位:黑龙江省农业科学院草业研究所
品种来源:以自选系 T23 为母本,T160 为父本,杂交方法选育而成。
特征特性:普通玉米品种。在适应区出苗至成熟生育日数为 117 天左右,需 ≥10 ℃活动积温 2 300 ℃左右。该品种幼苗期第一叶鞘紫色,叶片绿色,茎绿色,成株可见 14 片叶,株高 270 cm,穗位高 90 cm。果穗长锥形,穗轴红色,穗长 21 cm,穗粗 5.0 cm,穗行数 16 ~18 行,籽粒中齿型、黄色,百粒重 30.4 g。两年品质分析结果:容重 722 ~780 g/L,粗淀粉含量 74.15% ~75.93%,粗蛋白含量 9.03% ~9.83%,粗脂肪含量 3.62% ~3.88%。三年抗病接种鉴定结果:大斑病 3 级,丝黑穗病发病率 5.5% ~19.4%。

产量表现:2010—2011 年区域试验平均公顷产量 9 951.4 kg,较对照品种绥玉 7 号增产 17.7%;2012 年生产试验平均公顷产量 8 450.8 kg,较对照品种绥玉 7 号增产 16.7%。

适应区域:黑龙江省第二积温带下限和第三积温带上限。

33. 宏晨 788

品种审定编号:黑审玉 2015029

原代号:龙育579

申请者:黑龙江省农业科学院草业研究所、黑龙江宏晨种业有限责任公司

育种者:黑龙江省农业科学院草业研究所、黑龙江宏晨种业有限责任公司

品种来源:以T125为母本,T22为父本,杂交方法选育而成。

特征特性:普通玉米品种。在适应区出苗至成熟生育日数为122天左右,需≥10 ℃活动积温2 430 ℃左右。该品种幼苗期第一叶鞘紫色,叶片绿色,茎绿色。株高275 cm,穗位高95 cm,成株可见15片叶。果穗圆柱形,穗轴红色,穗长21.5 cm,穗粗5.5 cm,穗行数16～18行,籽粒马齿型、黄色,百粒重35.3 g。两年品质分析结果:容重717～734 g/L,粗淀粉含量71.63%～73.97%,粗蛋白含量9.82%～12.63%,粗脂肪含量4.38%～4.88%。三年抗病接种鉴定结果:中感大斑病,丝黑穗病发病率16.7%～18.5%。

产量表现:2012—2013年区域试验平均公顷产量10 984.3 kg,较对照品种垦单10增产10.0%;2014年生产试验平均公顷产量11 696.0 kg,较对照品种垦单10增产10.5%。

审定意见:该品种符合黑龙江省玉米品种审定标准,通过审定。适宜黑龙江省第二积温带种植。

34. 锋玉3号

品种审定编号:黑审玉2015022

原代号:龙育453

申请者:黑龙江省农业科学院草业研究所、龙江县丰吉种业有限责任公司

育种者:黑龙江省农业科学院草业研究所、龙江县丰吉种业有限责任公司

品种来源:以T108为母本,T29为父本,杂交方法选育而成。

特征特性:普通玉米品种。在适应区出苗至成熟生育日数为121天左右,需≥10 ℃活动积温2 415 ℃左右。该品种幼苗期第一叶鞘紫色,叶片绿色,茎绿色。株高270 cm,穗位高90 cm,成株可见15片叶。果穗圆柱形,穗轴红色,穗长21.0 cm,穗粗5.5 cm,穗行数16～18行,籽粒马齿型、黄色,百粒重37.7 g。两年品质分析结果:容重718～722 g/L,粗淀粉含量70.90%～74.36%,粗蛋白含量10.54%～10.69%,粗脂肪含量3.73%～4.98%。三年抗病接种鉴定结果:中抗～中感大斑病,丝黑穗病发病率4.3%～11.8%。

产量表现:2012—2013年区域试验平均公顷产量10 432.4 kg,较对照品种垦单10增产9.5%;2014年生产试验平均公顷产量12 324.8 kg,较对照品种垦单10增产13.8%。

审定意见:该品种符合黑龙江省玉米品种审定标准,通过审定。适宜黑龙江省第二积温带种植。

35. 鹏玉16

品种审定编号:黑审玉2018010

原代号:龙育365

申请者:黑龙江省农业科学院草业研究所、黑龙江大鹏农业有限公司

育种者:黑龙江省农业科学院草业研究所

品种来源:以 MP3 为母本,T3443 为父本,杂交方法选育而成。

特征特性:普通玉米品种。在适应区出苗至成熟,需≥10 ℃活动积温 2 500 ℃左右,生育日数 122 天左右。该品种幼苗期第一叶鞘紫色,叶片绿色,茎绿色。株高 285 cm,穗位高 100 cm,成株可见 16 片叶。果穗圆柱形,穗轴红色,穗长 20.6 cm,穗粗 5.0 cm,穗行数 14 ~ 16 行,籽粒偏马齿型、黄色,百粒重 37.9 g。两年品质分析结果:容重 786 ~ 790 g/L,粗淀粉含量 71.50% ~ 71.66%,粗蛋白含量 11.22% ~ 11.54%,粗脂肪含量 3.79% ~ 4.15%。三年抗病接种鉴定结果:中感大斑病,丝黑穗病:7.9% ~ 9.8%。

产量表现:2015—2016 年区域试验平均公顷产量 11 451.5 kg,较对照品种鑫鑫 1 号增产 8.3%;2017 年生产试验平均公顷产量 12 583.7 kg,较对照品种鑫鑫 1 号增产 12.9%。

注意事项:病害高发年份注意大斑病防治。

审定意见:该品种符合黑龙江省玉米品种审定标准,通过审定。适宜在黑龙江省≥10 ℃活动积温 2 650 ℃区域种植。

36. 华硕 587

审定编号:国审玉 20180026

申请者:黑龙江省农业科学院草业研究所、黑龙江宏晨种业有限责任公司

育种者:黑龙江省农业科学院草业研究所

品种来源:TDK1411 × T69

特征特性:东华北中早熟春玉米组出苗至成熟生育日数 126 天,与对照吉单 27 熟期相当。幼苗叶鞘紫色,叶片绿色,叶缘紫色,花药黄色,颖壳绿色。株型半紧凑,株高 315.5 cm,穗位高 120 cm,成株叶片数 18 ~ 19 片。果穗筒形,穗长 19.5 cm,穗行数 16 ~ 18 行,穗粗 5 cm,穗轴红,籽粒黄色、马齿型,百粒重 38.7 g。接种鉴定结果:中抗大斑病,感丝黑穗病,中抗灰斑病,抗茎腐病,中抗穗腐病。品质分析结果:籽粒容重 753 g/L,粗蛋白含量 9.65%,粗脂肪含量 3.80%,粗淀粉含量 74.91%,赖氨酸含量 0.25%。

产量表现:2016—2017 年参加东华北中早熟春玉米组区域试验,两年平均亩产 813.65 kg,比对照吉单 27 增产 6.5%。2017 年生产试验,平均亩产 772.9 kg,比对照吉单 27 增产 8.9%。

审定意见:该品种符合国家玉米品种审定标准,通过审定。适宜在东华北中早熟春玉米区的黑龙江省第二积温带,吉林省延边州、白山市的部分地区,通化市、吉林市的东部,内蒙古中东部的呼伦贝尔市扎兰屯市南部、兴安盟中北部、通辽市扎鲁特旗中部、赤峰市中北部、乌兰察布市前山、呼和浩特市北部、包头市北部早熟区种植。注意防治丝黑穗病。

37. 龙育 801

品种审定编号:黑审玉 20190049

原代号:龙育 801

申请者:黑龙江省农业科学院草业研究所

育种者:黑龙江省农业科学院草业研究所

品种来源:以 TD03 为母本,T97 为父本,杂交方法选育而成。

特征特性:普通玉米机收品种。在适应区出苗至成熟生育日数为 117 天左右,需 ≥10 ℃活动积温 2 300 ℃左右。该品种幼苗期第一叶鞘紫色,叶片绿色,茎绿色。株高 275 cm,穗位高 95 cm,成株可见 14 片叶。果穗圆筒形,穗轴红色,穗长 20.5 cm,穗粗 5.0 cm,穗行数 14 ~ 18 行,籽粒偏马齿型、黄色,百粒重 36.6 g。一年品质分析结果:容重 785 g/L,粗淀粉含量 75.10%,粗蛋白含量 11.11%,粗脂肪含量 3.82%。两年抗病接种 鉴定结果:中感至感大斑病,丝黑穗病发病率 20.4% ~ 27.2%,茎腐病发病率 0.0% ~ 5.2%。

产量表现:2017—2018 年第二积温带机收组生产试验平均公顷产量 10 368.2 kg,较 对照品种德美亚 3 号增产 11.3%。

注意事项:注意大斑病和丝黑穗病的防治。

审定意见:该品种符合黑龙江省玉米品种审定标准,通过审定。适宜在黑龙江省 ≥10 ℃活动积温 2 500 ~ 2 700 ℃以上的区域作为机收籽粒品种种植。

38. 嫩单 15

品种审定编号:黑审玉 2010021

原代号:嫩 5011

选育单位:黑龙江省农业科学院齐齐哈尔分院

品种来源:以自选系嫩系 50 为母本、自选系 N78 − 87 − 11 为父本杂交育成。

特征特性:普通玉米品种。在适应区出苗至成熟生育日数为 120 天左右,需 ≥10 ℃ 活动积温 2 400 ℃左右。幼苗期第一叶鞘紫色,叶片绿色,茎绿色;株高 265 cm,穗位高 95 cm,果穗圆柱形,穗轴粉色,成株可见叶片数 16 片,穗长 25 cm,穗粗 4.8 cm,穗行数 14 ~ 16 行,籽粒中齿型、橙黄色,百粒重 38.4 g。品质分析结果:容重 771 g/L,粗淀粉含量 71.75% ~ 73.09%,粗蛋白含量 9.87% ~ 10.28%,粗脂肪含量 4.23% ~ 4.71%。接种鉴 定结果:大斑病 2 ~ 3 级,丝黑穗病发病率 4.9% ~ 9.1%。

产量表现:2007—2008 年区域试验平均公顷产量 9 990.7 kg,较对照品种龙单 16 增 产 14.4%;2009 年生产试验平均公顷产量 8 675.4 kg,较对照品种龙单 13 增产 9.5%。

适应区域:黑龙江省第二积温带。

39. 嫩单 23

品种审定编号:黑审玉 20190013

原代号:嫩单 23

申请者:黑龙江省农业科学院齐齐哈尔分院

育种者:黑龙江省农业科学院齐齐哈尔分院

品种来源:以嫩 H75121 为母本,NL881 为父本,杂交方法选育而成。

特征特性:普通型玉米品种。在适应区出苗至成熟生育日数为 122 天左右,需 ≥10 ℃活动积温 2 500 ℃左右。该品种幼苗期第一叶鞘浅紫色,叶片绿色,茎绿色。株高 277 cm,穗位高 108 cm,成株可见 16 片叶。果穗圆筒形,穗轴红色,穗长 20.0 cm,穗粗 4.9 cm,穗行数 14~16 行,籽粒中齿质型、黄色,百粒重 38.0 g。两年品质分析结果:容重 788~789 g/L,粗淀粉含量 71.99%~72.74%,粗蛋白含量 11.87%~13.13%,粗脂肪含量 4.07%~4.36%。三年抗病接种鉴定结果:中感至感大斑病,丝黑穗病发病率 7.4%~26.3%,茎腐病发病率 0.0%~3.2%。

产量表现:2016—2017 年区域试验平均公顷产量 11 517.4 kg,较对照品种鑫鑫 1 号增产 8.3%;2018 年生产试验平均公顷产量 10 362.1 kg,较对照品种鑫鑫 1 号增产 3.2%。

注意事项:注意大斑病和丝黑穗病防治。

审定意见:该品种符合黑龙江省玉米品种审定标准,通过审定。适宜在黑龙江省 ≥10 ℃活动积温 2 650 ℃以上区域种植。

40. 合玉 22

品种审定编号:黑审玉 2009016

原代号:合 04-4207

选育单位:黑龙江省农科院佳木斯分院

品种来源:以自育系合系 532 为母本,以自育系合系 353 为父本,杂交方法选育而成。

特征特性:普通玉米品种。在适应区出苗至成熟生育日数为 120 天左右,需 ≥10 ℃活动积温 2400 ℃左右。幼苗期第一叶鞘为紫色,第一片叶尖为匙形;叶片绿色,茎绿色;株高 270.1 cm,穗位高 95.5 cm。果穗锥形,穗轴红色,成株 18 片叶,穗长 22.6 cm,穗粗 5.3 cm,穗行数 14~16 行,籽粒中硬型、橙红色。品质分析结果:容重 750~762 g/L,粗淀粉含量 68.37%~72.79%,粗蛋白含量 10.29%~11.54%,粗脂肪含量 4.18%~4.56%。接种鉴定结果:大斑病 3 级,丝黑穗病发病率 4.3%~8.7%。

产量表现:2006—2007 年区域试验平均公顷产量 9 374.3 kg,较对照品种龙单 13 增产 9.8%;2008 年生产试验平均公顷产量 9 534.7 kg,较对照品种龙单 13 增产 7.1%。

注意事项:种植密度不宜过大,一般种植密度 3 000~3 300 株/亩。

适应区域:黑龙江省第二积温带。

41. 合玉 23

品种审定编号:黑审玉 2011021

原代号:合单 505

选育单位:黑龙江省农业科学院佳木斯分院

品种来源:以合选 19 为母本,合选 18 为父本,杂交方法选育而成。

特征特性:普通玉米品种。在适应区出苗至成熟生育日数为 119 天左右,需≥10 ℃活动积温 2 400 ℃左右。幼苗期第一叶鞘紫色,叶片绿色,茎绿色;株高 297 cm,穗位高 105 cm,果穗长锥形,穗轴红色,成株叶片数 18 片,穗长 22.5 cm、穗粗 5.4 cm,穗行数 14 ~ 18 行,籽粒中齿型、红色,百粒重 41.8 g。品质分析结果:容重 736 ~ 758 g/L,粗淀粉含量 70.90% ~ 71.80%,粗蛋白含量 9.36% ~ 10.95%,粗脂肪含量 3.03% ~ 4.04%。接种鉴定结果:大斑病 3 级,丝黑穗病发病率 2.5% ~ 12.1%。

产量表现:2008—2009 年区域试验平均公顷产量 10 628.1 kg,较对照品种龙单 13 增产 15.2%;2010 年生产试验平均公顷产量 9 953.1 kg,较对照品种龙单 13 增产 16.4%。

适应区域:黑龙江省第二积温带。

42. 合玉 29

品种审定编号:黑审玉 2017014

原代号:合 301

申请者:黑龙江省农业科学院佳木斯分院、黑龙江田友种业有限公司

育种者:黑龙江省农业科学院佳木斯分院

品种来源:以合选 08 为母本,合选 07 为父本,杂交方法选育而成。

特征特性:普通玉米品种。在适应区出苗至成熟生育日数为 125 天左右,需≥10 ℃活动积温 2 500 ℃左右。幼苗期第一叶鞘紫色,叶片绿色,茎绿色。株高 280 cm,穗位高 100 cm,成株可见 18 片叶。果穗圆筒形,穗轴红色,穗长 20.4 cm,穗粗 5.2 cm,穗行数 14 ~ 18 行,籽粒马齿型、黄色,百粒重 38.6 g。两年品质分析结果:容重 729 ~ 774 g/L,粗淀粉含量 73.18% ~ 74.81%,粗蛋白含量 8.91 ~ 10.43%,粗脂肪含量 3.56 ~ 4.19%。三年抗病接种鉴定结果:中抗大斑病,丝黑穗病发病率 3 ~ 15%。

产量表现:2014—2015 年区域试验平均公顷产量 11 662.7 kg,较对照品种鑫鑫 1 号平均增产 8.8%;2016 年生产试验平均公顷产量 11 029.8 kg,较对照品种鑫鑫 1 号平均增产 6.1%。

注意事项:肥水条件差的地块,种植密度不宜过大。

审定意见:该品种符合黑龙江省玉米品种审定标准,通过审定。适宜黑龙江省第二积温带上限种植。

43. 绥玉 20

品种审定编号:黑审玉 2009028

原代号:绥 346

选育单位:黑龙江省农业科学院绥化分院

品种来源:以自交系绥系 701 母本,以绥系 707 父本,杂交方法选育而成。

特征特性:普通玉米品种。在适应区出苗至成熟生育日数为 117 天左右,需≥10 ℃活动积温 2300 ℃左右。幼苗期第一叶鞘紫色,第一叶尖端形状椭圆形、叶片浓绿色,茎紫色;株高 260 cm、穗位高 85 cm,果穗长锥形,穗轴粉色,成株叶片数 18 片,穗长 23 cm、穗粗 5.1 cm,穗行数 14～18 行,籽粒中齿型、黄色。品质分析结果:容重 752～756 g/L,粗淀粉含量 72.42%～72.87%,粗蛋白含量 8.61%～10.40%,粗脂肪含量 4.01%～4.37%。接种鉴定结果:大斑病 2～3 级,丝黑穗发病率 7.5%～17.5%。

产量表现:2006—2007 年区域试验平均公顷产量 9 642.3 kg,较对照品种绥玉 7 增产 13.2%;2008 年生产试验平均公顷产量 8 453.7 kg,较对照品种绥玉 7 增产 10.7%。

适应区域:黑龙江省第二积温带下限及第三积温带上限。

44. 绥玉 21

品种审定编号:黑审玉 2010014

原代号:绥 228

选育单位:黑龙江省农业科学院绥化分院

品种来源:以自交系绥系 608 为母本、绥系 707 为父本杂交育成。

特征特性:普通玉米品种。在适应区出苗至成熟生育日数为 125 天左右,需≥10 ℃活动积温 2 500 ℃左右。幼苗期第一叶鞘紫色,叶片浓绿色,茎绿色;株高 285 cm,穗位高 90 cm,果穗圆柱形,穗轴粉红色,成株可见叶片数 19 片,穗长 23 cm,穗粗 5.2 cm,穗行数 14～18 行,籽粒马齿型、黄色,百粒重 40.4 g。品质分析结果:容重 732～752 g/L,粗淀粉含量 72.1%～74.59%,粗蛋白含量 8.66%～9.48%,粗脂肪含量 3.98%～4.26%。接种鉴定结果:大斑病 2～3 级,丝黑穗病发病率 5.0%～19.5%。

产量表现:2007—2008 年区域试验平均公顷产量 9 389.15 kg,较对照品种东农 250 和吉单 27 平均增产 14%;2009 年生产试验平均公顷产量 8 212.6 kg,较对照品种吉单 27 增产 9.5%。

适应区域:黑龙江省第二积温带上限。

45. 绥玉 22

品种审定编号:黑审玉 2010016

原代号:绥 341

选育单位:黑龙江省农业科学院绥化分院

品种来源:以自交系绥系 606 为母本、绥系 708 为父本杂交育成。

特征特性:普通玉米品种。在适应区出苗至成熟生育日数为 120 天左右,需≥10 ℃活动积温 2 400 ℃左右。幼苗期第一叶鞘紫色,叶片浓绿色,茎之字形;株高 290 cm,穗位高 105 cm,果穗长锥形,穗轴粉红色,成株可见叶片数 19 片,穗长 22 cm,穗粗 5.0 cm,穗行数 14 ~ 16 行,籽粒中齿型、黄色,百粒重 39.2 g。品质分析结果:容重 726 ~ 800 g/L,粗淀粉含量 72.70% ~ 73.05%,粗蛋白含量 9.28% ~ 9.7%,粗脂肪含量 4.57% ~ 4.73%。接种鉴定结果:大斑病 3 级,丝黑穗病发病率 5.1% ~ 24.8%。

产量表现:2007 ~ 2008 年区域试验平均公顷产量 9 270.9 kg,较对照品种龙单 13 增产 7.9%;2009 年生产试验平均公顷产量 7 717.8 kg,较对照品种龙单 13 增产 9.6%。

适应区域:黑龙江省第二积温带。

46. 绥玉 23

品种审定编号:黑审玉 2011012

原代号:绥 348

选育单位:黑龙江省农业科学院绥化分院

品种来源:以绥系 708 为母本,绥系 709 为父本,杂交方法选育而成。

特征特性:普通玉米品种。在适应区出苗至成熟生育日数为 120 天左右,需≥10 ℃活动积温 2 400 ℃左右。幼苗期第一叶鞘紫色,叶片浓绿色,茎绿色;株高 290 cm,穗位高 110 cm,果穗长锥形,穗轴粉红色,成株叶片数 19 片,穗长 24 cm、穗粗 4.9 cm,穗行数 14 ~ 18 行,籽粒中齿型、黄色,百粒重 31 g。品质分析结果:容重 766 ~ 812 g/L,粗淀粉含量 74.00% ~ 74.55%,粗蛋白含量 8.77% ~ 8.99%,粗脂肪含量 4.33% ~ 4.46%。接种鉴定结果:大斑病 2 ~ 3 级,丝黑穗病发病率 2.4% ~ 11.7%。

产量表现:2008—2009 年区域试验平均公顷产量 9 796.8 kg,较对照品种龙单 13 增产 14.2%;2010 年生产试验平均公顷产量 10 206.1 kg,较对照品种龙单 13 增产 29.8%。

适应区域:黑龙江省第二积温带。

47. 东农 254

品种审定编号:黑审玉 2009026

原代号:东农 0506

选育单位:东北农业大学农学院

品种来源:以自交系东 65003 为母本,K10 为父本,杂交方法选育而成。

特征特性:高淀粉玉米品种。在适应区出苗至成熟生育日数 117 天左右,需≥10 ℃活动积温 2 300 ℃左右。幼苗期第一叶鞘紫色,第一叶尖端形状圆形、叶片绿色,茎绿色;株高 260 cm、穗位高 90 cm,果穗筒形,穗轴红色,成株叶片数 18,穗长 20 cm,穗粗 5 cm,穗行数 14 ~ 18 行,籽粒马齿型、黄色。品质分析结果:容重 769 g/L,粗蛋白含量 9.08% ~ 10.21%,粗脂肪含量 3.96% ~ 4.45%,粗淀粉含量 75.04% ~ 75.27%,赖氨酸含量

0.29% ~0.30%。接种鉴定结果:大斑病3级,丝黑穗病发病率7.1% ~12.5%。

产量表现:2006—2007年区域试验平均公顷产量9 176.8 kg,较对照品种绥玉7增产8.8%;2008年生产试验平均公顷产量9 341.1 kg,较对照品种绥玉7增产18.1%。

注意事项:丝黑穗病或地下害虫危害严重的地块应注意防治,孕穗期和花期遇到严重干旱应适当灌溉。

适应区域:黑龙江省第二积温带下限及第三积温带上限。

48. 东农259

品种审定编号:黑审玉2015013
原代号:东农1103
申请者:东北农业大学、黑龙江民和农业科技有限公司
育种者:东北农业大学、黑龙江民和农业科技有限公司
品种来源:以T4312为母本,DN1722为父本,杂交方法选育而成。

特征特性:普通玉米品种。在适应区出苗至成熟生育日数为121天左右,需≥10 ℃活动积温2 485 ℃左右。该品种幼苗期第一叶鞘紫色,叶片绿色,茎绿色。株高276 cm,穗位高108 cm,成株可见16片叶。果穗圆筒形,穗轴红色,穗长22.0 cm,穗粗4.0 cm,穗行数14 ~16行,籽粒马齿型、黄色,百粒重40.2 g。两年品质分析结果:容重760 ~762 g/L,粗淀粉含量71.09% ~72.57%,粗蛋白含量11.23% ~12.45%,粗脂肪含量3.87% ~3.88%。三年抗病接种鉴定结果:中感大斑病,丝黑穗病发病率4.3% ~11.5%。

产量表现:2012—2013年区域试验平均公顷产量10 368.4 kg,较对照品种龙单56增产8.9%;2014年生产试验平均公顷产量13 601.0 kg,较对照品种鑫鑫1号增产16.9%。

审定意见:该品种符合黑龙江省玉米品种审定标准,通过审定。适宜黑龙江省第二积温带上限种植。

49. 东农261

品种审定编号:黑审玉2018008
国审玉20180018
原代号:东农1403
申请者:东北农业大学
育种者:东北农业大学
品种来源:以DN2710为母本,DNF34-2为父本,杂交方法选育而成。

特征特性:普通玉米品种。在适应区出苗至成熟需≥10 ℃活动积温2 500 ℃左右,生育日数为121天左右。该品种幼苗期第一叶鞘紫色,叶片绿色,茎绿色。株高283 cm,穗位高104 cm,成株可见16片叶。果穗圆筒形,穗轴红色,穗长21.2 cm,穗粗5.4 cm,穗行数16 ~18行,籽粒马齿型、黄色,百粒重33.2 g。两年品质分析结果:容重739 ~749 g/L,粗淀粉含量72.41% ~74.04%,粗蛋白含量11.03% ~12.09%,粗脂肪含量3.45% ~

4.08%。三年抗病接种鉴定结果:中感大斑病,丝黑穗病:7.0% ~ 17.0%。

产量表现:2015—2016 年区域试验平均公顷产量 11 899.0 kg,较对照品种鑫鑫 1 号增产 12.1%;2017 年生产试验平均公顷产量 12 268.3 kg,较对照品种鑫鑫 1 号增产 10.3%。

注意事项:病害高发年份注意大斑病防治。

审定意见:该品种符合黑龙江省玉米品种审定标准,通过审定。适宜在黑龙江省≥10 ℃活动积温 2 650 ℃区域种植。

50. 东农 264

审定编号:国审玉 20180019

申请者:东北农业大学

育种者:东农农业大学

品种来源:DN2710 × 东 301

特征特性:东华北中早熟春玉米区,出苗至成熟 126.5 天,比对照吉单 27 晚熟 0.3 天。幼苗叶鞘紫色,叶片绿色,叶缘白色,花药绿色,颖壳绿色。株型紧凑,株高 303.0 cm,穗位高 107.5 cm,成株叶片数 19 片。果穗筒形,穗长 21 cm,穗行数 16 ~ 18 行,穗粗 5.0 cm,穗轴粉色,籽粒黄色、马齿型,百粒重 38.5 g。接种鉴定,感大斑病,感丝黑穗病,感灰斑病,中抗茎腐病,中抗穗腐病。品质分析,籽粒容重 771 g/L,粗蛋白含量 10.67%,粗脂肪含量 4.01%,粗淀粉含量 76.26%,赖氨酸含量 0.29%。

产量表现:2016—2017 年参加东华北中早熟春玉米组区域试验,两年平均亩产 831.8 kg,比对照吉单 27 增产 5.5%;2017 年生产试验,平均亩产 785.0 kg,比对照吉单 27 增产 10.7%。

审定意见:该品种符合国家玉米品种审定标准,通过审定。适宜在东华北中早熟春玉米区的黑龙江省第二积温带,吉林省延边州、白山市的部分地区,通化市、吉林市的东部,内蒙古中东部的呼伦贝尔市扎兰屯市南部、兴安盟中北部、通辽市扎鲁特旗中部、赤峰市中北部、乌兰察布市前山、呼和浩特市北部、包头市北部早熟区种植。

51. 东农 275

审定编号:国审玉 20180020

申请者:东北农业大学

育种者:东北农业大学

品种来源:DN2710 × DN4206

特征特性:东华北中早熟春玉米区,出苗至成熟 127.3 天,比对照吉单 27 晚熟 0.35 天。幼苗叶鞘紫色,叶片绿色,叶缘紫色,花药紫色,颖壳紫色。株型紧凑,株高 295.5 cm,穗位高 107 cm,成株叶片数 19 片。果穗筒形,穗长 20.9 cm,穗行数 16 ~ 18 行,穗粗 5.2 cm,穗轴红,籽粒黄色、马齿型,百粒重 37.6 g。接种鉴定,感大斑病,中抗丝黑穗病,中抗灰斑病,抗茎腐病,感穗腐病。品质分析,籽粒容重 766 g/L,粗蛋白含量 10.73%,粗脂肪含量 4.35%,粗淀粉含量 76.67%,赖氨酸含量 0.29%。

产量表现:2016—2017 年参加东华北中早熟春玉米组区域试验,两年平均亩产 823.8 kg,比对照吉单 27 增产 4.7%;2017 年生产试验,平均亩产 772.9 kg,比对照吉单 27 增产 9.0%。

审定意见:该品种符合国家玉米品种审定标准,通过审定。适宜在东华北中早熟春玉米区的黑龙江省第二积温带,吉林省延边州、白山市的部分地区,通化市、吉林市的东部,内蒙古中东部的呼伦贝尔市扎兰屯市南部、兴安盟中北部、通辽市扎鲁特旗中部、赤峰市中北部、乌兰察布市前山、呼和浩特市北部、包头市北部早熟区种植。

52. 东农 265

品种审定编号:黑审玉 20190017

原代号:东农 265

申请者:东北农业大学

育种者:东北农业大学

品种来源:以 DN820 为母本,东 401 为父本,杂交方法选育而成。

特征特性:普通玉米品种。在适应区出苗至成熟生育日数为 120 天左右,需 ≥10 ℃活动积温 2 400 ℃左右。该品种幼苗期第一叶鞘紫色,叶片绿色,茎绿色。株高 284 cm,穗位高 106 cm,成株可见 15 片叶。果穗圆筒形,穗轴红色,穗长 19.7 cm,穗粗 5.0 cm,穗行数 16～18 行,籽粒偏马齿型、黄色,百粒重 37.1 g。两年品质分析结果:容重 731～756 g/L,粗淀粉含量 76.37%～76.58%,粗蛋白含量 9.20%～9.99%,粗脂肪含量 3.69%～3.74%。三年抗病接种鉴定结果:中抗至感大斑病,丝黑穗病发病率 9.1%～19.6%,茎腐病发病率 0.0%～1.4%。

产量表现:2016—2017 年区域试验平均公顷产量 11 854.5 kg,较对照品种丰禾 7 增产 12.4%;2018 年生产试验平均公顷产量 11 105.0 kg,较对照品种德美亚 3 号增产 14.0%。

注意事项:病害高发年份应注意大斑病防治。

审定意见:该品种符合黑龙江省玉米品种审定标准,通过审定。适宜在黑龙江省 ≥10 ℃活动积温 2 550 ℃以上区域种植。

53. 东农 266

品种审定编号:黑审玉 20190047

原代号:东农 266

申请者:东北农业大学

育种者:东北农业大学

品种来源:以东 401 为母本,东 601 为父本,杂交方法选育而成。

特征特性:普通机收玉米品种。在适应区出苗至成熟生育日数为 117 天左右,需≥10 ℃活动积温 2 300 ℃左右。该品种幼苗期第一叶鞘紫色,叶片绿色,茎绿色。株高255 cm,穗位高 89 cm,成株可见 14 片叶。果穗圆筒形,穗轴红色,穗长 19.6 cm,穗粗4.9 cm,穗行数 18～20 行,籽粒马齿型、黄色,百粒重 34.3 g。两年品质分析结果:容重744～764 g/L,粗淀粉含量 74.95%～75.60%,粗蛋白含量 9.08%～10.29%,粗脂肪含量3.53%～3.93%。三年抗病接种鉴定结果:感至中抗大斑病,丝黑穗病发病率 18.2%～26.2%,茎腐病发病率 0.0%～5.9%。

产量表现:2016—2018 年第二积温带机收组生产试验平均公顷产量 10 166.4 kg,较对照品种德美亚 3 号增产 12.0%。

注意事项:注意大斑病和丝黑穗病防治。

审定意见:该品种符合黑龙江省玉米品种审定标准,通过审定。适宜在黑龙江省≥10 ℃活动积温 2 500～2 700 ℃以上区域作为机收籽粒品种种植。

54. 富单 3 号

品种审定编号:黑审玉 2012022
原代号:富单 3 号(相邻省引进品种)
选育单位:齐齐哈尔市富尔农艺有限公司
品种来源:以富尔 584 为母本,富尔 114 为父本,杂交方法选育而成。
特征特性:普通玉米品种。在适应区出苗至成熟生育日数为 120 天左右,需≥10 ℃活动积温 2 400 ℃左右。幼苗期第一叶鞘紫色,叶片绿色。株高 287 cm、穗位高 109 cm,果穗柱形,穗轴白色,穗长 21.3 cm、穗粗 5 cm,穗行数 14～16 行,籽粒半马齿型、黄色,百粒重 39.7 g。品质分析结果:容重 742～766 g/L,粗蛋白含量 9.82%～9.85%,粗脂肪含量4.01%～5.01%,粗淀粉含量 72.78%～75.63%。接种鉴定结果:大斑病 3 级;丝黑穗病发病率 22.6%～22.9%。

产量表现:2010—2011 年生产试验平均公顷产量 9 142.35 kg,较对照品种龙单 13 增产 16.6%。

注意事项:种子包衣处理;防治苗期病虫害。

适应区域:黑龙江省第二积温带。

55. 富单 6 号

品种审定编号:黑审玉 2011018
原代号:同玉 152
选育单位:齐齐哈尔市富尔农艺有限公司
品种来源:以 St168 为母本,St149 为父本,杂交方法选育而成。
特征特性:普通玉米品种。在适应区出苗至成熟生育日数为 120 天左右,需≥10 ℃活动积温 2 400 ℃左右。幼苗期第一叶鞘紫色,叶片绿色,茎绿色;株高 282 cm,穗位高

105 cm,果穗柱形,穗轴红色,成株叶片数 18 片,穗长 23 cm、穗粗 5 cm,穗行数 14~16 行,籽粒中齿型、黄色,百粒重 35.2 g。品质分析结果:容重 783~798 g/L,粗淀粉含量 70.26%~70.3%,粗蛋白含量 9.85%~11.79%,粗脂肪含量 4.35%~4.84%,赖氨酸含量 0.33%。接种鉴定结果:大斑病 3 级,丝黑穗病发病率 7.5%~20.7%。

产量表现:2007~2008 年区域试验平均公顷产量 9 444.3 kg,较对照品种龙单 16 增产 9.1%;2010 年生产试验平均公顷产量 9 860.4 kg,较对照品种龙单 13 增产 15.4%。

注意事项:不宜过密种植。

适应区域:黑龙江省第二积温带。

56. 富单 12

品种审定编号:黑审玉 2015025

原代号:富单 12(相邻省引种)

申请者:齐齐哈尔市富尔农艺有限公司

育种者:齐齐哈尔市富尔农艺有限公司

品种来源:以富尔 105 为母本,富尔 1146 为父本,杂交方法选育而成。

特征特性:普通玉米品种。在适应区出苗至成熟生育日数为 121 天左右,需≥10 ℃活动积温 2 415 ℃左右。该品种幼苗期第一叶鞘紫色,叶片绿色,茎绿色。株高 299 cm,穗位高 110 cm,成株可见 15 片叶。果穗圆筒形,穗轴白色,穗长 19.7 cm,穗粗 5.0 cm,穗行数 14~16 行,籽粒马齿型、黄色,百粒重 36.3 g。两年品质分析结果:容重 734~762 g/L,粗淀粉含量 71.48%~74.56%,粗蛋白含量 8.68%~11.68%,粗脂肪含量 3.45%~3.78%。两年抗病接种鉴定结果:中抗~中感大斑病,丝黑穗病发病率 15.9%~20.7%。

产量表现:2013—2014 年生产试验平均公顷产量 11 581.4 kg,较对照品种垦单 10 增产 13.2%。

审定意见:该品种符合黑龙江省玉米品种审定标准,通过审定。适宜黑龙江省第二积温带种植。

57. 富单 15

品种审定编号:黑审玉 2014023

原代号:聚合 290

选育单位:齐齐哈尔市富尔农艺有限公司、双城市聚合农业科学研究所

品种来源:以 D050 为母本,D128 为父本,杂交方法选育而成。

特征特性:在适应区出苗至成熟生育日数 122 天左右,需≥10 ℃活动积温 2 500 ℃左右。该品种幼苗期第一叶鞘浅紫色,叶片绿色,茎绿色。株高 270 cm,穗位高 95 cm,成株可见 16 片叶。果穗圆筒形,穗轴红色,穗长 21.0 cm,穗粗 5.0 cm,穗行数 16~18 行,籽粒马齿型、黄色,百粒重 33.0 g。两年品质分析结果:容重 790~801 g/L,粗淀粉含量

72.80% ~74.74% ,粗蛋白含量 9.11% ~10.33% ,粗脂肪含量 3.64% ~4.37% 。三年抗病接种鉴定结果:大斑病 3 级,丝黑穗病发病率 6.8% ~13.3% 。

产量表现:2011—2012 年区域试验平均公顷产量 9 577.1 kg,较对照品种龙单 56 增产 13.7% ;2013 年生产试验平均公顷产量 9 850.5 kg,较对照品种龙单 56 增产 18.8% 。

审定意见:该品种符合黑龙江省玉米品种审定标准,通过审定。适宜在黑龙江省第二积温带上限种植。

第三节　第三积温带玉米品种

1. 龙单 50

品种审定编号:黑审玉 2009036

原代号:黑 431

选育单位:黑龙江省农业科学院玉米研究所

品种来源:以自育自交系 5222 为母本,以自育自交系 HR2 为父本,杂交方法选育而成。

特征特性:普通玉米品种。在适应区出苗至成熟生育日数为 113 天左右,需≥10 ℃活动积温 2 230 ℃左右。幼苗期第一叶鞘紫色,叶片绿色,茎直;株高 250 cm、穗位高 70 cm,果穗圆柱形,穗轴红色,成株叶片数 17,穗长 21 cm、穗粗 4.8 cm,穗行数 12 ~14 行,籽粒半马齿型、黄色。品质分析结果:粗蛋白含量 9.49% ~10.07% ,粗脂肪含量 4.10% ~4.43% ,粗淀粉含量 72.90% ~73.13% ,容重 749 ~754 g/L。接种鉴定结果:大斑病 2 ~3 级,丝黑穗病发病率 4.8% ~5.7% 。

产量表现:2006—2007 年区域试验公顷产量 9 733.6 kg,较对照品种克单 8 增产 9.9% ;2008 年生产试验平均公顷产量 8 486.1 kg,较对照品种克单 8 增产 13.1% 。

注意事项:生育前期及时铲趟管理,适时早追肥。该品种较适宜密植,秆强,适宜机械化栽培管理。

适应区域:黑龙江省第三积温带。

2. 龙辐玉 8 号

品种审定编号:黑审玉 2012036

原代号:龙辐 701

选育单位:黑龙江省农业科学院玉米研究所

品种来源:以自育系辐 3018 为母本,自育系辐 9017 为父本,杂交方法选育而成。

特征特性:普通玉米品种。在适宜种植区出苗至成熟生育日数为 115 天左右,需≥10 ℃活动积温 2 250 ℃左右。幼苗期第一叶鞘淡紫色,叶片绿色,茎绿色;株高 270 cm、穗位高 80 cm,果穗长锥形,穗轴红色,成株叶片数 17 片,穗长 23 cm、穗粗 4.8 cm,穗行数 12～16 行,籽粒中齿型、黄色,百粒重 35 g。品质分析结果:容重 786～793 g/L,粗淀粉含量 73.16%～74.21%,粗蛋白含量 8.78%～9.98%,粗脂肪含量 4.60%～4.73%。接种鉴定结果:大斑病 3 级,丝黑穗病发病率 5.6%～17.9%。

产量表现:2009—2010 年区域试验平均公顷产量 8 705.0 kg,较对照品种嫩单 13 增产 11.0%;2011 年生产试验平均公顷产量 8 912.5 kg,较对照品种嫩单 13 增产 13.4%。

适应区域:黑龙江省第三积温带上限。

3. 天和 6

品种审定编号:黑审玉 2015038
原代号:龙 705
申请者:吉林省华榜天和玉米研究院、黑龙江省农业科学院玉米研究所
育种者:黑龙江省农业科学院玉米研究所、吉林省华榜天和玉米研究院
品种来源:以 G290 为母本,H261 为父本,杂交方法选育而成。

特征特性:普通玉米品种。在适应区出苗至成熟生育日数为 116 天左右,需≥10 ℃活动积温 2 265 ℃左右。该品种幼苗期第一叶鞘紫色,叶片绿色,茎绿色。株高 245 cm,穗位高 75 cm,成株可见 14 片叶。果穗圆柱形,穗轴白色,穗长 22.0 cm,穗粗 5.2 cm,穗行数 16～18 行,籽粒马齿型、黄色,百粒重 38.7 g。两年品质分析结果:容重 732～755 g/L,粗淀粉含量 71.07%～72.91%,粗蛋白含量 8.88%～11.54%,粗脂肪含量 4.55%～4.93%。三年抗病接种鉴定结果:中感大斑病,丝黑穗病发病率 7.1%～11.0%。

产量表现:2012—2013 年区域试验平均公顷产量 10 622.1 kg,较对照品种嫩单 13 增产 10.8%;2014 年生产试验平均公顷产量 12 171.8 kg,较对照品种嫩单 13 增产 18.5%。

审定意见:该品种符合黑龙江省玉米品种审定标准,通过审定。适宜黑龙江省第三积温带上限种植。

4. 远科 605

品种审定编号:黑审玉 2015036
原代号:龙 605
申请者:吉林省远科农业开发有限公司、黑龙江省农科院玉米研究所
育种者:黑龙江省农科院玉米研究所、吉林省远科农业开发有限公司
品种来源:以 H261 为母本,龙系 341 为父本,杂交方法选育而成。

特征特性:普通玉米品种。在适应区出苗至成熟生育日数为 117 天左右,需≥10 ℃活动积温 2 300 ℃左右。该品种幼苗期第一叶鞘紫色,叶片绿色,茎绿色。株高 270 cm,穗位高 90 cm,成株可见 14 片叶。果穗圆柱形,穗轴粉红色,穗长 22.0 cm,穗粗 5.0 cm,穗行数 14～16 行,籽粒偏马齿型、黄色,百粒重 38.2 g。两年品质分析结果:容重 751～802 g/L,粗淀粉含量 70.38%～73.61%,粗蛋白含量 8.47%～11.43%,粗脂肪含量

4.48% ~5.19%。四年抗病接种鉴定结果:中感大斑病,丝黑穗病发病率7.3% ~19.1%。

产量表现:2011—2012年区域试验平均公顷产量9 006.5 kg,较对照品种绥玉7号增产14.3%;2013—2014年生产试验平均公顷产量9 951.0 kg,较对照品种绥玉7号增产13.6%。

审定意见:该品种符合黑龙江省玉米品种审定标准,通过审定。适宜黑龙江省第二积温带下限和第三积温带上限种植。

5. 江单13

品种审定编号:黑审玉2018036

原代号:黑458

申请者:黑龙江省农业科学院玉米研究所

育种者:黑龙江省农业科学院玉米研究所

品种来源:以HR9214为母本,HRM1为父本,杂交方法选育而成。

特征特性:普通玉米品种。在适应区出苗至成熟需≥10 ℃活动积温2 200 ℃左右,生育日数为113天左右。该品种幼苗期第一叶鞘紫色,叶片绿色,茎绿色。株高290 cm,穗位高100 cm,成株可见13片叶。果穗圆筒形,穗轴白色,穗长19.0 cm,穗粗4.9 cm,穗行数14~16行,籽粒偏硬粒型、黄色,百粒重35.0 g。两年品质分析结果:容重771~790 g/L,粗淀粉含量73.78% ~74.52%,粗蛋白含量10.27% ~10.34%,粗脂肪含量3.67% ~3.99%。三年抗病接种鉴定结果:感大斑病,丝黑穗病:7.7% ~20.5%。

产量表现:2015—2016年区域试验平均公顷产量11 076.0 kg,较对照品种克玉15增产13.5%;2017年生产试验平均公顷产量9 294.1 kg,较对照品种鑫科玉2号增产5.0%。

注意事项:注意大斑病和丝黑穗病的防治。

审定意见:该品种符合黑龙江省玉米品种审定标准,通过审定。适宜在黑龙江省≥10 ℃活动积温2 350 ℃区域种植。

6. 龙辐玉10

品种审定编号:黑审玉2018033

原代号:龙辐809

申请者:黑龙江省农业科学院玉米研究所

育种者:黑龙江省农业科学院玉米研究所

品种来源:以辐3018为母本,辐9199为父本,杂交方法选育而成。

特征特性:普通玉米品种。在适应区出苗至成熟,需≥10 ℃活动积温2 200 ℃左右,生育日数为113天左右。该品种幼苗期第一叶鞘淡紫色,叶片绿色,茎绿色。株高275 cm,穗位高100 cm,成株可见13片叶。果穗圆锥形,穗轴红色,穗长20.0 cm,穗粗4.7 cm,穗行数14~18行,籽粒偏马齿型、黄色,百粒重37.2 g。两年品质分析结果:容重788~792 g/L,粗淀粉含量73.27% ~73.93%,粗蛋白含量10.85% ~11.14%,粗脂肪含量 3.34% ~3.71%。三年抗病接种鉴定结果:中感至感大斑病,丝黑穗病:5% ~11.1%。

产量表现:2015—2016 年区域试验平均公顷产量 11 055.1 kg,较对照品种克玉 15 增产 12.8%;2017 年生产试验平均公顷产量 9 691.9 kg,较对照品种鑫科玉 2 号增产 13.3%。

注意事项:注意玉米大斑病防治。

审定意见:该品种符合黑龙江省玉米品种审定标准,通过审定。适宜在黑龙江省 ≥10 ℃活动积温 2 350 ℃区域种植。

7. 龙单 87

品种审定编号:黑审玉 20190025
原代号:龙单 87
申请者:黑龙江省农业科学院玉米研究所
育种者:黑龙江省农业科学院玉米研究所
品种来源:以 HR7811 为母本,HRD1M 为父本,杂交方法选育而成。

特征特性:普通玉米品种。在适应区出苗至成熟生育日数为 117 天左右,需≥10 ℃活动积温 2 300 ℃左右。该品种幼苗期第一叶鞘紫色,叶片绿色,茎绿色。株高 240 cm,穗位高 93 cm,成株可见 14 片叶。果穗筒形,穗轴粉色,穗长 20.0 cm,穗粗 4.9 cm,穗行数 14 ~16 行,籽粒偏马齿型、黄色,百粒重 36.4 g。两年品质分析结果:容重 758 ~776 g/L,粗淀粉含量 73.98% ~74.12%,粗蛋白含量 9.96% ~10.90%,粗脂肪含量 3.30% ~4.10%。三年抗病接种鉴定结果:中感至感大斑病,丝黑穗病发病率 9.9% ~22.2%,茎基腐病发病率 1.1% ~3.5%。

产量表现:2016—2017 年区域试验平均公顷产量 10 270.9 kg,较对照品种德美亚 3 号和禾田 4 号平均增产 7.6%;2018 年生产试验平均公顷产量 10 442.0 kg,较对照品种禾田 4 号增产 8.8%。

注意事项:注意大斑病和丝黑穗病防治。

审定意见:该品种符合黑龙江省玉米品种审定标准,通过审定。适宜在黑龙江省 ≥10 ℃活动积温 2 450 ℃以上区域种植。

8. 中龙玉 6 号

品种审定编号:黑审玉 20190030
原代号:中龙玉 6 号
申请者:黑龙江省农业科学院玉米研究所
育种者:黑龙江省农业科学院玉米研究所
品种来源:以龙系 GH318 为母本,龙系 391 为父本,杂交方法选育而成。

特征特性:普通玉米品种。在适应区出苗至成熟生育日数为 113 天左右,需≥10 ℃活动积温 2 200 ℃左右。该品种幼苗期第一叶鞘紫色,叶片绿色,茎绿色。株高 275 cm,

穗位高 100 cm,成株可见 13 片叶。果穗圆筒形,穗轴白色,穗长 21. 5 cm,穗粗 5. 1 cm,穗行数 14 ~ 18 行,籽粒偏马齿型、黄色,百粒重 38. 2 g。两年品质分析结果:容重 787 ~ 788 g/L,粗淀粉含量 74. 50% ~ 74. 74%,粗蛋白含量 11. 35% ~ 12. 14%,粗脂肪含量 3. 39% ~ 3. 68%。三年抗病接种鉴定结果:中感至感病大斑病,丝黑穗病发病率 7. 6% ~ 12. 4%,茎腐病发病率 6. 4% ~ 10. 2%。

产量表现:2016—2017 年区域试验平均公顷产量 10 771. 6 kg,较对照品种 g 玉 15 和鑫科玉 2 号平均增产 12. 4%;2018 年生产试验平均公顷产量 11 254. 5 kg,较对照品种鑫科玉 2 号增产 19. 4%。

注意事项:注意大斑病防治。

审定意见:该品种符合黑龙江省玉米品种审定标准,通过审定。适宜在黑龙江省 ≥10 ℃活动积温 2 350 ℃以上区域种植。

9. 龙育 11

品种审定编号:黑审玉 2013032

原代号:龙育 8063

选育单位:黑龙江省农业科学院草业研究所

品种来源:以自选系 T216 为母本,T467 为父本,杂交方法选育而成。

特征特性:普通玉米品种。在适应区出苗至成熟生育日数为 113 天左右,需 ≥10 ℃活动积温 2 200 ℃左右。该品种幼苗期第一叶鞘紫色,叶片绿色,茎绿色,成株可见 14 片叶,株高 255 cm,穗位高 80 cm。果穗长锥形,穗轴红色,穗长 20 cm,穗粗 5. 0 cm,穗行数 14 ~ 16 行,籽粒中齿型、黄色,百粒重 26. 8 g。两年品质分析结果:容重 718 ~ 760 g/L,粗淀粉含量 73. 54% ~ 74. 25%,粗蛋白含量 9. 17% ~ 9. 24%,粗脂肪含量 3. 29% ~ 4. 44%。三年抗病接种鉴定结果:大斑病 3 ~ 4 级,丝黑穗病发病率 9. 5% ~ 13. 6%。

产量表现:2009—2010 年区域试验平均公顷产量 9 165. 2 kg,较对照品种克单 10 增产 11. 3%;2011—2012 年生产试验平均公顷产量 8 427. 2 kg,较对照品种克单 10 增产 12. 3%。

适应区域:黑龙江省第三积温带上限。

10. 鹏玉 3 号

品种审定编号:黑审玉 2015043

原代号:龙育 807

申请者:黑龙江省农业科学院草业研究所、黑龙江大鹏农业有限公司

育种者:黑龙江省农业科学院草业研究所

品种来源:以 TB32 为母本,T07 为父本,杂交方法选育而成。

特征特性:普通玉米品种。在适应区出苗至成熟生育日数 113 天左右,需 ≥10 ℃活动积温 2 200 ℃左右。该品种幼苗期第一叶鞘紫色,叶片绿色,茎绿色。株高 265 cm,穗

位高 90 cm,成株可见 13 片叶。果穗圆筒形,穗轴红色,穗长 21.0 cm,穗粗 4.7 cm,穗行数 14~16 行,籽粒偏马齿型、黄色,百粒重 37.5 g。两年品质分析结果:容重 728~732 g/L,粗淀粉含量 71.83%~72.86%,粗蛋白含量 10.38%~11.26%,粗脂肪含量 4.55%~4.99%。三年抗病接种鉴定结果:中感~感大斑病,丝黑穗病发病率 8.2%~10.6%。

产量表现:2012—2013 年区域试验平均公顷产量 10 066.2 kg,较对照品种克单 10 平均增产 11.6%;2014 年生产试验平均公顷产量 11 803.4 kg,较对照品种克玉 15 增产17.3 %。

审定意见:该品种符合黑龙江省玉米品种审定标准,通过审定。适宜黑龙江省第三积温带种植。

11. 龙育 828

品种审定编号:黑审玉 2017031

原代号:龙育 828

申请者:黑龙江省农业科学院草业研究所、中国科学院青岛生物能源与过程研究所

育种者:黑龙江省农科院草业研究所、中国科学院青岛生物能源与过程研究所

品种来源:以 TD01 为母本,T38 为父本,杂交方法选育而成。

特征特性:普通玉米品种。在适应区出苗至成熟生育日数 117 天左右,需≥10 ℃活动积温 2 300 ℃左右。该品种幼苗期第一叶鞘紫色,叶片绿色,茎绿色。株高 270 cm,穗位高 85 cm,成株可见 15 片叶。果穗柱形,穗轴红色,穗长 20.5 cm,穗粗 5.0 cm,穗行数 14~18 行,籽粒偏马齿型、黄色,百粒重 39.7 g。两年品质分析结果:容重 766 g/L,粗淀粉含量 71.27%~73.70%,粗蛋白含量 10.02%~11.26%,粗脂肪含量 4.53%~4.56%。三年抗病接种鉴定结果:中感至感大斑病,丝黑穗病发病率 12.7%~20.7%。

产量表现:2014—2015 年区域试验平均公顷产量 11 328.3 kg,较对照品种克玉 15 平均增产 11.8%;2016 年生产试验平均公顷产量 10 253.2 kg,较对照品种克玉 15 平均增产12.2%。

审定意见:该品种符合黑龙江省玉米品种审定标准,通过审定。适宜黑龙江省第三积温带种植。

12. 鹏玉 7

品种审定编号:黑审玉 2018035

原代号:龙育 8689

申请者:黑龙江省农业科学院草业研究所、黑龙江大鹏农业有限公司

育种者:黑龙江省农业科学院草业研究所

品种来源:以 T001 为母本,T07 为父本,杂交方法选育而成。

特征特性:普通玉米品种。在适应区出苗至成熟需≥10 ℃活动积温 2 200 ℃左右,生

育日数 113 天左右。该品种幼苗期第一叶鞘绿色,叶片绿色,茎绿色。株高 285 cm,穗位高 100 cm,成株可见 13 片叶。果穗圆筒形,穗轴红色,穗长 19.2 cm,穗粗 5.0 cm,穗行数 16 ~ 18 行,籽粒偏马齿型、黄色,百粒重 35.8 g。两年品质分析结果:容重 754 ~ 764 g/L,粗淀粉含量 70.28% ~ 72.03%,粗蛋白含量 10.31% ~ 11.38%,粗脂肪含量 4.60% ~ 4.92%。三年抗病接种鉴定结果:中感至感大斑病,丝黑穗病:9.8% ~ 20.6%。

产量表现:2015—2016 年区域试验平均公顷产量 11 014.5 kg,较对照品种克玉 15 增产 13.3%;2017 年生产试验平均公顷产量 9 881.5 kg,较对照品种鑫科玉 2 号增产 14.1%。

注意事项:注意玉米大斑病和丝黑穗病的防治。

审定意见:该品种符合黑龙江省玉米品种审定标准,通过审定。适宜在黑龙江省 ≥10 ℃活动积温 2 350 ℃区域种植。

13. 合玉 24

品种审定编号:黑审玉 2011030

原代号:合玉 282

选育单位:黑龙江省农业科学院佳木斯分院

品种来源:以合系 603 为母本,合系 604 为父本,杂交方法选育而成。

特征特性:普通玉米品种。在适应区出苗至成熟生育日数为 112 天左右,需 ≥10 ℃活动积温 2 210 ℃左右。幼苗期第一叶鞘紫色,叶片绿色,茎绿色;株高 288 cm,穗位高 102 cm,果穗柱形,穗轴红色,成株叶片数 16 片,穗长 21.2 cm、穗粗 4.7 cm,穗行数 12 ~ 16 行,籽粒中齿型、黄色,百粒重 36.7 g。品质分析结果:容重 766 ~ 777 g/L,粗淀粉含量 70.01% ~ 73.94%,粗蛋白含量 9.23% ~ 11.41%,粗脂肪含量 4.13% ~ 4.15%。接种鉴定结果:大斑病 3 ~ 4 级,丝黑穗病发病率 4.4% ~ 19.3%。

产量表现:2008—2009 年区域试验平均公顷产量 8 791.3 kg,较对照品种克单 10 增产 9.1%;2010 年生产试验平均公顷产量 8 825.9 kg,较对照品种克单 10 增产 13.5%。

适应区域:黑龙江省第三积温带。

14. 合玉 25

品种审定编号:黑审玉 2015047

原代号:合玉 273

申请者:黑龙江省农业科学院佳木斯分院、黑龙江省合丰种业有限责任公司

育种者:黑龙江省农业科学院佳木斯分院、黑龙江省合丰种业有限责任公司

品种来源:以合系 628 为母本,合系 640 为父本,杂交方法选育而成。

特征特性:普通玉米品种。在适应区出苗至成熟生育日数为 115 天左右,需 ≥10 ℃活动积温 2 250 ℃左右。该品种幼苗期第一叶鞘紫色,叶片深绿色,茎绿色。株高 282 cm,穗位高 119 cm,成株可见 14 片叶。果穗圆柱形,穗轴红色,穗长 19.7 cm,穗粗

5.0 cm,穗行数 14~18 行,籽粒偏马齿型、黄色,百粒重 39.2 g。三年品质分析结果:容重 716~758 g/L,粗淀粉含量 71.37%~73.76%,粗蛋白含量 11.84~11.96%,粗脂肪含量 3.56%~3.99%。三年抗病接种鉴定结果:中感大斑病,丝黑穗病发病率 6.7%~26.1%。

产量表现:2011—2012 年区域试验平均公顷产量 10 167.9 kg,较对照品种嫩单 13 增产 13.0%;2013 年生产试验平均公顷产量 8 206.4 kg,较对照品种嫩单 13 增产 11.7%。

审定意见:该品种符合黑龙江省玉米品种审定标准,通过审定。适宜黑龙江省第三积温带上限种植。

15. 邦玉 917

品种审定编号:黑审玉 2016036
原代号:合玉 287
申请者:黑龙江省农业科学院佳木斯分院
育种者:黑龙江省农业科学院佳木斯分院
品种来源:以合系 664 为母本,合系 658 父本,杂交方法选育而成。

特征特性:普通玉米品种。在适应区出苗至成熟生育日数为 114 天左右,需≥10 ℃活动积温 2 215 ℃左右。该品种幼苗期第一叶鞘浅紫色,叶片绿色,茎紫色。株高 269 cm,穗位高 87 cm,成株可见 13 片叶。果穗筒形,穗轴红色,穗长 19.3 cm,穗粗 5.2 cm,穗行数 14~16 行,籽粒偏马齿型、黄色,百粒重 37.0 g。两年品质分析结果:容重 751~814 g/L,粗淀粉含量 71.60%~71.77%,粗蛋白含量 11.59%~12.71%,粗脂肪含量 3.95%~4.06%。三年抗病接种鉴定结果:中感至感大斑病,丝黑穗病发病率:11.0%~14.1%。

产量表现:2013—2014 年区域试验平均公顷产量 10 534.6 kg,较对照品种克单 10/克玉 15 增产 8.7%;2015 年生产试验平均公顷产量 10 928.9 kg,较对照品种克玉 15 增产 15.0%。

审定意见:该品种符合黑龙江省玉米品种审定标准,通过审定。适宜黑龙江省第三积温带种植。

16. 合玉 27

品种审定编号:黑审玉 2016035
原代号:合 823
申请者:黑龙江省农业科学院佳木斯分院、黑龙江田友种业有限公司
育种者:黑龙江省农业科学院佳木斯分院
品种来源:以合选 05 为母本,合选 09 为父本,杂交方法选育而成。

特征特性:普通玉米品种。在适应区出苗至成熟生育日数为 113 天左右,需≥10 ℃活动积温 2 200 ℃左右。该品种幼苗期第一叶鞘绿色,叶片绿色,茎绿色。株高 298 cm,穗位高 99 cm,成株可见 13 片叶。果穗圆筒形,穗轴红色,穗长 20.0 cm,穗粗 5.0 cm,穗

行数 16～18 行,籽粒马齿型、黄色,百粒重 30.1 g。两年品质分析结果:容重 746～768 g/L,粗淀粉含量 71.34%～71.84%,粗蛋白含量 11.71%～12.15%,粗脂肪含量 4.09%～4.50%。三年抗病接种鉴定结果:感大斑病,丝黑穗病发病率 8.9%～12.3%。

产量表现:2013—2014 年区域试验平均公顷产量 11 021.4 kg,较对照品种克单 10/克玉 15 平均增产 11.2%;2015 年生产试验平均公顷产量 10 847.2 kg,较对照品种克玉 15 增产 10.8%。

审定意见:该品种符合黑龙江省玉米品种审定标准,通过审定。适宜黑龙江省第三积温带种植。

17. 合玉 31

品种审定编号:黑审玉 2018024

原代号:HJ632

申请者:黑龙江省农业科学院佳木斯分院、黑龙江田友种业有限公司

育种者:黑龙江省农业科学院佳木斯分院

品种来源:以合选 11 为母本,合选 09 为父本,杂交方法选育而成。

特征特性:普通玉米品种。在适应区出苗至成熟需≥10 ℃活动积温 2 300 ℃左右,生育日数为 117 天左右。该品种幼苗期第一叶鞘紫色,叶片绿色,茎绿色。株高 310 cm,穗位高 109 cm,成株可见 14 片叶。果穗圆筒形,穗轴红色,穗长 20.2 cm,穗粗 4.9 cm,穗行数 14～18 行,籽粒马齿型、黄色,百粒重 35.1 g。两年品质分析结果:容重 757～783 g/L,粗淀粉含量 71.13%～71.38%,粗蛋白含量 11.29%～11.40%,粗脂肪含量 4.18%～4.34%。三年抗病接种鉴定结果:中抗至感大斑病,丝黑穗病:9.7%～22.7%。

产量表现:2015—2016 年区域试验平均公顷产量 11 424.3 kg,较对照品种德美亚 3 号增产 9.5%;2017 年生产试验平均公顷产量 10 601.5 kg,较对照品种德美亚 3 号增产 9.5%。

注意事项:注意玉米大斑病和丝黑穗病的防治。

审定意见:该品种符合黑龙江省玉米品种审定标准,通过审定。适宜在黑龙江省 ≥10 ℃活动积温 2 450 ℃区域种植。

18. 克玉 15

品种审定编号:黑审玉 2013039

原代号:克 638

选育单位:黑龙江省农业科学院克山分院

品种来源:以 KL613 为母本,385－1 为父本,杂交方法选育而成。

特征特性:普通玉米品种。在适应区出苗至成熟生育日数为 113 天左右,需≥10 ℃活动积温 2 200 ℃左右。该品种幼苗期第一叶鞘紫色,叶片绿色,茎绿色,成株可见 14 片叶,株高 220 cm,穗位高 85 cm。果穗柱形,穗轴红色,穗长 21 cm,穗粗 4.8 cm,穗行数

12～16 行,籽粒中间型、黄色,百粒重 29.2 g。两年品质分析结果:容重 744～757 g/L,粗淀粉含量 73.90%～74.77%,粗蛋白含量 8.64%～8.90%,粗脂肪含量 3.28%～4.19%。三年抗病接种鉴定结果:大斑病 3 级,丝黑穗病发病率 8.5%～13.3%。

产量表现:2010～2011 年区域试验平均公顷产量 9 888.8 kg,较对照品种克单 10 增产 12.9%;2012 年生产试验平均公顷产量 9 514.4 kg,较对照品种克单 10 增产 17.8%。

适应区域:黑龙江省第三积温带。

19. 克玉 19

品种审定编号:黑审玉 2018034

原代号:克 334

申请者:黑龙江省农业科学院克山分院、黑龙江国宇农业有限公司

育种者:黑龙江省农业科学院克山分院

品种来源:以 HB410 为母本,HA131 为父本,杂交方法选育而成。

特征特性:普通玉米品种。在适应区出苗至成熟需≥10 ℃活动积温 2 200 ℃左右,生育日数为 113 天左右。该品种幼苗期第一叶鞘紫色,叶片绿色,茎绿色。株高 246 cm,穗位高 83 cm,成株可见 13 片叶。果穗圆柱形,穗轴白色,穗长 21.5 cm,穗粗 4.6 cm,穗行数 16～18 行,籽粒偏硬粒型、黄色,百粒重 36.0 g。两年品质分析结果:容重 765～771 g/L,粗淀粉含量 72.70%～73.58%,粗蛋白含量 9.97%～10.10%,粗脂肪含量 4.89%～5.25%。三年抗病接种鉴定结果:感大斑病,丝黑穗病:15.6%～19.3%。

产量表现:2015—2016 年区域试验平均公顷产量 10 929.0 kg,较对照品种克玉 15 增产 12.1%;2017 年生产试验平均公顷产量 9 649.7 kg,较对照品种鑫科玉 2 号增产 12.2%。

注意事项:注意玉米大斑病和丝黑穗病的防治。肥水条件差的地块,种植密度不宜过大。

审定意见:该品种符合黑龙江省玉米品种审定标准,通过审定。适宜在黑龙江省≥10 ℃活动积温 2 350 ℃区域种植。

20. 齐丰 993

品种审定编号:黑审玉 20190031

原代号:克 436

申请者:黑龙江省农业科学院克山分院、黑龙江齐丰农业科技有限公司

育种者:黑龙江省农业科学院克山分院

品种来源:以 HB414 为母本,HA131 为父本杂交方法选育而成。

特征特性:普通玉米品种。在适应区出苗至成熟生育日数为 113 天左右,需≥10 ℃活动积温 2 200 ℃左右。该品种幼苗期第一叶鞘紫色,叶片绿色,茎绿色。株高 250 cm,穗位高 90 cm,成株可见 13 片叶。果穗圆柱形,穗轴白色,穗长 21.5 cm,穗粗 4.6 cm,穗

行数 14~18 行,籽粒偏硬粒型、黄色,百粒重 35.0 g。两年品质分析结果:容重 753~760 g/L,粗淀粉含量 71.51%~72.59%,粗蛋白含量 10.21%~10.33%,粗脂肪含量 4.96%~5.46%。三年抗病接种鉴定结果:感大斑病,丝黑穗病发病率 17.5%~26.0%,茎腐病发病率 6.0%~12.5%。

产量表现:2016~2017 年区域试验平均公顷产量 10 636.3 kg,较对照品种克玉 15 和鑫科玉 2 号平均增产 11.2%;2018 年生产试验平均公顷产量 9 413.5 kg,较对照品种鑫科玉 2 号增产 3.2%。

注意事项:注意大斑病和丝黑穗病防治。

审定意见:该品种符合黑龙江省玉米品种审定标准,通过审定。适宜在黑龙江省 ≥10 ℃ 活动积温 2 350 ℃ 区域种植。

21. 绥玉 24

品种审定编号:黑审玉 2011028

原代号:绥 421

选育单位:黑龙江省农业科学院绥化分院

品种来源:以 KL3 为母本,绥系 709 为父本,杂交方法选育而成。

特征特性:普通玉米品种。在适应区出苗至成熟生育日数为 115 天左右,需 ≥10 ℃ 活动积温 2 250 ℃ 左右。幼苗期第一叶鞘紫色,叶片浓绿色,茎绿色;株高 250 cm,穗位高 90 cm,果穗长锥形,穗轴白色,成株叶片数 17 片,穗长 21 cm、穗粗 4.8 cm,穗行数 14~18 行,籽粒中齿型、浅黄色,百粒重 28.8 g。品质分析结果:容重 774~813 g/L,粗淀粉含量 72.68%~74.08%,粗蛋白含量 9.40%~11.85%,粗脂肪含量 4.47%~4.84%。接种鉴定结果:大斑病 2~3 级,丝黑穗病发病率 2.4%~12%。

产量表现:2008~2009 年区域试验平均公顷产量 8 316.4 kg,较对照品种嫩单 13 增产 13.5%;2010 年生产试验平均公顷产量 7 903.0 kg,较对照品种嫩单 13 增产 11.6%。

适应区域:黑龙江省第三积温带。

22. 绥玉 25

品种审定编号:黑审玉 2012033

原代号:绥 424

选育单位:黑龙江省农科院绥化分院、黑龙江省龙科种业有限公司

品种来源:以绥系 709 为母本,绥系 609 为父本,杂交方法选育而成。

特征特性:普通玉米品种。在适应区出苗至成熟生育日数为 115 天右右,需 ≥10 ℃ 活动积温 2 250 ℃ 左右。幼苗期第一叶鞘紫色,叶片浓绿色,茎深绿色;株高 260 cm、穗位高 85 cm,果穗长锥形,穗轴白色,成株叶片数 17,穗长 22 cm、穗粗 4.9 cm,穗行数 14~16 行,籽粒中硬型、黄色,百粒重 32 g。品质分析结果:容重 743~788 g/L,粗淀粉含量 72.91%~74.55%,粗蛋白含量 8.43%~9.20%,粗脂肪含量 4.43%~5.00%。接种鉴

定结果:大斑病 3 级,丝黑穗病发病率 14.3% ~21.2%。

产量表现:2009—2010 年区域试验平均公顷产量 8 885.1 kg,较对照品种嫩单 13 增产 12.0%;2011 年生产试验平均公顷产量 8 681.6 kg,较对照品种嫩单 13 增产 12.1%。

适应区域:黑龙江省第三积温带上限。

23. 绥玉 28

品种审定编号:黑审玉 2014037

原代号:绥 1071

选育单位:黑龙江省龙科种业集团有限公司、黑龙江省农业科学院绥化分院

品种来源:以绥系 613 为母本,绥系 608 为父本,杂交方法选育而成。

特征特性:在适应区出苗至成熟生育日数 115 天左右,需≥10 ℃活动积温 2 250 ℃左右。该品种幼苗期第一叶鞘浅紫色,叶片浓绿色,茎绿色。株高 280 cm,穗位高 95 cm,成株可见 14 片叶。果穗圆柱形,穗轴红色,穗长 20.0 cm,穗粗 5.0 cm,穗行数 16 ~18 行,籽粒偏马齿型、黄色,百粒重 34.5 g。两年品质分析结果:容重 728 ~740 g/L,粗淀粉含量 71.18% ~71.41%,粗蛋白含量 10.22% ~10.33%,粗脂肪含量 4.44% ~4.75%。三年抗病接种鉴定结果:大斑病 3 级,丝黑穗病发病率 3.0% ~13.0%。

产量表现:2011—2012 年区域试验平均公顷产量 9 912.6 kg,较对照品种嫩单 13 增产 12.7%;2013 年生产试验平均公顷产量 8 219.3 kg,较对照品种嫩单 13 增产 13.9%。

审定意见:该品种符合黑龙江省玉米品种审定标准,通过审定。适宜在黑龙江省第三积温带上限种植。

24. 富单 2 号

品种审定编号:黑审玉 2009038

原代号:富尔 265

选育单位:齐齐哈尔富尔农艺有限公司

品种来源:以铧 182 为母本,以铧 22 为父本,杂交方法选育而成。

特征特性:普通玉米品种。在适应区出苗至成熟生育日数为 114 天左右,需≥10 ℃活动积温 2 250 ℃左右。幼苗期第一叶鞘红色,第一叶尖端形状圆形、叶片绿色,茎绿;株高 280 cm、穗位高 100 cm,果穗柱形,穗轴红色,成株叶片数 17,穗长 20 cm、穗粗 5 cm,穗行数 14 ~16 行,籽粒中齿型、黄色。品质分析结果:容重 762 g/L,粗淀粉含量 71.81% ~73.31%,粗蛋白含量 9.85% ~9.88%,粗脂肪含量 3.92% ~4.07%。接种鉴定结果:大斑病 3 级,丝黑穗病发病率 2.7% ~5.6%。

产量表现:2006—2007 年区域试验平均公顷产量 10 206.6 kg,较对照品种克单 8 增产 15.8%;2008 年生产验平均公顷产量 8 531.3 kg,较对照品种克单 8 增产 13.2%。

适应区域:黑龙江省第三积温带。

25. 和育 925

品种审定编号:黑审玉 2013037

原代号:富尔 8003

选育单位:齐齐哈尔市富尔农艺有限公司、北京大德长丰农业生物技术有限公司

品种来源:以铧 182 为母本,铧 14 为父本,杂交方法选育而成。

特征特性:普通玉米品种。在适应区出苗至成熟生育日数为 113 天左右,需≥10 ℃活动积温 2 200 ℃左右。该品种幼苗期第一叶鞘紫色,叶片深绿色,茎浅紫色,成株可见 14 片叶,株高 275 cm,穗位高 100 cm。果穗圆柱形,穗轴粉色,穗长 20 cm,穗粗 5.0 cm,穗行数 14 ~ 16 行,籽粒中间型、橙红色,百粒重 34.4 g。两年品质分析结果:容重 746 ~ 794 g/L,粗淀粉含量 73.74% ~ 75.67%,粗蛋白含量 8.29% ~ 8.84%,粗脂肪含量 4.24% ~4.26%。三年抗病接种鉴定结果:大斑病 3 级,丝黑穗病发病率 4.7% ~ 12.1%。

产量表现:2009—2010 年区域试验平均公顷产量 9 274.6 kg,较对照品种克单 10 增产 12.1%;2011—2012 年生产试验平均公顷产量 8 403.7 kg,较对照品种克单 10 增产 12.5%。

适应区域:黑龙江省第三积温带。

26. 富育 1 号

品种审定编号:黑审玉 2016037

原代号:同玉 1283

申请者:齐齐哈尔市富尔农艺有限公司

育种者:魏巍种业(北京)有限公司、黑龙江田鹏种业有限公司

品种来源:以 St. 2134 为母本,St. 113 为父本,杂交方法选育而成。

特征特性:普通玉米品种。在适应区出苗至成熟生育日数为 113 天左右,需≥10 ℃活动积温 2 200 ℃左右。该品种幼苗期第一叶鞘紫色,叶片绿色,茎绿色。株高 266 cm,穗位高 103 cm,成株可见 13 片叶。果穗圆锥形,穗轴红色,穗长 21.0 cm,穗粗 5.0 cm,穗行数 16 ~18 行,籽粒偏马齿型、黄色,百粒重 34.1 g。两年品质分析结果:容重 766 ~ 774 g/L,粗淀粉含量 72.9% ~ 73.48%,粗蛋白含量 11.60% ~ 12.32%,粗脂肪含量 4.07% ~ 4.13%。三年抗病接种鉴定结果:中感至感大斑病,丝黑穗病发病率 10.7% ~13.6%。

产量表现:2013—2014 年区域试验平均公顷产量 10 961 kg,比对照品种克单 10/克玉 15 增产 11.5%;2015 年生产试验平均公顷产量 9 998.7 kg,比对照品种克玉 15 增产 5.4%。

审定意见:该品种符合黑龙江省玉米品种审定标准,通过审定。适宜黑龙江省第三积温带种植。

27. 庆育 337

品种审定编号:黑审玉 2017032

原代号:庆 1337

申请者:黑龙江省农业科学院大庆分院、齐齐哈尔市富尔农艺有限公司

育种者:黑龙江省农业科学院大庆分院

品种来源:以 QS2123 为母本,B410 为父本,杂交方法选育而成。

特征特性:普通玉米品种。在适应区出苗至成熟生育日数为 117 天左右,需 ≥10 ℃活动积温 2 300 ℃左右。幼苗期第一叶鞘浅紫色,叶片绿色,茎绿色。株高 258 cm,穗位高 96 cm,成株可见 15 片叶。果穗圆锥形,穗轴白色,穗长 20.8 cm,穗粗 4.5 cm,穗行数 12 ~ 18 行,籽粒半马齿型、黄色,百粒重 35.6 g。两年品质分析结果:容重 770 ~ 775 g/L,粗淀粉含量 72.21% ~ 73.62%,粗蛋白含量 10.615% ~ 11.51%,粗脂肪含量 4.21% ~ 4.44%。三年抗病接种鉴定结果:中感至感大斑病,丝黑穗病发病率 15.8% ~ 29.6%。

产量表现:2014—2015 年区域试验平均公顷产量 11 571.5 kg,较对照品种克玉 15 平均增产 12.4%;2016 年生产试验平均公顷产量 10 615.2 kg,较对照品种克玉 15 平均增产 15.9%。

注意事项:选地时避免其他作物前茬所致除草剂药害。

审定意见:该品种符合黑龙江省玉米品种审定标准,通过审定。适宜黑龙江省第三积温带种植。

28. 富尔 1772

品种审定编号:黑审玉 20190027

原代号:富尔 1772

申请者:齐齐哈尔市富尔农艺有限公司

育种者:齐齐哈尔市富尔农艺有限公司

品种来源:以 H84 为母本,H712 为父本,杂交方法选育而成。

特征特性:普通玉米品种。在适应区出苗至成熟生育日数为 113 天左右,需 ≥10 ℃活动积温 2 200 ℃左右。该品种幼苗期第一叶鞘紫色,叶片绿色,茎绿色。株高 275 cm,穗位高 101 cm,成株可见 13 片叶。果穗圆筒形,穗轴红色,穗长 17.7 cm,穗粗 4.8 cm,穗行数 14 ~ 16 行,籽粒偏马齿型、黄色,百粒重 35.2 g。两年品质分析结果:容重 739 ~ 769 g/L,粗淀粉含量 74.27% ~ 75.20%,粗蛋白含量 9.45% ~ 11.73%,粗脂肪含量 3.66% ~ 3.81%,赖氨酸含量 0.30%。三年抗病接种鉴定结果:感大斑病,丝黑穗病发病率 9.4% ~ 25.4%,茎腐病发病率 3.1% ~ 3.4%。

产量表现:2016—2017 年,两年区域试验平均公顷产量 10 620.3 kg,较对照品种克玉 15 和鑫科玉 2 号平均增产 11.1%;2018 年,生产试验平均公顷产量 10 086.7 kg,较对照品种鑫科玉 2 号增产 9.4%。

注意事项:注意大斑病和丝黑穗病防治。

审定意见:该品种符合黑龙江省玉米品种审定标准,通过审定。适宜在黑龙江省≥10 ℃活动积温2 350 ℃以上区域种植。

第四节　第四积温带玉米品种

1. 利合327

品种审定编号:黑审玉2018041

原代号:利合327

申请者:黑龙江省农业科学院草业研究所

育种者:黑龙江省农业科学院草业研究所

品种来源:以L02为母本、NP01200为父本,杂交方法选育而成。

特征特性:普通玉米品种。在适应区出苗至成熟,需≥10 ℃活动积温2 100 ℃左右,生育日数为110天左右。该品种幼苗期第一叶鞘绿色,叶片绿色,茎绿色。株高295 cm,穗位高110 cm,成株可见12片叶。果穗圆锥形,穗轴红色,穗长19.5 cm,穗粗4.4 cm,穗行数14~16行,籽粒偏硬粒型、黄色,百粒重32.6 g。三年品质分析结果:容重760~797 g/L,粗淀粉含量73.98%~76.96%,粗蛋白含量9.66%~11.67%,粗脂肪含量3.40%~4.92%。三年抗病接种鉴定结果:中感大斑病,丝黑穗病:11.4%~18.6%。

产量表现:2014—2015年区域试验平均公顷产量10 849.8 kg,较对照品种德美亚1号增产6.9%;2016—2017年生产试验平均公顷产量9 484.7 kg,较对照品种德美亚1号增产9.9%。

注意事项:病害高发年份注意大斑病和丝黑穗病防治。

审定意见:该品种符合黑龙江省玉米品种审定标准,通过审定。适宜在黑龙江省≥10 ℃活动积温2 250 ℃区域种植。

2. 克单14

品种审定编号:黑审玉2010031

原代号:克346

选育单位:黑龙江省农业科学院克山分院

品种来源:以自交系KS23为母本、自交系KL613为父本杂交育成。

特征特性:普通玉米品种。在适应区出苗至成熟生育日数为107天左右,需≥10 ℃活动积温2 070 ℃左右。幼苗期第一叶鞘紫色,叶片绿色,茎绿色;株高240 cm,穗位高92 cm,果穗锥形,穗轴红色,成株可见叶片数16片,穗长21 cm,穗粗4.8 cm,穗行数12~16行,籽粒中硬粒型、黄色,百粒重32 g。品质分析结果:容重730~793 g/L,粗淀粉含量

73.18% ~74.83%,粗蛋白含量 9.06% ~9.77%,粗脂肪含量 3.59% ~4.33%。接种鉴定结果:大斑病 3~4 级,丝黑穗病发病率 5.7% ~10.2%。

产量表现:2006—2007 年区域试验平均公顷产量 8 113.8 kg,较对照品种克单 9 号增产 8.9%;2008 年生产验平均公顷产量 9 230.7 kg,较对照品种克单 9 号增产 21.3%。

适应区域:黑龙江省第四积温带。

3. 克玉 16

品种审定编号:黑审玉 2013041
原代号:克 744
选育单位:黑龙江省农业科学院克山分院
品种来源:以 KS23 为母本,KL632 为父本,杂交方法选育而成。

特征特性:普通玉米品种。在适应区出苗至成熟生育日数为 107 天左右,需≥10 ℃活动积温 2 030 ℃左右。该品种幼苗期第一叶鞘紫色,叶片绿色,茎绿色,成株可见 14 片叶,株高 220 cm,穗位高 82 cm。果穗锥形,穗轴红色,穗长 20 cm,穗粗 4.5 cm,穗行数 12~16 行,籽粒中间型、黄色,百粒重 34.3 g。两年品质分析结果:容重 737~748 g/L,粗淀粉含量 74.19% ~74.30%,粗蛋白含量 8.88% ~9.44%,粗脂肪含量 3.56% ~4.52%。三年抗病接种鉴定结果:大斑病 3~4 级,丝黑穗病发病率 6.5% ~17.6%。

产量表现:2010—2011 年区域试验平均公顷产量 11 066.4 kg,较对照品种德美亚 2 号增产 11.4%;2012 年生产试验平均公顷产量 11 386.2 kg,较对照品种德美亚 2 号增产 6.5%。

适应区域:黑龙江省第四积温带。

4. 克玉 17

审定编号:黑审玉 2014046。
原代号:克 956。
选育单位:黑龙江省农业科学院克山分院
品种来源:以 HA25 为母本,以 KL45 为父本杂交育成。

特征特性:极早熟玉米品种,在适应区出苗至成熟生育日数为 105 天左右,需≥10 ℃活动积温 1 900 ℃左右。该品种幼苗期第一叶鞘紫色,叶片绿色,茎绿色。株高 200 cm,穗位高 75 cm,成株可见 12 片叶。果穗柱型,穗轴红色,穗长 19.5 cm,穗粗 4.4 cm,穗行数 12~16 行,籽粒中间型、黄色,百粒重 33.0 g。两年品质分析结果:容重 772~777 g/L,粗淀粉 72.87% ~72.90%,粗蛋白 9.78% ~11.03%,粗脂肪 4.49% ~4.68%。二年抗病接种鉴定结果:大斑病 3+ ~4 级,丝黑穗病发病率 12.8% ~18.2%。

产量表现:2012—2013 年区域试验平均公顷产量 8 596.4 kg,较对照品种孚尔拉增产 14.0%;2013 年生产试验平均公顷产量 10 498.8 kg,较对照品种孚尔拉增产 12.6%。

适应区域:适宜黑龙江省第五积温带。

5. 克玉 18

品种审定编号:黑审玉 2017039

原代号:克 044

申请者:黑龙江省农业科学院克山分院

育种者:黑龙江省农业科学院克山分院

品种来源:以 HA7 – 1 为母本,HB410 为父本,杂交方法选育而成。

特征特性:普通玉米品种。在适应区出苗至成熟生育日数为 110 天左右,需 ≥10 ℃ 活动积温 2 100 ℃左右。该品种幼苗期第一叶鞘紫色,叶片绿色,茎绿色。株高 235 cm, 穗位高 85 cm,成株可见 14 片叶。果穗柱形,穗轴白色,穗长 18.5 cm,穗粗 4.8 cm,穗行 数 12 ~ 16 行,籽粒中间型、黄色,百粒重 35.0 g。两年品质分析结果:容重 765 ~ 787 g/L, 粗淀粉含量 73.66% ~ 75.89%,粗蛋白含量 9.17% ~ 10.27%,粗脂肪含量 4.35% ~ 4.54%。三年抗病接种鉴定结果:感大斑病,丝黑穗病发病率 4.0% ~ 12.0%。

产量表现:2014—2015 年区域试验平均公顷产量 11 528.1 kg,较对照品种德美亚 2 号平均增产 8.6%;2016 年生产试验平均公顷产量 8 569.9 kg,较对照品种德美亚 1 号平 均增产 15.7%。

注意事项:注意防治大斑病。

审定意见:该品种符合黑龙江省玉米品种审定标准,通过审定。适宜黑龙江省第四积 温带上限种植。

6. 绥玉 29

品种审定编号:黑审玉 2016038

原代号:绥 1291

申请者:黑龙江省农业科学院绥化分院

育种者:黑龙江省农业科学院绥化分院

品种来源:以绥系 616 为母本,绥系 709 为父本,杂交方法选育而成。

特征特性:普通玉米品种。在适应区出苗至成熟生育日数为 110 天左右,需 ≥10 ℃ 活动积温 2 100 ℃左右。该品种幼苗期第一叶鞘绿色,叶片浓绿色,茎绿色。株高 270 cm,穗位高 95 cm,成株可见 12 片叶。果穗圆锥形,穗轴白色,穗长 20.3 cm,穗粗 4.9 cm,穗行数 14 ~ 18 行,籽粒硬粒型、黄色,百粒重 31.2 g。两年品质分析结果:容重 776 ~ 791 g/L,粗淀粉含量 72.03% ~ 72.10%,粗蛋白含量 10.97% ~ 11.69%,粗脂肪含 量 4.04% ~ 4.40%。三年抗病接种鉴定结果:中感至感大斑病,丝黑穗病发病率 8.4% ~ 16.9%。

产量表现:2013—2014 年区域试验平均公顷产量 9 957.9 kg,平均比对照品种德美亚 1 号增产 7.2%,2015 年生产试验平均公顷产量 11 053.1 kg,比对照品种德美亚 1 号平均 增产 12.0%。

审定意见:该品种符合黑龙江省玉米品种审定标准,通过审定。适宜黑龙江省第四积温带上限种植。

7. 东农 257

品种审定编号:黑审玉 2014042

原代号:东农 1109

选育单位:东北农业大学

品种来源:以 KL3 为母本,DN－1－2 为父本,杂交方法选育而成。

特征特性:在适应区出苗至成熟生育日数 110 天左右,需≥10 ℃活动积温 2 100 ℃左右。该品种幼苗期第一叶鞘淡紫色,叶片绿色,茎绿色。株高 268 cm,穗位高 99 cm,成株可见 12 片叶。果穗圆柱形,穗轴白色,穗长 21.5 cm,穗粗 4.8 cm,穗行数 16～18 行,籽粒偏马齿型、黄色,百粒重 31.0 g。两年品质分析结果:容重 759～786 g/L,粗淀粉含量 70.44%～71.12%,粗蛋白含量 10.36%～11.78%,粗脂肪含量 4.40%～4.85%。三年抗病接种鉴定结果:大斑病 3～3 + 级,丝黑穗病 12.2%～17.7%。

产量表现:2011—2012 年区域试验平均公顷产量 10 969.1 kg,较对照品种德美亚 1 号增产 9.2%;2013 年生产试验平均公顷产量 10 182.4 kg,较对照品种德美亚 1 号增产 21.3%。

审定意见:该品种符合黑龙江省玉米品种审定标准,通过审定。适宜在黑龙江省第四积温带上限种植。

8. 东农 270

品种审定编号:黑审玉 20190033

原代号:东农 270

申请者:东北农业大学

育种者:东北农业大学

品种来源:以 DN069 为母本,东 1001 为父本,杂交方法选育而成。

特征特性:普通玉米品种。在适应区出苗至成熟生育日数为 105 天左右,需≥10 ℃活动积温 1 900 ℃左右。该品种幼苗期第一叶鞘浅紫色,叶片绿色,茎绿色。株高 236 cm,穗位高 87 cm,成株可见 12 片叶。果穗圆锥形,穗轴红色,穗长 18.8 cm,穗粗 4.4 cm,穗行数 14～16 行,籽粒硬粒型、橙黄色,百粒重 30.4 g。两年品质分析结果:容重 769～809 g/L,粗淀粉含量 70.21%～73.17%,粗蛋白含量 10.52%～11.74%,粗脂肪含量 4.16%～4.81%。三年抗病接种鉴定结果:感大斑病,丝黑穗病发病率 17.0%～23.1%,茎腐病发病率 4.5%～6.0%。

产量表现:2016～2017 年区域试验平均公顷产量 9 487.3 kg,较对照品种克玉 17 增产 13.6 %;2018 年生产试验平均公顷产量 10 323.6 kg,较对照品种克玉 17 增产 12.9%。

注意事项:注意大斑病和丝黑穗病防治。

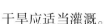

干旱应适当灌溉。

适应区域:黑龙江省第二积温带下限及第三积温带上限。

3. 中东青2号(青贮)

品种审定编号:黑审玉 2010038

原代号:东青 0701

选育单位:东北农业大学农学院、中国农业科学院作物科学研究所

品种来源:以自交系 P138 为母本、LX347 为父本杂交育成。

特征特性:青贮玉米品种。在适应区出苗至成熟生育日数为 117 天左右,需≥10 ℃活动积温 2 400 ℃左右。幼苗第一叶鞘紫色,叶片绿色,茎绿色;株高 310 cm,穗位高 150 cm,果穗圆筒形,穗轴粉红色,成株可见叶片数 17 片,穗长 21 cm,穗粗 5.0 cm,穗行数 16 行,籽粒马齿型、黄色。品质分析结果:全株粗蛋白含量 6.77% ～9.07%,粗纤维含量 26.38% ～26.49%,可溶性总糖含量 9.03% ～16.44%,水分含量 69.50% ～77.84%。接种鉴定结果:大斑病 2～3 级,丝黑穗病发病率 14.6% ～18.0%。

产量表现:2007—2008 年区域试验平均公顷生物产量 66 620.2 kg,较对照品种阳光 1 号增产 6.4%;2009 年生产试验平均公顷生物产量 81 544.6 kg,较对照品种阳光 1 号增产 6.3%。

适应区域:黑龙江省第二、三积温带青贮种植。

4. 东青2号

品种审定编号:黑审玉 2017052

原代号:东农 1412

申请者:东北农业大学

育种者:东北农业大学

品种来源:以 DN6082 为母本,CA87 为父本,杂交方法选育而成。

特征特性:青贮玉米品种。在适应区出苗至收获生育日数为 125 天左右,需≥10 ℃活动积温 2580 ℃左右。幼苗期第一叶鞘紫色,叶片绿色,茎绿色。株高 334 cm,穗位高 140 cm,成株可见 19 片叶。果穗圆筒形,穗轴红色,穗长 23.2 cm,穗粗 5.1 cm,穗行数 16～18 行,籽粒偏马齿型、黄色,百粒重 35.1 g。两年品质分析结果:茎叶含糖量 12.80% ～13.34%,粗蛋白含量 6.36% ～7.92%,粗纤维 24.13% ～24.58%。三年抗病接种鉴定结果:中抗至中感大斑病,丝黑穗病 7.2% ～17.9%。

产量表现:2014—2015 年区域试验平均公顷生物产量 84 439.6 kg,较对照品种龙辐玉 5 号增产 11.2%;2016 年生产试验平均公顷生物产量 83 209.8 kg,较对照品种龙辐玉 5 号增产 8.7%。

审定意见:该品种符合黑龙江省青贮玉米品种审定标准,通过审定。适宜黑龙江省第一积温带作为青贮玉米种植。

5. 中龙 1 号（青贮）

品种审定编号：黑审玉 2010032

原代号：LGS0602

选育单位：中国农业科学院作物科学研究所、黑龙江省农业科学院作物育种研究所

品种来源：以自交系 LX9801 为母本、自交系 LX449 为父本杂交育成。

特征特性：青贮玉米品种。在适应区出苗至青贮收获为（乳熟末期至蜡熟初期）125 天左右，需 ≥10 ℃活动积温 2 600 ℃左右。幼苗期第一叶鞘紫色，叶片绿色，茎绿色；株高 315 cm，穗位高 150 cm，果穗长柱形，穗轴红色，成株可见叶片数 17 片，穗长 25 cm，穗粗 5.3 cm，穗行数 16～18 行，籽粒马齿型、黄色。品质分析结果：全株粗蛋白含量 8.74%～8.77%，粗纤维含量 22.73%～28.83%，总糖含量 7.28%～7.70%。接种鉴定结果：大斑病 2～3 级，丝黑穗病发病率 5.4%～15.4%。

产量表现：2007—2008 年区域试验平均公顷生物产量 63 399.4 kg，较对照品种黑饲 1 号增产 13.83%；2009 年生产试验平均公顷生物产量 68 950.3 kg，较对照品种黑饲 1 号增产 9.1%。

适应区域：黑龙江省第一积温带青贮种植。

6. TN119

品种审定编号：黑审玉 2017051

原代号：富尔 TN11－9

申请者：齐齐哈尔市富尔农艺有限公司

育种者：齐齐哈尔市富尔农艺有限公司、杨毅（个人）

品种来源：以 YN01 为母本，YTSY01 为父本，杂交方法选育而成。

特征特性：糯加甜型玉米品种。在适应区出苗至青食采摘生育日数为 82 天，需 ≥10 ℃活动积温 2 050 ℃。幼苗期第一叶鞘紫色，叶片绿色，茎绿色。株高 240 cm，穗位高 88 cm，成株可见 17 片叶。果穗锥形，穗轴白色，穗长 20 cm，穗粗 5.5 cm，穗行数 16～18 行，籽粒楔型、黄色、蜡质，百粒重 25 g。两年品质分析结果：容重 794～797 g/L，粗淀粉含量 68.81%～73.84%，粗蛋白含量 10.78%～12.91%，粗脂肪含量 5.51%～5.75%，支链淀粉含量 99.51%～99.71%。三年抗病接种鉴定结果：中感至感大斑病，丝黑穗病发病率 17.2%～21%。

产量表现：2014—2015 年区域试验平均公顷产量 13 617.8 kg，较对照品种垦粘一号平均增产 2.1%；2016 年生产试验平均公顷产量 15 565.6 kg，较对照品种垦粘一号平均增产 9.4%。

注意事项：(1)甜和糯玉米种植要与其他玉米空间隔离 300 米以上，时间隔离玉米花期相隔 15 天以上，防止串粉混杂。(2)此品种为鲜食玉米品种，不可用于糯玉米干粒生产。

审定意见:该品种符合黑龙江省玉米品种审定标准,通过审定。适宜黑龙江省第一、二、三积温带作鲜食玉米种植。

7. 龙育17

品种审定编号:黑审玉20190037

原代号:龙育17

申请者:黑龙江省农业科学院草业研究所

育种者:黑龙江省农业科学院草业研究所

品种来源:以T08为母本,T09为父本,杂交方法选育而成。

特征特性:青贮玉米品种。在适应区出苗至收获(蜡熟初期)生育日数为122天左右,需≥10 ℃活动积温2 579 ℃左右。该品种幼苗期第一叶鞘紫色,叶片绿色,茎绿色。株高325 cm,穗位高145 cm,成株可见20片叶。果穗圆筒形,穗轴白色,穗长23.0 cm,穗粗5.5 cm,穗行数18～20行,籽粒偏马齿型、黄色,百粒重37.6 g。两年品质分析结果:粗蛋白含量6.67%～7.44%,粗淀粉含量5.35%～27.52%,中性洗涤纤维含量64.17%～44.44%,酸性洗涤纤维含量37.79%～24.7%。三年抗病接种鉴定结果:大斑病:中抗至中感,丝黑穗病发病率:3.7%～13.0%,茎腐病发病率3.8%～10.6%。

产量表现:2016—2017年区域试验平均公顷生物产量88 314.8 kg,较对照品种龙辐玉5号增产15.2%;2018年生产试验平均公顷生物产量89 005.9 kg,较对照品种龙辐玉5号增产7.0%。

审定意见:该该品种符合黑龙江省玉米品种审定标准,通过审定。适宜在黑龙江省≥10 ℃活动积温2 650 ℃以上区域作为青贮玉米种植。

第六节　近十年其他选育单位超过50万亩的审定品种

1. 先玉335

品种审定编号:黑审玉2009006

原代号:X1132X

选育单位:铁岭先锋种子研究有限公司

品种来源:以PH6WC为母本,以PH4CV为父本,通过杂交法选育而成。

特征特性:普通玉米品种。幼苗期第一叶鞘紫色,第一叶尖端形状圆到匙形、叶片绿色,茎秆坚硬;株高310 cm、穗位高107米,果穗圆筒形,穗轴红色,成株叶片数20,穗长22 cm、穗粗5 cm,穗行数16～18行,籽粒中齿型、黄色。品质分析结果:容重774～775 g/L,粗淀粉含量72.78%～73.68%,粗蛋白含量10.30%～11.20%,粗脂肪含量3.76%～3.80%。接种鉴定结果:大斑病1～3级,丝黑穗病发病率14.3%～21.7%。在适应区出苗至成熟生育日数为 130 天左右,需≥10 ℃活动积温 2680 ℃左右。

产量表现:2004—2005 年区域试验平均公顷产量 10 357.5 kg,较对照品种本育 9 增产 11.0%;2006~2007 年生产试验平均公顷产量 10 423.6 kg,较对照品种吉单 261 增产 9.6%。

注意事项:注意防治丝黑穗病,丝黑穗病高发区慎重选用;种植密度不宜过大,预防倒伏。

适应区域:黑龙江省第一积温带上限。

2. 郑单 958

品种审定编号:黑审玉 2009004

原代号:郑单 958

引进单位:黑龙江德农种业有限公司

品种来源:河南省农业科学院粮食作物研究所以自选系郑 58 为母本,外引系昌 7－2 为父本,杂交方法选育而成。

特征特性:耐密型玉米品种。在适应区出苗至成熟生育日数 130 天左右,需≥10 ℃活动积温 2 750 ℃左右。幼苗期第一叶鞘紫色,第一叶尖端形状圆尖形,叶片绿色,茎绿色,株高 268.6 cm,穗位高 110 cm,果穗筒形,穗轴白色,成株叶片 19 片,穗长 19.5 cm,穗粗 5.3 cm,穗行数 14~16 行,籽粒马齿型,黄色。品质分析结果:容重 740~744 g/L,粗淀粉含量 74.21%~75.46%,粗蛋白含量 8.47%~9.05%,粗脂肪含量 3.88%~4.57%。接种鉴定结果:大斑病 2 级,丝黑穗病发病率:17.1%~22.6%。

产量表现:2005—2006 年生产试验平均公顷产量 10 093.0 kg,较对照品种吉单 261 增产 9.1%。

适应区域:黑龙江省第一积温带上限积温 2 850 ℃以上地区种植(黑龙江省双城、肇东、肇源等地积温 2 850 ℃以上地区种植)。

3. 德美亚 3 号

品种审定编号:黑审玉 2013022

原代号:德美亚 3 号

选育单位:北大荒垦丰种业股份有限公司

品种来源:以 9F592 为母本,6F576 为父本,杂交方法选育而成。

特征特性:普通型玉米品种。在适应区生育日数为 118 天左右,需≥10 ℃活动积温 2 320 ℃左右。该品种幼苗期第一叶鞘紫色,叶片绿色,茎绿色,成株可见 14 片叶,株高 297 cm,穗位高 87 cm。果穗圆柱形,穗轴白色,穗长 19 cm,穗粗 4.6 cm,穗行数 12~14 行,籽粒马齿型、黄色,百粒重 34.2 g。两年品质分析结果:容重 733~767 g/L,粗淀粉含量 72.37%~73.19%,粗蛋白含量 11.07%~11.16%,粗脂肪含量 3.05%~3.13%。三年抗病接种鉴定结果:大斑病 3 级,丝黑穗病发病率 13.5%~15.8%。

产量表现:2011—2012 年生产试验平均公顷产量 8 996.8 kg,较对照品种绥玉 7 号增产 17.7%。

4. 南北 5 号

品种审定编号:黑审玉 2011029

原代号:南北 817

选育单位:黑龙江省南北农业科技有限公司

品种来源:以自选系 S6 为母本,N134 为父本,杂交方法选育而成。

特征特性:普通玉米品种。在适应区出苗至成熟生育日数为 113 天左右,需 ≥10 ℃ 活动积温 2 200 ℃ 左右。幼苗期第一叶鞘紫色,叶片绿色,茎绿色;株高 286 cm,穗位高 95 cm,果穗长锥形,穗轴红色,成株叶片数 13 片,穗长 24 cm、穗粗 4.6 cm,穗行数 14 ~ 16 行,籽粒中硬型、黄色,百粒重 32.8 g。品质分析结果:容重 773 ~ 780 g/L,粗淀粉含量 72.13% ~ 74.34%,粗蛋白含量 9.44% ~ 9.71%,粗脂肪含量 4.18% ~ 4.27%。接种鉴定结果:大斑病 3 级,丝黑穗病发病率 13.9% ~ 15.0%。

产量表现:2008—2009 年区域试验平均公顷产量 8 531.0 kg,较对照品种克单 10 增产 10.2%;2010 年生产试验平均公顷产量 9 198.8 kg,较对照品种克单 10 增产 19.5%。

注意事项:肥水条件差的地块种植密度不宜过大。

适应区域:黑龙江省第三积温带。

5. 鹏玉 1 号

品种审定编号:黑审玉 2012016

原代号:CF08031

选育单位:黑龙江大鹏农业有限公司

品种来源:以自选系 CF018 为母本,自选系 CF188 为父本,杂交方法选育而成。

特征特性:普通玉米品种。在适应区出苗至成熟生育日数为 122 天左右,需 ≥10 ℃ 活动积温 2 500 ℃ 左右。幼苗期第一叶鞘紫色,叶片绿色,茎绿色;株高 280 cm、穗位高 100 cm,果穗柱形,穗轴红色,成株叶片数 18,穗长 22.3 cm、穗粗 5.2 cm,穗行数 14 ~ 18 行,籽粒中齿型、黄色,百粒重 38.5 g。品质分析结果:容重 735 ~ 741 g/L,粗淀粉含量 75.51% ~ 75.94%,粗蛋白含量 8.85% ~ 9.00%,粗脂肪含量 4.01% ~ 4.05%。接种鉴定结果:大斑病 3 级;丝黑穗病发病率 9.1% ~ 16.7%。

产量表现:2009—2010 年区域试验平均公顷产量 9 710.2 kg,较对照品种吉单 27 增产 9.0%;2011 年生产试验平均公顷产量 7 597.0 kg,较对照品种吉单 27 增产 6.8%。

注意事项:及时防治玉米螟虫。

适应区域:黑龙江省第二积温带上限。

6. 誉成 1 号

品种审定编号:黑审玉 2012014

原代号:巴玉 205

选育单位:巴彦县玉米大豆研究所、黑龙江省誉丰种业有限公司

品种来源:以 8638 为母本,833 为父本,杂交方法选育而成。

特征特性:普通玉米品种。在适应区出苗至成熟生育日数为 125 天左右,需≥10 ℃活动积温 2 600 ℃左右。幼苗期第一叶鞘紫色,叶片绿色,茎绿色;株高 248 cm、穗位高 90 cm,果穗长锥形,穗轴红色,成株叶片数 17 片,穗长 23 cm,穗粗 5 cm,穗行数 14～16 行,籽粒中齿型、橙黄色,百粒重 38.2 g。品质分析结果:容重 754～760 g/L,粗淀粉含量 70.35%～74.85%,粗蛋白含量 8.99%～10.93%,粗脂肪含量 4.76%～5.03%。接种鉴定结果:大斑病 3 级;丝黑穗病发病率 4.2%～17.6%。

产量表现:2009—2010 年区域试验平均公顷产量 10 251.6 kg,较对照品种丰单 1 号增产 13.6%;2011 年生产试验平均公顷产量 10 058.2 kg,较对照品种丰单 1 号增产 12.3%。

适应区域:黑龙江省第一积温带。

7. 天润 2 号

品种审定编号:黑审玉 2010009

原代号:锦田 818

选育单位:黑龙江天利种业有限公司

品种来源:以自选系 JT955 为母本、自选系 JT965 为父本杂交育成。

特征特性:普通玉米品种。在适应区出苗至成熟生育日数为 130 天左右,需≥10 ℃活动积温 2 680 ℃左右。幼苗期第一叶鞘紫色,叶片绿色,茎绿色;株高 275 cm,穗位高 105 cm,果穗圆柱形,穗轴红色,成株可见叶片数 19 片,穗长 21 cm,穗粗 5.0 cm,穗行数 14～16 行,籽粒马齿型、橙黄色,百粒重 41 g。品质分析结果:容重 727～790 g/L,粗淀粉含量 70.23%～71.00%,粗蛋白含量 10.54%～10.99%,粗脂肪含量 3.10%～4.52%。接种鉴定结果:大斑病 2～3 级,丝黑穗病发病率 6.7%～17.7%。

产量表现:2007—2008 年区域试验平均公顷产量 9 091.9 kg,较对照品种吉单 261 增产 8.0%;2009 年生产试验平均公顷产量 7 798.1 kg,较对照品种丰禾 1 号增产 12.2%。

注意事项:生育前期及时铲趟,后期注意防虫。

适应区域:黑龙江省第一积温带上限。

8. 大民 3307

品种审定编号:黑审玉 2011009

原代号:大民 3307

选育单位:内蒙古大民种业有限公司

品种来源:以自选系 R37 为母本,自选系 P2 为父本,杂交方法选育而成。

特征特性:普通玉米品种。在适应区出苗至成熟生育日数为 126 天左右,需≥10 ℃

活动积温 2 600 ℃左右。幼苗期第一叶鞘浅紫色,叶片绿色,茎绿色;株高 282 cm,穗位高 95 cm,果穗长筒形,穗轴红色,成株叶片数 18 片,穗长 21 cm、穗粗 5.2 cm,穗行数 16 ~ 18 行,籽粒中齿型、黄色,百粒重 35 g。品质分析结果:容重 750 ~ 763 g/L,粗淀粉含量 72.58% ~ 75.64%,粗蛋白含量 9.52% ~ 9.69%,粗脂肪含量 4.01% ~ 4.20%。接种鉴定结果:大斑病 3 级,丝黑穗病发病率 2.2% ~ 23.4%。

产量表现:2009—2010 年生产试验平均公顷产量 9 306.3 kg,较对照品种兴垦 3 号增产 13.2%。

适应区域:黑龙江省第一积温带。

9. 禾田 4 号

品种审定编号:黑审玉 2013024

原代号:FDH905

选育单位:黑龙江禾田丰泽兴农科技开发有限公司

品种来源:以合 344 为母本,自育系 123 为父本,杂交选育而成。

特征特性:普通玉米品种。在适应区出苗至成熟生育日数为 117 天左右,需 ≥10 ℃ 活动积温 2 300 ℃左右。该品种幼苗期第一叶鞘紫色,叶片绿色,茎绿色,成株可见 14 片叶,株高 270 cm,穗位高 100 cm。果穗圆柱形,穗轴红色,穗长 22 cm,穗粗 5.5 cm,穗行数 14 ~ 16 行,籽粒半马齿型、黄色,百粒重 32.6 g。两年品质分析结果:容重 746 ~ 774 g/L, 粗淀粉含量 73.53% ~ 75.03%,粗蛋白含量 9.39% ~ 9.60%,粗脂肪含量 3.90% ~ 4.26%。三年抗病接种鉴定结果:大斑病 3 级,丝黑穗病发病率 6.1% ~ 11.6%。

产量表现:2010—2011 年区域试验平均公顷产量 9 738.8 kg,较对照品种绥玉 7 号增产 16.0%;2012 年生产试验平均公顷产量 8 408.9 kg,较对照品种绥玉 7 号增产 8.8%。

适应区域:黑龙江省第二积温带下限和第三积温带上限。

10. 双奥 1 号

品种审定编号:黑审玉 2011003

原代号:稷丰 0701

选育单位:双城市稷丰玉米科学研究所

品种来源:以自育系 06 - 19 - 205 为母本,自交系吉 853 改良系 TM 为父本,杂交方法选育而成。

特征特性:普通玉米品种。在适应区出苗至成熟生育日数为 127 天左右,需 ≥10 ℃ 活动积温 2 800 ℃左右。幼苗期第一叶鞘紫色,叶片绿色,茎绿色,株高 300 cm,穗位高 110 cm,果穗圆柱形,穗轴红色,成株叶片数 20 片,穗长 18.4 cm、穗粗 4.91 cm,穗行数 16 行,籽粒中齿型、黄色,百粒重 36.6 g。品质分析结果:容重 783 ~ 792 g/L,粗淀粉含量 73.12% ~ 73.70%,粗蛋白含量 9.88% ~ 10.97%,粗脂肪含量 5.05% ~ 5.13%。接种鉴定结果:大斑病 2 ~ 3 级,丝黑穗病发病率 16.3% ~ 18.6%。

产量表现:2008—2009 年区域试验平均公顷产量 9 050.9 kg,较对照品种郑单 958 增产 11%;2010 年生产试验平均公顷产量 10 271.7 kg,较对照品种郑单 958 增产 12.7%。

适应区域:黑龙江省第一积温带上限。

11. 38P05

品种审定编号:黑审玉 2013027

原代号:38P05(引进品种)

选育单位:铁岭先锋种子研究有限公司

品种来源:以 PH1W2 为母本,PHTD5 为父本,杂交方法选育而成。

特征特性:普通玉米品种。在适应区出苗至成熟生育日数为 116 天左右,需 ≥10 ℃ 活动积温 2 280 ℃左右。该品种幼苗期第一叶鞘紫色,叶片绿色,茎绿色,成株可见 14 片叶,株高 288 cm,穗位高 114 cm。果穗短锥形,穗轴红色,穗长 20 cm,穗粗 5.0 cm,穗行数 14 ~ 16 行,籽粒马齿型、黄色,百粒重 33 g。两年品质分析结果:容重 748 ~ 770 g/L,粗淀粉含量 71.73% ~ 74.42%,粗蛋白含量 10.31% ~ 10.37%,粗脂肪含量 3.66% ~ 4.36%。三年抗病接种鉴定结果:大斑病:3 ~ 4 级,丝黑穗病发病率:16.7% ~ 23.3%。

产量表现:2011—2012 年生产试验平均公顷产量 8 769 kg,较对照品种嫩单 13 增产 6.3%。

适应区域:黑龙江第三积温带上限。

12. 垦单 13

品种审定编号:黑审玉 2009034

原代号:佳试 107

选育单位:黑龙江省农垦科学院作物所

品种来源:以佳 56 为母本,佳 26 为父本,杂交方法选育而成。

特征特性:普通玉米品种。在适应区出苗至成熟生育日数为 116 天左右,需 ≥10 ℃ 活动积温 2 350 ℃左右。幼苗期第一叶鞘紫色,叶片浓绿色,株高 272 cm、穗位高 95 cm,果穗长锥形,穗轴红色,成株叶片数 17 片,穗长 21.5 cm、穗粗 5.0 cm,穗行数 14 ~ 16 行,籽粒中齿型、黄色。品质分析结果:容重 720 g/L,粗淀粉含量 71.00% ~ 72.05%,粗蛋白含量 9.36% ~ 10.09%,粗脂肪含量 4.68% ~ 9.36%。接种鉴定结果:大斑病 3 ~ 4 级,丝黑穗病发病率 10.3% ~ 12.5%。

产量表现:2006—2007 年区域试验平均公顷产量 8 950.5 kg,较对照品种海玉 4 号平均增产 13.6%;2008 年生产试验平均公顷产量 7 710.6 kg,较对照品种海玉 4 号增产 11.0%。

注意事项:要求一次保全苗、苗匀。

适应区域:黑龙江省第三积温带上限。

13. 吉农大 935

品种审定编号：黑审玉 2015018

原代号：吉农大 935（相邻省引种）

申请者：吉林农大科茂种业有限责任公司

育种者：吉林农大科茂种业有限责任公司

品种来源：以 km53 为母本，km87 为父本，杂交方法选育而成。

特征特性：普通玉米品种。在适应区出苗至成熟生育日数为 123 天左右，需≥10 ℃活动积温 2 515 ℃左右。该品种幼苗期第一叶鞘紫色，叶片浓绿色，茎浅紫色。株高 282 cm，穗位高 94 cm，成株可见 16 片叶。果穗圆锥形，穗轴红色，穗长 21.6 cm，穗粗 5.1 cm，穗行数 18～20 行，籽粒偏马齿型、黄色，百粒重 31.8 g。两年品质分析结果：容重 761～778 g/L，粗淀粉含量 70.97%～73.58%，粗蛋白含量 9.74%～11.51%，粗脂肪含量 4.12%～4.31%。两年抗病接种鉴定结果：中感大斑病，丝黑穗病发病率 15.8%～18.2%。

产量表现：2013—2014 年生产试验平均公顷产量 11 910.8 kg，较对照品种龙单 56、鑫鑫 1 号平均增产 11.6%。

审定意见：该品种符合黑龙江省玉米品种审定标准，通过审定。适宜黑龙江省第二积温带上限种植。

14. 先玉 696

品种审定编号：黑审玉 2014022

原代号：先玉 696（相邻省引种）

选育单位：铁岭先锋种子研究有限公司

品种来源：以 PH6WC 为母本，PHB1M 为父本，家系法选育而成。

特征特性：在适应区出苗至成熟生育日数 125 天左右，需≥10 ℃活动积温 2 600 ℃左右。该品种幼苗期第一叶鞘紫色，叶片绿色，茎绿色。株高 319 cm，穗位高 115 cm，成株可见 17 片叶。果穗圆筒形，穗轴红色，穗长 21.0 cm，穗粗 5.0 cm，穗行数 14～18 行，籽粒马齿型、黄色，百粒重 29.5 g。两年品质分析结果：容重 760～764 g/L，粗淀粉含量 71.04%～72.77%，粗蛋白含量 9.67%～10.21%，粗脂肪含量 4.16%～4.19%。两年抗病接种鉴定结果：大斑病 3 级，丝黑穗病发病率 8.5%～17.6%。

产量表现：2012—2013 年生产试验平均公顷产量 9 968.4 kg，较对照品种兴垦 3 号增产 11.2%。

审定意见：该品种符合黑龙江省玉米品种审定标准，通过审定。适宜在黑龙江省第一积温带种植。

15. 乐玉 1 号

品种审定编号:黑审玉 2012003

原代号:乐玉 1 号(相邻省引进品种)

引进单位:黑龙江新特种业有限公司

品种来源:以自交系 9406A 为母本,B095 为父本,杂交方法选育而成。

特征特性:普通玉米品种。在适应区出苗至成熟生育日数为 130 天左右,需≥10 ℃活动积温 2 750 ℃左右。幼苗期第一叶鞘浅紫色,叶片绿色,茎绿色;株高 275 cm,穗位高 100 cm,果穗圆柱形,穗轴红色,总叶片数 20 片,穗长 22 cm,穗粗 5.6 cm,穗行数 18 行。籽粒齿形,黄色,百粒重 37.5 g,品质分析结果:容重 738 ~726 g/L,粗蛋白含量 8.59% ~8.75%,粗脂肪含量 4.42% ~4.06%,粗淀粉含量 73.49% ~75.01%。

产量表现:2010—2011 年生产试验平均公顷产量 9 477.4 kg,较对照品种丰禾 1 号增产 11.4%。

注意事项:幼苗生长快,故需及时铲趟管理及追肥,在玉米完熟期后收获。

适应区域:黑龙江省第一积温带上限。

16. 庆单 9 号

品种审定编号:黑审玉 2010024

原代号:庆发 112

选育单位:大庆市庆发种业有限责任公司

品种来源:以自育系庆系 82 为母本、自育系庆系 62 为父本杂交育成。

特征特性:普通玉米品种。在适应区出苗至成熟生育日数为 118 天左右,需≥10 ℃活动积温 2 340 ℃左右。幼苗期第一叶鞘绿色,叶片绿色,茎绿色;株高 245 cm,穗位高 80 cm,果穗锥形,穗轴粉色,成株可见叶片数 16 片,穗长 21 cm,穗粗 5.5 cm,穗行数 18 ~20 行,籽粒马齿型、黄色,百粒重 30 g。品质分析结果:容重 712 ~740 g/L,粗淀粉含量 71.67% ~76.27%,粗蛋白含量 9.10% ~9.58%,粗脂肪含量 4.05% ~4.69%,赖氨酸含量 0.27%。接种鉴定结果:大斑病 3 级,丝黑穗病发病率 17.9% ~21.3%。

产量表现:2007—2008 年区域试验平均公顷产量 9 144.5 kg,较对照品种绥玉 7 号增产 12.5%;2009 年生产试验平均公顷产量 7 790.5 kg,较对照品种绥玉 7 号增产 10.1%。

适应区域:黑龙江省第二积温带下限及第三积温带上限。

17. 先达 203

品种审定编号:黑审玉 2015049

原代号:SN2139

申请者:先正达(中国)投资有限公司隆化分公司

育种者:先正达(中国)投资有限公司隆化分公司

品种来源：以 NP2171 为母本，NP2464 为父本，杂交方法选育而成。

特征特性：普通玉米品种，在适应区出苗至成熟生育日数为 115 天左右，需 ≥10 ℃活动积温 2 250 ℃左右。该品种幼苗期第一叶鞘紫色，叶片淡绿色，茎浅紫色。株高 271 cm，穗位高 95 cm，成株可见 14 片叶。果穗圆筒形，穗轴红色，穗长 20.0 cm，穗粗 5.0 cm，穗行数 14～18 行，籽粒偏马齿型、黄色，百粒重 34.5 g。两年品质分析结果：容重 741～758 g/L，粗淀粉含量 74.35%～75.12%，粗蛋白含量 9.12%～9.29%，粗脂肪含量 4.00%～4.42%。三年抗病接种鉴定结果：中感—感大斑病，丝黑穗病发病率 5.7%～19.4%。

产量表现：2011—2012 年区域试验平均公顷产量 10 090.3 kg，较对照品种嫩单 13 增产 11.7%；2013 年生产试验平均公顷产量 9 655.1 kg，较对照品种嫩单 13 增产 30.9%。

审定意见：该品种符合黑龙江省玉米品种审定标准，通过审定。适宜黑龙江省第三积温带上限种植。

18. 先正达 408

品种审定编号：黑审玉 2012012

原代号：先正达 408（相邻省引进品种）

引进单位：三北种业有限公司

品种来源：由先正达（中国）投资有限公司隆化分公司以 NP2034 为母本，HF903 为父本，杂交方法选育而成。

特征特性：普通玉米品种。在适应区出苗至成熟生育日数为 124 天左右，需 ≥10 ℃活动积温 2 600 ℃左右。幼苗期第一叶鞘紫色，叶片绿色，茎绿色；株高 280 cm、穗位高 100 cm，果穗长筒形，穗轴红色，成株叶片数 19 片，穗长 22.8 cm、穗粗 4.82 cm，穗行数 14 行，籽粒中硬粒型、黄色，百粒重 41.6 g。品质分析结果：容重 750～774 g/L，粗淀粉含量 75.47%～74.62%，粗蛋白含量 8.47%～8.47%，粗脂肪含量 3.55%～4.02%。接种鉴定结果：大斑病 3 级，丝黑穗病发病率 20.8%～19.8%。

产量表现：2010—2011 年生产试验平均公顷产量 9 445.7 kg，较对照品种兴垦 3 号平均增产 14.8%。

适应区域：黑龙江省第一积温带。

19. 翔玉 998

品种审定编号：黑审玉 2016007

原代号：翔玉 998（相邻省引种）

申请者：吉林省鸿翔农业集团鸿翔种业有限公司

育种者：吉林省鸿翔农业集团鸿翔种业有限公司

品种来源：以 Y822 为母本，以 X923－1 为父本，杂交方法选育而成。

特征特性：普通玉米品种。在适应区出苗至成熟生育日数为 128 天左右，需 ≥10 ℃

活动积温 2 650 ℃左右。该品种幼苗期第一叶鞘紫色,叶片绿色,茎绿色。株高 315 cm,穗位高 129 cm,成株可见 18 片叶。果穗圆筒形,穗轴红色,穗长 20.7 cm,穗粗 4.9 cm,穗行数 16 ~ 18 行,籽粒马齿型、黄色,百粒重 37.9 g。两年品质分析结果:容重 783 ~ 799 g/L,粗淀粉含量 73.74% ~ 74.74%,粗蛋白含量 10.55% ~ 11.20%,粗脂肪含量 3.40% ~ 3.51%。两年抗病接种鉴定结果:中感大斑病,丝黑穗病发病率 17.8% ~21.3%。

产量表现:2014—2015 年生产试验平均公顷产量 12 073.2 kg,较对照品种郑单 958 增产 16.1%。

审定意见:该品种符合黑龙江省玉米品种审定标准,通过审定。适宜黑龙江省第一积温带上限种植。

20. 瑞福尔 1 号

品种审定编号:黑审玉 2014043

原代号:瑞福尔 001

选育单位:黑龙江瑞福尔农业发展股份有限公司

品种来源:以 A110 为母本,B201 为父本,杂交方法选育而成。

特征特性:在适应区出苗至成熟生育日数 110 天左右,需≥10 ℃活动积温 2 100 ℃左右。该品种幼苗期第一叶鞘紫色,叶片绿色,茎绿色。株高 240 cm,穗位高 95 cm,成株可见 12 片叶。果穗锥形,穗轴白色,穗长 20.0 cm,穗粗 4.5 cm,穗行数 12 ~ 16 行,籽粒硬粒型、黄色,百粒重 30.0 g。两年品质分析结果:容重 767 ~768 g/L,粗淀粉含量 71.94% ~ 74.25%,粗蛋白含量 9.81% ~ 10.11%,粗脂肪含量 4.14% ~ 4.58%。三年抗病接种鉴定结果:大斑病 3 ~4 级,丝黑穗病发病率 7.5% ~ 12.2%。

产量表现:2012—2013 年区域试验平均公顷产量 10 585.9 kg,较对照品种德美亚 1 号增产 10.1%;2013 年生产试验平均公顷产量 9 066.6 kg,较对照品种德美亚 1 号增产 12.5%。

审定意见:该品种符合黑龙江省玉米品种审定标准,通过审定。适宜在黑龙江省第四积温带上限种植。

21. 南北 6 号

品种审定编号:黑审玉 2013013

原代号:南北 319

选育单位:黑龙江省南北农业科技有限公司

品种来源:以自交系 N66 为母本,自交系 N100 为父本,杂交方法选育而成。

特征特性:普通玉米品种。在适应区出苗至成熟生育日数为 122 天左右,需≥10 ℃活动积温 2 500 ℃左右。该品种幼苗期第一叶鞘紫色,叶片绿色,茎绿色,成株可见 16 片叶,株高 274 cm,穗位高 105 cm。果穗长锥形,穗轴红色,穗长 21 cm,穗粗 5.0 cm,穗行数

16~18行,籽粒半马齿型、黄色,百粒重27.7 g。两年品质分析结果:容重776~795 g/L,粗淀粉含量72.30%~73.82%,粗蛋白含量10.57%~11.09%,粗脂肪含量3.90%~4.19%。三年抗病接种鉴定结果:大斑病3级,丝黑穗病发病率15.2%~16.1%。

产量表现:2010—2011年区域试验平均公顷产量10 022.0 kg,较对照品种鑫鑫2号增产11.2%;2012年生产试验平均公顷产量9 632.6 kg,较对照品种龙单56增产16.1%。

适应区域:黑龙江省第二积温带上限。

22. 鹏诚365

品种审定编号:黑审玉2014016
原代号:2008M
选育单位:黑龙江鹏程农业发展有限公司、杜尔伯特蒙古族自治县种子经销处
品种来源:以A116为母本,X1159为父本,杂交方法选育而成。

特征特性:在适应区出苗至成熟生育日数125天左右,需≥10 ℃活动积温2 600 ℃左右。该品种幼苗期第一叶鞘紫色,叶片深绿色,茎绿色。株高285 cm,穗位高109 cm,成株可见17片叶。果穗圆柱形,穗轴粉红色,穗长23.0 cm,穗粗5.0 cm,穗行数16~18行,籽粒偏马齿型、橙黄色,百粒重33.0 g。两年品质分析结果:容重780~792 g/L,粗淀粉含量72.92%~73.47%,粗蛋白含量9.43%~9.57%,粗脂肪含量4.31%~4.32%。三年抗病接种鉴定结果:大斑病3级,丝黑穗病发病率5.5%~19.6%。

产量表现:2011—2012年区域试验平均公顷产量10 435.7 kg,较对照品种兴垦3号增产14.6%;2013年生产试验平均公顷产量11 045.0 kg,较对照品种兴垦3号增产17.8%。

审定意见:该品种符合黑龙江省玉米品种审定标准,通过审定。适宜在黑龙江省第一积温带种植。

23. 正泰1号

品种审定编号:黑审玉2015008
原代号:CH309
申请者:哈尔滨福盛源农业科技有限公司
育种者:哈尔滨福盛源农业科技有限公司
品种来源:以118为母本,236为父本,杂交方法选育而成。

特征特性:普通玉米品种。在适应区出苗至成熟生育日数为128天左右,需≥10 ℃活动积温2 650 ℃左右。该品种幼苗期第一叶鞘紫色,叶片绿色,茎绿色。株高275 cm,穗位高100 cm,成株可见18片叶。果穗圆筒形,穗轴红色,穗长23.0 cm,穗粗5.0 cm,穗行数16~18行,籽粒马齿型、黄色,百粒重46.2 g。两年品质分析结果:容重746~765 g/L,粗淀粉含量73.41%~74.67%,粗蛋白含量8.87%~10.24%,粗脂肪含量4.04%~4.13%。三年抗病接种鉴定结果:中感大斑病,丝黑穗病发病率11.1%~23.8%。

产量表现:2011、2013 年区域试验平均公顷产量 10 700.7 kg,较对照品种丰禾 1 号增产 10.2%;2014 年生产试验平均公顷产量 12 583.0 kg,较对照品种丰禾 1 号增产 13.0%。

审定意见:该品种符合黑龙江省玉米品种审定标准,通过审定。适宜黑龙江省第一积温带上限种植。

24. 中单 909

品种审定编号:黑审玉 2012005

原代号:中试 839

选育单位:中国农科院作物科学研究所

品种来源:以郑 58 为母本,HD568 为父本,杂交方法选育而成。

特征特性:普通玉米品种。在适应区出苗至成熟生育日数为 130 天左右,需≥10 ℃活动积温 2 700 ℃左右。幼苗期第一叶鞘紫色,叶片绿色,茎绿色;株高 258 cm、穗位高 106 cm,果穗长筒形,穗轴白色,成株叶片数 21 片,穗长 19.3 cm、穗粗 5.0 cm,穗行数14 ~ 16 行,籽粒半马齿型、黄色,百粒重 33 g。品质分析结果:容重 770 ~ 804 g/L,粗淀粉含量 69.38% ~ 75.41%,粗蛋白含量 8.91% ~ 11.27%,粗脂肪含量 3.77% ~ 3.90%。接种鉴定结果:大斑病:3 级,丝黑穗病:9.1% ~ 20.4%。

产量表现:2009—2010 年区域试验平均公顷产量 9 012.6 kg,较对照品种郑单 958 增产 8.0%;2011 年生产试验平均公顷产量 10 148.0 kg,较对照品种郑单 958 增产 5.6%。

适应区域:黑龙江省第一积温带上限。

25. 垦单 23

品种审定编号:黑审玉 2014040

原代号:垦单 23

选育单位:黑龙江省农垦科学院农作物开发研究所

品种来源:以佳 56-1 为母本,佳 108 为父本,杂交方法选育而成。

特征特性:在适应区出苗至成熟生育日数 113 天左右,需≥10 ℃活动积温 2 200 ℃左右。该品种幼苗期第一叶鞘绿色,叶片深绿色,茎绿色。株高 268 cm,穗位高 94 cm,成株可见 14 片叶。果穗圆锥形,穗轴红色,穗长 22.5 cm,穗粗 4.7 cm,穗行数 12 ~ 16 行,籽粒偏硬粒型、黄色,百粒重 35.0 g。两年品质分析结果:容重 716 ~ 736 g/L,粗淀粉含量 73.67% ~ 74.22%,粗蛋白含量 6.24% ~ 8.40%,粗脂肪含量 4.97% ~ 4.98%。两年抗病接种鉴定结果:大斑病 3 级,丝黑穗病发病率 4.3% ~ 9.8%。

产量表现:2012—2013 年生产试验平均公顷产量 9 899.8 kg,较对照品种嫩单 13 平均增产 14.4%。

审定意见:该品种符合黑龙江省玉米品种审定标准,通过审定。适宜在黑龙江省第三积温带种植。

26. 惠育 1 号

品种审定编号:黑审玉 2009012

原代号:哈惠育 0501

选育单位:黑龙江省惠丰种业有限公司

品种来源:以 81162 为母本,以 HF06 为父本,杂交方法选育而成。

特征特性:普通玉米品种。在适应区出苗至成熟生育日数为 126 天左右,需 ≥10 ℃活动积温 2 600 ℃左右。幼苗期第一叶鞘紫色,第一叶尖端形状圆形、叶片绿色,茎直;株高 280 cm、穗位高 115 cm,果穗圆柱形,穗轴红色,成株叶片数 18,穗长 24 cm、穗粗 4.8 cm,穗行数 14 ~ 16 行,籽粒马齿型、黄色。品质分析结果:容重 744 g/L,粗淀粉含量 74.06% ~ 74.72%,粗蛋白含量 9.14% ~ 10.33%,粗脂肪含量 4.39% ~ 4.59%。接种鉴定结果:大斑病 2 级,丝黑穗病发病率 2.3% ~ 6.5%。

产量表现:2006—2007 年区域试验平均公顷产量 9 614.0 kg,较对照品种四单 19 增产 11%;2008 年生产验平均公顷产量 9 002.0 kg,较对照品种四单 19 增产 6.3%。

注意事项:生育前期及时铲趟,后期注意防虫。

适应区域:黑龙江省第一积温带。

27. 鸿锐达 1 号

品种审定编号:黑审玉 2014013

原代号:天发 916

选育单位:大庆市庆发种业有限责任公司、齐齐哈尔鸿锐达种业有限公司

品种来源:以庆系 W721 为母本,庆系 504 为父本,杂交方法选育而成。

特征特性:在适应区出苗至成熟生育日数 125 天左右,需 ≥10 ℃活动积温 2 600 ℃左右。该品种幼苗期第一叶鞘绿色,叶片深绿色,茎绿色。株高 290 cm,穗位高 108 cm,成株可见 17 片叶。果穗筒形,穗轴粉色,穗长 20.0 cm,穗粗 5.2 cm,穗行数 18 行左右,籽粒偏马齿型、黄色,百粒重 38.5 g。两年品质分析结果:容重 754 ~ 760 g/L,粗淀粉含量 73.44% ~ 74.53%,粗蛋白含量 9.07% ~ 9.21%,粗脂肪含量 4.15%。三年抗病接种鉴定结果:大斑病 3 ~ 3 + 级,丝黑穗病发病率 19.7% ~ 21.7%。

产量表现:2011—2012 年区域试验平均公顷产量 10 208.7 kg,较对照品种兴垦 3 号增产 12.9%;2013 年生产试验平均公顷产量 9 798.1 kg,较对照品种兴垦 3 号增产 14.0%。

审定意见:该品种符合黑龙江省玉米品种审定标准,通过审定。适宜在黑龙江省第一积温带种植。

第六章　黑龙江省玉米育种趋势与展望

　　玉米是全球第一大作物,是我国粮食安全和稳产增产的主力军。当前,面对经济社会的快速发展和人增地减、资源紧缺、生态环境恶化、市场竞争激烈等一系列突出问题,要求农业生产技术必须做出相应的改革与发展。黑龙江省是我国第一大玉米主产区,玉米在全省范围内均有种植,种植范围最广、单产潜力最高、用途最多,黑龙江省也是我国最大的玉米种子市场,国内外各大种业纷纷进入黑龙江开展玉米研发与竞争,黑龙江玉米正面临着新的历史发展机遇和严峻挑战。

　　随着生活水平的提高和玉米用途的不断扩展,玉米产业链的延伸和发展需求呈现多样化,未来对玉米的需求将不断增加;耕地资源稀缺,资源与环境问题日益突出;农村劳动力转移,农业劳动力不足,促进农业种植方式转变;农产品需求从数量型向质量型转化,对农产品质量和安全要求越来越高,以及全球气候变化的影响,这些生产要素、产品需求、环境气候和种植方式的变化,都成为未来玉米育种与栽培技术创新的重要内在动力。而现代生物、信息、新材料、新能源、制造、加工等技术发展又为玉米创新发展提供了新的技术手段。

　　高产、优质、高效、生态、安全仍然是黑龙江玉米未来中长期的主要目标。依靠种质创新与技术创新持续提高玉米单产,保障粮食安全;转变生产发展方式,节本增效、提质增效、提高玉米生产的综合效益和市场竞争力是玉米 生产和产业最需要坚持的。随着家庭农场、合作社等经营主体的壮大发展,土地托管、土地流转等经营方式的转变,机械化、规模化、集约化和优质化生产将成为黑龙江未来玉米生产主流方式,信息化和智能装备在玉米生产上得到进一步应用。与之相配套的早熟、耐密、抗逆、宜机收品种选育、资源高效利用、抗逆减灾栽培、精准栽培与管理等技术需求应该得到高度重视,做好技术储备。

一、以"抗逆丰产优质宜机收"为育种目标,持续提高玉米单产水平

　　产量潜力大、用途广的特点决定了玉米在未来粮食生产中的地位将更加突出。品种更新换代使玉米产量发生了质的飞跃,近年来品种更新的周期越来越短,新品种数量越来越多,品种的产量水平、综合抗性越来越高。多抗广适、高产稳产型品种仍将是生产和市场最为需求的。突破籽粒机收技术瓶颈,实施全程机械化是发展方向,因此,选育"抗逆丰产优质宜机收"品种,努力提高单产水平仍是当前及未来玉米品种选育的长期任务与方向。

　　"抗逆"是指品种对生物逆境和非生物逆境胁迫的反应迟钝,即在遭遇逆境胁迫时,

品种的抗(耐)性强、稳产性好。抗逆性是一个品种稳产、适应性广的先决条件。纵观我国不同年代的"大品种",如 20 世纪 70 年代的中单 2 号,80 年代的丹玉 13,90 年代的四单 19,2000 年以来的郑单 958 和先玉 335,无一例外都具有非常好的抗逆稳产性。对于黑龙江省玉米,抗倒伏、抗旱、抗冷是重要指标,抗病性主要指抗玉米丝黑穗病、大小斑病、茎基腐病、瘤黑粉病的能力。国内外的实践证明,增密增产是玉米持续高产的技术方向,增加密度后,品种的抗逆性则更为重要。长期以来,黑龙江省大部分区域农户偏好稀植大穗型玉米品种,21 世纪初期,黑龙江省玉米平均种植密度不足 45000 株/hm²,近 10 年,随着玉米生产机械化的应用,及德美亚 1 号、2 号和 3 号系列品种在黑龙江省北部地区的推广应用,黑龙江省玉米种植密度显著增加,但黑龙江省本土选育品种的耐密性明显弱于国外品种,因此,培育与应用耐密植、群体产量潜力大的玉米品种,将是黑龙江省玉米种质创新的首要目标。耐密型品种株型倾向于叶片宽、上冲、穗位低、雄穗小;果穗倾向于中等大小、出籽率高、穗轴细、百粒重高。

"丰产"是指品种在优越环境条件下丰产性好、产量潜力大,在一般环境条件下,仍能保持较稳定的产量。这个目标无论是从有利于国家粮食安全的社会效益上看,还是从有利于农民增加收益的经济效益上看,都是尤为重要的。育种家对高产给予了足够重视,实践证明,只注重高产而忽略稳产的品种,其应用区域十分有限,应用年限也较短。对于边际效应大,年际间产量波动大、抗逆性较差,往往有这类性状之一的品种丰产性较差。

"优质"主要是指食用品质和商品品质好,食用品质的优良直接关系到玉米食物的食味与营养,关系到人们的健康。商品品质如籽粒容重高、霉变籽粒比率低或无,决定了玉米销售价格,和生产者的利益直接相关,因而也是不可或缺的。

"宜机收"是指品种适宜机械化收获,这其中主要包括以下几个性状,一是收获时植株直立不倒,二是霉变籽粒比率低或无,三是收获时籽粒水分含量低,四是具有易脱粒性,五是"掉棒"、落粒率低,等等。

目前我国玉米机收时籽粒含水量平均为 26.83%,其中东北大部地区玉米收获时籽粒含水量在 29% 以上,黑龙江省玉米收获时籽粒含水量在 30% 以上,收获时机收脱粒籽粒破损率 > 10%,不但造成了产量损失,降低了产品等级,还大幅度提高了生产成本。随着玉米全程机械化技术的推广应用,需要适应机械化收获的早熟高产品种。

二、加快推进玉米单倍体育种技术应用与实践

以生物诱导为基础的玉米单倍体育种即 DH(Doubled haploid)技术已成为现代玉米育种的核心技术之一。该技术突破了传统选系周期长进度慢的局限,将传统的"连续自交"多步选系转变为"诱导和加倍单倍体"两步选系,2 个世代即可获得 DH 纯系,大大加快了育种进程,具有巨大的商业育种价值,已经在美国杜邦先锋、孟山都、德国 KWS 等跨国公司的玉米育种中得到大规模的应用。在我国,多家单位也在进行单倍体诱导工作。中国农业大学陈绍江教授团队"玉米单倍体育种高效技术体系的创建及应用",将技术发明与应用基础研究和育种实践紧密结合,创建了玉米单倍体育种高效技术体系,独创了高

油诱导系及单倍体籽粒自动化鉴别技术,促进了玉米杂交育种技术的转型升级,具有重大的科学意义与应用价值。北京市农林科学院玉米研究中心创制出诱导率高、结实性好等优良特性的玉米单倍体诱导系 6 个,并率先利用和选育出 3 个单交种型诱导系;集成创新一套链条式流水线作业的工程化玉米单倍体育种技术体系,实现规模化创制优良 DH 系;建立以单倍体育种技术为核心,以 DH 系为载体,信息技术和 DNA 指纹分子技术紧密结合的单倍体育种平台,并利用单倍体育种技术快速解决多个主推品种缺陷,实现和促进新品种、新技术的大规模产业化和大面积应用。

目前黑龙江省大部分育种单位未能开展大规模的单倍体育种技术应用,育种方法仍以传统杂交育种为主,黑龙江省作为一个玉米大省,生态类型丰富,对玉米品种的需求量大且类型多,黑龙江省的育种单位需要针对当前玉米育种工作中所存在育种技术落后、缺乏种质资源创新能力等问题,不断创新玉米育种技术,以降低育种成本,提高玉米新品种培育质量和效率,加快单倍体育种技术的应用与实践,以改良本土种质资源为核心,构建全新的玉米单倍体育种新体系,以满足品种快速更新换代的需求。

三、迎合市场需求,加强食用玉米品种选育与推广

随着人们保健意识提高,人们越来越注重膳食营养多样化,作为"黄金食品"的玉米得到人们的关注,食用玉米食品种类主要包括鲜食玉米、玉米面和玉米碴等玉米原粮产品。

鲜食玉米是集粮、经、果、饲为一体的高效经济作物,与常规玉米相比,鲜食玉米具有口感好、营养丰富等优点,具有较好的食疗和保健作用,对改善膳食结构、增进身体健康、促进食品加工业及相关产业发展、增加农民收入和加速农业产业化进程都具有重要意义。黑龙江省是鲜食玉米的黄金生产带,良好的生态环境、集中连片的黑土沃野、全国最大的绿色食品生产基地为鲜食玉米发展提供了优良的生产条件。

目前全国鲜食玉米市场消费量 570 亿穗,并有进一步扩大的趋势,其中糯玉米消费占 45.8%,甜玉米消费占 28.9%,"甜 + 糯"玉米占 7.9%。我省鲜食玉米生产量近 30.5 亿穗,仅占全国的 5.5%,北方糯玉米产量占全国的 72%,南方甜玉米产量占全国的 58%,形成了"北糯南甜"的生产和消费格局,全国鲜食玉米采购市场向北发展向黑龙江转移的趋势已经形成。2017 年,黑龙江省鲜食玉米总面积达到 122.8 万亩,比 2016 年增加 76.4 万亩,主要分为糯玉米、"甜 + 糯"玉米和甜玉米三大类,其中糯玉米和"甜 + 糯"玉米种植面积比重较大,占鲜食玉米总面积的 78.7%;甜玉米占 21.3%。我省主栽品种有垦粘 1号、垦粘 7 号、万糯 2000、金糯 262、京科糯 2000、吉农糯号、小黄粘、花糯 3 号等。目前黑龙江省鲜食玉米主栽品种大多数为外省引进品种,黑龙江省本土选育的知名品种只有垦粘 1 号和垦粘 7 号等少数几个品种,黑龙江省玉米育种应加强鲜食玉米品种资源收集、整理及品种选育,以满足未来鲜食玉米市场需求。

随着人们对均衡营养膳食的注重,人们对玉米碴、玉米面等产品的需求量呈增加趋势,目前生产中适于加工玉米碴、玉米面等口粮专用型品种很少,在未来的品种选育过程

中,注意关注品种营养品质、加工品质等指标,培育口粮专用型玉米品种,以质提效,满足市场需求,增加农民收入。

参考文献

[1] 赵久然,王帅,李明,等. 玉米育种行业创新现状与发展趋势[J]. 植物遗传资源学报,2018,19(3):435-446.

[2] 李少昆,王立春,王璞,等. 中国玉米栽培研究进展与展望[J]. 中国农业科学,2017,50(11):1941-1959.

[3] 刘翠翠. 浅谈黑龙江省鲜食玉米产业发展[J]. 农场经济管理,2018,(5):9-10.

[4] 李贺. 黑龙江省玉米产业发展现状、问题与对策研究[J]. 中国农业资源与区划,2016,37(9):53-56.

[5] 苏俊. 黑龙江省玉米育种的问题及建议[J]. 黑龙江农业科学,1996(1):29-31.

[6] 苏俊. 黑龙江省玉米育种研究现状和存在问题及对策措施[J]. 黑龙江农业科学,1998,(1):45-49.

[7] 张瑞博,. 黑龙江省玉米生产和育种现状[J]. 黑龙江农业科学,2008(4):130-132.

[8] 蒋佰福,牛忠林,邱磊,等. 黑龙江省玉米育种存在的问题及对策[J]. 中国种业,2016,(4):12-16.

[9] 马兴林,崔铁英,徐安波,等. 对我国玉米育种目标的思考与讨论[J].. 农业科技通讯,2019(7):4-6.

[10] 陈瑞杰,刘东胜,孙招. 玉米育种的现状与发展方向[J]. 花卉,2020(02):294-295.

附录 A 2017—2019 年黑龙江省审定玉米品种名录

表 A1 2017—2019 年黑龙江省审定玉米品种名录

序号	审定编号	品种名称	原代号	适应区域
1	黑审玉 2017001	先玉 987	XIANYU987	黑龙江省第一积温带上限
2	黑审玉 2017002	双玉 201	双玉 201	黑龙江省第一积温带上限
3	黑审玉 2017003	禾育 35	禾育 35（相邻省引种）	黑龙江省第一积温带上限
4	黑审玉 2017004	华科 425	华科 425（相邻省引种）	黑龙江省第一积温带上限
5	黑审玉 2017005	和育 188	CF1321	黑龙江省第一积温带
6	黑审玉 2017006	莊施美 208	HX208	黑龙江省第一积温带
7	黑审玉 2017007	奥洋红 1 号	SQ2013	黑龙江省第一积温带
8	黑审玉 2017008	倍玉 1 号	倍玉 1002	黑龙江省第一积温带
9	黑审玉 2017009	中单 105	东农 1302	黑龙江省第一积温带
10	黑审玉 2017010	金盛 1 号	金盛 1 号	黑龙江省第一积温带
11	黑审玉 2017011	龙单 96	龙 214	黑龙江省第一积温带
12	黑审玉 2017012	嫩单 19 号	嫩 1321	黑龙江省第一积温带
13	黑审玉 2017013	星单 3	M106	黑龙江省第二积温带上限
14	黑审玉 2017014	合玉 29	合 301	黑龙江省第二积温带上限
15	黑审玉 2017015	龙单 83	黑 283	黑龙江省第二积温带上限
16	黑审玉 2017016	泉润 3467	佳 CH110	黑龙江省第二积温带上限
17	黑审玉 2017017	德邦 597	佳友 03	黑龙江省第二积温带上限
18	黑审玉 2017018	江单 6	黑 3104	黑龙江省第二积温带
19	黑审玉 2017019	四季 219	WZ5	黑龙江省第二积温带
20	黑审玉 2017020	迪卡 578	迪卡 578	黑龙江省第二积温带
21	黑审玉 2017021	志合 411	MJ001	黑龙江省第二积温带
22	黑审玉 2017022	龙单 86	龙 410	黑龙江省第二积温带
23	黑审玉 2017023	邦玉 353	ZW46	黑龙江省第二积温带下限、第三积温带上限
24	黑审玉 2017024	翔玉 217	XY13019	黑龙江省第二积温带下限、第三积温带上限
25	黑审玉 2017025	春源 117	春源 901	黑龙江省第二积温带下限、第三积温带上限

续表

序号	审定编号	品种名称	原代号	适应区域
26	黑审玉 2017026	中正 331	佳 D898	黑龙江省第二积温带下限、第三积温带上限
27	黑审玉 2017027	雪城 386	雪城 386	黑龙江省第二积温带下限、第三积温带上限
28	黑审玉 2017028	益农玉 16 号	益农 1306	黑龙江省第二积温带下限、第三积温带上限
29	黑审玉 2017029	泉润 718	HL452	黑龙江省第三积温带
30	黑审玉 2017030	齐丰 518	宾 0927	黑龙江省第三积温带
31	黑审玉 2017031	龙育 828	龙育 828	黑龙江省第三积温带
32	黑审玉 2017032	庆育 337	庆 1337	黑龙江省第三积温带
33	黑审玉 2017033	益农玉 12 号	益农 1308	黑龙江省第三积温带
34	黑审玉 2017034	星单 4	M809	黑龙江省第三积温带
35	黑审玉 2017035	华美 3 号	华美 3 号	黑龙江省第三积温带
36	黑审玉 2017036	乾玉 198	BF1009	黑龙江省第四积温带上限
37	黑审玉 2017037	富成 388	富成 388	黑龙江省第四积温带上限
38	黑审玉 2017038	吉龙 789	久龙 999	黑龙江省第四积温带上限
39	黑审玉 2017039	克玉 18	克 044	黑龙江省第四积温带上限
40	黑审玉 2017040	鑫科玉 3 号	鑫丰 901	黑龙江省第四积温带上限
41	黑审玉 2017041	益农玉 14 号	益农 1309	黑龙江省第四积温带上限
42	黑审玉 2017042	依龙 012	YL012	黑龙江省第四积温带
43	黑审玉 2017043	哈丰 4 号	哈丰 1158	黑龙江省第四积温带
44	黑审玉 2017044	瑞福尔 2 号	瑞福尔 112	黑龙江省第四积温带
45	黑审玉 2017045	鑫科玉 4 号	鑫丰 819	黑龙江省第四积温带
46	黑审玉 2017046	白糯 118	白糯 118	黑龙江省第一、二积温带做鲜食玉米种植
47	黑审玉 2017047	花糯 3	花糯 3	黑龙江省第一、二积温带做鲜食玉米种植
48	黑审玉 2017048	京科糯 2010	京科糯 2010	黑龙江省第一、二、三积温带作为鲜食玉米种植
49	黑审玉 2017049	垦粘 8 号	垦裕糯 102	黑龙江省第一、二、三积温带作为鲜食种植
50	黑审玉 2017050	先北 878	先北 878	黑龙江省第二积温带
51	黑审玉 2017051	TN119	富尔 TN11 – 9	黑龙江省第一、二、三积温带作鲜食玉米种植
52	黑审玉 2017052	东青 2 号	东农 1412	黑龙江省第一积温带作为青贮玉米种植
53	黑审玉 2017053	吉龙 369	金青 309	黑龙江省第二积温带作为青贮玉米种植
54	黑垦审玉 2017001	德美亚 4 号	KF1428	黑龙江省第一积温带垦区

序号	审定编号	品种名称	原代号	适应区域
55	黑垦审玉 2017002	龙垦 11	KFZ202	黑龙江省第一积温带下限垦区
56	黑垦审玉 2017003	龙垦 12	KFZ701	黑龙江省第三积温带垦区
57	黑审玉 2018001	龙单 156	龙 113	适宜在黑龙江省≥10 ℃活动积温 2800 ℃以上区域种植
58	黑审玉 2018002	丰禾 9	禾 14101	适宜在黑龙江省≥10 ℃活动积温 2 800 ℃以上区域种植
59	黑审玉 2018003	中单 126	ZD1401	适宜在黑龙江省≥10 ℃活动积温 2 800 ℃以上区域种植
60	黑审玉 2018004	恒育 218	恒育 218（相邻省引种）	适宜在黑龙江省≥10 ℃活动积温 2 800 ℃以上区域种植
61	黑审玉 2018005	禾畅 118	HS118	适宜在黑龙江省≥10 ℃活动积温 2 800 ℃以上区域种植
62	黑审玉 2018006	垦沃 1 号	垦沃 1 号（相邻省引种）	适宜在黑龙江省≥10 ℃活动积温 2 750 ℃区域种植
63	黑审玉 2018007	江单 9 号	黑 285	适宜在黑龙江省≥10 ℃活动积温 2 650 ℃区域种植
64	黑审玉 2018008	东农 261	东农 1403	适宜在黑龙江省≥10 ℃活动积温 2 650 ℃区域种植
65	黑审玉 2018009	盛誉 2018	盛育 2013	适宜在黑龙江省≥10 ℃活动积温 2 650 ℃区域种植
66	黑审玉 2018010	鹏玉 16	龙育 365	适宜在黑龙江省≥10 ℃活动积温 2 650 ℃区域种植
67	黑审玉 2018011	龙单 158	龙 313	适宜在黑龙江省≥10 ℃活动积温 2 650 ℃区域种植
68	黑审玉 2018012	创玉 402	创玉 402	适宜在黑龙江省≥10 ℃活动积温 2 650 ℃区域种植
69	黑审玉 2018013	鹏玉 17	安育 308	适宜在黑龙江省≥10 ℃活动积温 2 650 ℃区域种植
70	黑审玉 2018014	鹏诚 216	鹏诚 216	适宜在黑龙江省≥10 ℃活动积温 2 650 ℃区域种植
71	黑审玉 2018015	正泰 101	正泰 101（相邻省引种）	适宜在黑龙江省≥10 ℃活动积温 2 650 ℃区域种植

序号	审定编号	品种名称	原代号	适应区域
72	黑审玉 2018016	恒育 898	恒育 898（相邻省引种）	适宜在黑龙江省≥10 ℃活动积温 2 650 ℃区域种植
73	黑审玉 2018017	吉农大 5 号	吉农大 5 号（相邻省引种）	适宜在黑龙江省≥10 ℃活动积温 2 650 ℃区域种植
74	黑审玉 2018018	益农玉 9 号	YN1404	适宜在黑龙江省≥10 ℃活动积温 2 550 ℃区域种植
75	黑审玉 2018019	GC887	M111	适宜在黑龙江省≥10 ℃活动积温 2 550 ℃区域种植
76	黑审玉 2018020	吉云 5 号	D301－7	适宜在黑龙江省≥10 ℃活动积温 2 550 ℃区域种植
77	黑审玉 2018021	东利 558	YF415	适宜在黑龙江省≥10 ℃活动积温 2 550 ℃区域种植
78	黑审玉 2018022	垦单 19	垦单 19（相邻省引种）	适宜在黑龙江省≥10 ℃活动积温 2 550 ℃区域种植
79	黑审玉 2018023	农华 301	SM1304	适宜在黑龙江省≥10 ℃活动积温 2 550 ℃区域种植
80	黑审玉 2018024	合玉 31	HJ632	适宜在黑龙江省≥10 ℃活动积温 2 450 ℃区域种植
81	黑审玉 2018025	益农玉 6 号	益农 1406	适宜在黑龙江省≥10 ℃活动积温 2 450 ℃区域种植
82	黑审玉 2018026	A3678	A3678	适宜在黑龙江省≥10 ℃活动积温 2 450 ℃区域种植
83	黑审玉 2018027	保收 606	保收 606	适宜在黑龙江省≥10 ℃活动积温 2 450 ℃区域种植
84	黑审玉 2018028	禾田玉 301	宝成 87	适宜在黑龙江省≥10 ℃活动积温 2 450 ℃区域种植
85	黑审玉 2018029	瑞福尔 6 号	瑞福尔 6 号	适宜在黑龙江省≥10 ℃活动积温 2 450 ℃区域种植
86	黑审玉 2018030	志合 511	MJ002	适宜在黑龙江省≥10 ℃活动积温 2 450 ℃区域种植
87	黑审玉 2018031	垦单 15	垦单 15（相邻省引种）	适宜在黑龙江省≥10 ℃活动积温 2 450 ℃区域种植

序号	审定编号	品种名称	原代号	适应区域
88	黑审玉 2018032	广单 805	JY805	适宜在黑龙江省≥10 ℃活动积温 2 350 ℃区域种植
89	黑审玉 2018033	龙辐玉 10 号	龙辐 809	适宜在黑龙江省≥10 ℃活动积温 2 350 ℃区域种植
90	黑审玉 2018034	克玉 19	克 334	适宜在黑龙江省≥10 ℃活动积温 2 350 ℃区域种植
91	黑审玉 2018035	鹏玉 7	龙育 8689	适宜在黑龙江省≥10 ℃活动积温 2 350 ℃区域种植
92	黑审玉 2018036	江单 13	黑 458	适宜在黑龙江省≥10 ℃活动积温 2 350 ℃区域种植
93	黑审玉 2018037	益农玉 8 号	益农 1408	适宜在黑龙江省≥10 ℃活动积温 2 350 ℃区域种植
94	黑审玉 2018038	华庆 710	QF4710	适宜在黑龙江省≥10 ℃活动积温 2 250 ℃区域种植
95	黑审玉 2018039	益农玉 7 号	益农 1410	适宜在黑龙江省≥10 ℃活动积温 2 250 ℃区域种植
96	黑审玉 2018040	CS0163	CSM0163	适宜在黑龙江省≥10 ℃活动积温 2 250 ℃区域种植
97	黑审玉 2018041	利合 327	利合 327	适宜在黑龙江省≥10 ℃活动积温 2 250 ℃区域种植
98	黑审玉 2018042	华庆 206	CSM4206	适宜在黑龙江省≥10 ℃活动积温 2 050 ℃区域种植
99	黑审玉 2018043	吉龙 168	吉龙 166	适宜在黑龙江省≥10 ℃活动积温 2 400 ℃以上区域作为青贮玉米种植
100	黑审玉 2018044	龙育 15	龙育 15	适宜在黑龙江省≥10 ℃活动积温 2 400 ℃以上区域作为青贮玉米种植
101	黑审玉 2018045	哈糯 2018	哈单 9394	适宜在黑龙江省≥10 ℃活动积温 2 300 ℃以上区域作为鲜食玉米种植
102	黑审玉 2018046	众粘 2 号	ZY1501	适宜在黑龙江省≥10 ℃活动积温 2 400 ℃以上区域作为鲜食玉米种植
103	黑审玉 2018047	白糯 268	白糯 268	适宜在黑龙江省≥10 ℃活动积温 2 300 ℃以上区域作为鲜食玉米种植

续表

序号	审定编号	品种名称	原代号	适应区域
104	黑审玉 2018048	宏硕 307	宏硕 377	适宜在黑龙江省≥10 ℃活动积温 2 800 ℃以上区域作为机收籽粒品种种植
105	黑审玉 2018049	东农 264	东农 264	适宜在黑龙江省≥10 ℃活动积温 2 800 ℃以上区域作为机收籽粒品种种植
106	黑审玉 2018050	龙单 90	龙单 90	适宜在黑龙江省≥10 ℃活动积温 2 800 ℃以上区域作为机收籽粒品种种植
107	黑审玉 2018051	泉润 567	泉润 567	适宜在黑龙江省≥10 ℃活动积温 2 800 ℃以上区域作为机收籽粒品种种植
108	黑审玉 2018052	YN1606	YN1606	适宜在黑龙江省≥10 ℃活动积温 2 600 ℃以上区域作为机收籽粒品种种植
109	黑审玉 2018053	华庆 6 号	华庆 6 号	适宜在黑龙江省≥10 ℃活动积温 2 400 ℃以上区域作为机收籽粒品种种植
110	黑审玉 2018054	先玉 1503	先玉 1503	适宜在黑龙江省≥10 ℃活动积温 2 400 ℃以上区域作为机收籽粒品种种植
111	黑审玉 2018Z001	京科糯 2000E	京科糯 2000E	适宜在黑龙江省≥10 ℃活动积温 2 300 ℃以上区域作为鲜食玉米种植
112	黑审玉 2018Z002	农科玉 368	农科玉 368	适宜在黑龙江省≥10 ℃活动积温 2 200 ℃以上区域作为鲜食玉米在保护地种植
113	黑审玉 2018Z003	米哥	米哥	适宜在黑龙江省≥10 ℃活动积温 2 200 ℃以上区域作为鲜食玉米在保护地种植
114	黑审玉 2018Z004	脆王	脆王	适宜在黑龙江省≥10 ℃活动积温 2 100 ℃以上区域作为鲜食玉米在保护地种植
115	黑审玉 2018Z005	奥弗兰	奥弗兰	适宜在黑龙江省≥10 ℃活动积温 2 400 ℃以上区域作为鲜食玉米在保护地种植
116	黑垦审玉 2018001	龙垦 14	KFZ204	适宜在黑龙江省≥10 ℃活动积温 2 750 ℃以上垦区区域种植
117	黑垦审玉 2018002	龙垦 15	KFZ403	适宜在黑龙江省≥10 ℃活动积温 2 550 ℃以上垦区区域种植
118	黑垦审玉 2018003	龙垦 16	KFZ704	适宜在黑龙江省≥10 ℃活动积温 2 400 ℃以上垦区区域种植
119	黑垦审玉 2018004	龙垦 17	KFZ705	适宜在黑龙江省≥10 ℃活动积温 2 400 ℃以上垦区区域种植

续表

序号	审定编号	品种名称	原代号	适应区域
120	黑垦审玉 2018005	龙垦 18	红 803	适宜在黑龙江省≥10 ℃活动积温 2 350 ℃以上垦区区域种植
121	黑垦审玉 2018006	龙垦 19	北种 803	适宜在黑龙江省≥10 ℃活动积温 2 350 ℃以上垦区区域种植
122	黑审玉 20190001	登鑫 198	龙信 519	适宜在黑龙江省≥10 ℃活动积温 2 800 ℃以上区域种植
123	黑审玉 20190002	龙单 82	龙单 82	适宜在黑龙江省≥10 ℃活动积温 2 800 ℃以上区域种植
124	黑审玉 20190003	东农 262	东农 262	适宜在黑龙江省≥10 ℃活动积温 2 800 ℃以上区域种植
125	黑审玉 20190004	良玉 66 号	良玉 66 号	适宜在黑龙江省≥10 ℃活动积温 2 800 ℃以上区域种植
126	黑审玉 20190005	嫩单 22	嫩单 22	适宜在黑龙江省≥10 ℃活动积温 2 750 ℃区域种植
127	黑审玉 20190006	龙单 81	龙单 81	适宜在黑龙江省≥10 ℃活动积温 2 750 ℃区域种植
128	黑审玉 20190007	巴玉 15	巴玉 15	适宜在黑龙江省≥10 ℃活动积温 2 750 ℃区域种植
129	黑审玉 20190008	金丰 360	龙信 529	适宜在黑龙江省≥10 ℃活动积温 2 750 ℃区域种植
130	黑审玉 20190009	德元 158	德元 158	适宜在黑龙江省≥10 ℃活动积温 2 750 ℃区域种植
131	黑审玉 20190010	东利 669	QS307	适宜在黑龙江省≥10 ℃活动积温 2 750 ℃区域种植
132	黑审玉 20190011	晟尔瑞 1 号	布鲁克 101	适宜在黑龙江省≥10 ℃活动积温 2 750 ℃区域种植
133	黑审玉 20190012	巴玉 13	巴玉 13	适宜在黑龙江省≥10 ℃活动积温 2 650 ℃区域种植
134	黑审玉 20190013	嫩单 23	嫩单 23	适宜在黑龙江省≥10 ℃活动积温 2 650 ℃区域种植
135	黑审玉 20190014	丰秋 1 号	丰秋 1 号	适宜在黑龙江省≥10 ℃活动积温 2 650 ℃区域种植

序号	审定编号	品种名称	原代号	适应区域
136	黑审玉 20190015	佳 149	佳试 13005	适宜在黑龙江省≥10 ℃活动积温 2 650 ℃区域种植
137	黑审玉 20190016	H158	嘉禾 58	适宜在黑龙江省≥10 ℃活动积温 2 650 ℃区域种植
138	黑审玉 20190017	东农 265	东农 265	适宜在黑龙江省≥10 ℃活动积温 2 550 ℃区域种植
139	黑审玉 20190018	南北 12	南北 12	适宜在黑龙江省≥10 ℃活动积温 2 550 ℃区域种植
140	黑审玉 20190019	先玉 1506	先玉 1506	适宜在黑龙江省≥10 ℃活动积温 2 550 ℃区域种植
141	黑审玉 20190020	江单 10	黑 3105	适宜在黑龙江省≥10 ℃活动积温 2 550 ℃区域种植
142	黑审玉 20190021	新玉 816	佳试 12007	适宜在黑龙江省≥10 ℃活动积温 2 550 ℃区域种植
143	黑审玉 20190022	福玉 105	福玉 105	适宜在黑龙江省≥10 ℃活动积温 2 550 ℃区域种植
144	黑审玉 20190023	凯玉 7 号	QF1316	适宜在黑龙江省≥10 ℃活动积温 2 550 ℃区域种植
145	黑审玉 20190024	北斗 303	北斗 303	适宜在黑龙江省≥10 ℃活动积温 2 450 ℃区域种植
146	黑审玉 20190025	龙单 87	龙单 87	适宜在黑龙江省≥10 ℃活动积温 2 450 ℃区域种植
147	黑审玉 20190026	益农玉 15	YN108	适宜在黑龙江省≥10 ℃活动积温 2 350 ℃区域种植
148	黑审玉 20190027	富尔 1772	富尔 1772	适宜在黑龙江省≥10 ℃活动积温 2 350 ℃区域种植
149	黑审玉 20190028	齐丰 1 号	齐丰 1	适宜在黑龙江省≥10 ℃活动积温 2 350 ℃区域种植
150	黑审玉 20190029	天勤 303	众玉 8 号	适宜在黑龙江省≥10 ℃活动积温 2 350 ℃区域种植
151	黑审玉 20190030	中龙玉 6 号	中龙玉 6 号	适宜在黑龙江省≥10 ℃活动积温 2 350 ℃区域种植

序号	审定编号	品种名称	原代号	适应区域
152	黑审玉 20190031	齐丰 993	克 436	适宜在黑龙江省 ≥10 ℃活动积温 2 350 ℃区域种植
153	黑审玉 20190032	益农玉 19	YN109	适宜在黑龙江省 ≥10 ℃活动积温 2 250 ℃区域种植
154	黑审玉 20190033	东农 270	东农 270	适宜在黑龙江省 ≥10 ℃活动积温 2 050 ℃区域种植
155	黑审玉 20190034	富尔 3023	富尔 3023	适宜在黑龙江省 ≥10 ℃活动积温 2 050 ℃区域种植
156	黑审玉 20190035	益农玉 18	益农玉 18 号	适宜在黑龙江省 ≥10 ℃活动积温 2 050 ℃区域种植
157	黑审玉 20190036	丰禾 015	丰禾 015	适宜在黑龙江省 ≥10 ℃活动积温 2 650 ℃以上区域作青贮玉米种植
158	黑审玉 20190037	龙育 17	龙育 17	适宜在黑龙江省 ≥10 ℃活动积温 2 650 ℃以上区域作青贮玉米种植
159	黑审玉 20190038	京科 968	京科 968	适宜在黑龙江省 ≥10 ℃活动积温 2 650 ℃以上区域作青贮玉米种植
160	黑审玉 20190039	京科青贮 932	京科青贮 932	适宜在黑龙江省 ≥10 ℃活动积温 2 350 ℃以上区域作青贮玉米种植
161	黑审玉 20190040	丰禾 3019	丰禾 3019	适宜在黑龙江省 ≥10 ℃活动积温 2 700 ℃以上区域作为机收籽粒品种种植
162	黑审玉 20190041	龙单 118	龙单 104	适宜在黑龙江省 ≥10 ℃活动积温 2 700 ℃以上区域作为机收籽粒品种种植
163	黑审玉 20190042	沃普 401	沃普 401	适宜在黑龙江省 ≥10 ℃活动积温 2 700 ℃以上区域作为机收籽粒品种种植
164	黑审玉 20190043	新玉 818	中正 301	适宜在黑龙江省 ≥10 ℃活动积温 2 700 ℃以上区域作为机收籽粒品种种植
165	黑审玉 20190044	龙育 601	龙育 601	适宜在黑龙江省 ≥10 ℃活动积温 2 700 ℃以上区域作为机收籽粒品种种植
166	黑审玉 20190045	北试 376	北试 376	适宜在黑龙江省 ≥10 ℃活动积温 2 500 ~ 2 700 ℃区域作为机收籽粒品种种植
167	黑审玉 20190046	星单 6 号	星单 6	适宜在黑龙江省 ≥10 ℃活动积温 2 500 ~ 2 700 ℃区域作为机收籽粒品种种植

续表

序号	审定编号	品种名称	原代号	适应区域
168	黑审玉 20190047	东农 266	东农 266	适宜在黑龙江省≥10 ℃活动积温 2 500 ~ 2 700 ℃区域作为机收籽粒品种种植
169	黑审玉 20190048	龙单 106	龙单 106	适宜在黑龙江省≥10 ℃活动积温 2 500 ~ 2 700 ℃区域作为机收籽粒品种种植
170	黑审玉 20190049	龙育 801	龙育 801	适宜在黑龙江省≥10 ℃活动积温 2 500 ~ 2 700 ℃区域作为机收籽粒品种种植
171	黑审玉 20190050	保收 333	保收 333	适宜在黑龙江省≥10 ℃活动积温 2 500 ~ 2 700 ℃区域作为机收籽粒品种种植
172	黑审玉 20190051	福星 858	福星 858	适宜在黑龙江省≥10 ℃活动积温 2 500 ~ 2 700 ℃区域作为机收籽粒品种种植
173	黑审玉 20190052	高歌 1 号	高歌 1 号	适宜在黑龙江省≥10 ℃活动积温 2 500 ~ 2 700 ℃区域作为机收籽粒品种种植
174	黑审玉 20190053	哈育 1001	哈育 1001	适宜在黑龙江省≥10 ℃活动积温 2 300 ~ 2 500 ℃区域作为机收籽粒品种种植
175	黑审玉 20190054	华庆 2 号	华庆 2 号	适宜在黑龙江省≥10 ℃活动积温 2 300 ~ 2 500 ℃区域作为机收籽粒品种种植
176	黑审玉 20190055	吉龙 598	吉龙 1129	适宜在黑龙江省≥10 ℃活动积温 2 300 ~ 2 500 ℃区域作为机收籽粒品种种植
177	黑审玉 2019Z0001	库普拉	库普拉	适宜在黑龙江省≥10 ℃活动积温 2 200 ℃以上区域作为鲜食玉米在保护地种植
178	黑审玉 2019Z0002	双色先蜜	双色先蜜	适宜在黑龙江省≥10 ℃活动积温 2 200 ℃以上区域作为鲜食玉米在保护地种植
179	黑垦审玉 20190001	龙垦 1104	龙垦 1104	适宜在黑龙江省≥10 ℃活动积温 2 750 ℃以上垦区区域种植
180	黑垦审玉 20190002	龙垦 1108	龙垦 1108	适宜在黑龙江省≥10 ℃活动积温 2 550 ℃垦区区域种植
181	黑垦审玉 20190003	龙垦 1110	龙垦 1110	适宜在黑龙江省≥10 ℃活动积温 2 550 ℃垦区区域种植
182	黑垦审玉 20190004	垦科玉 5 号	垦科玉 5 号	适宜在黑龙江省≥10 ℃活动积温 2 550 ℃垦区区域种植
183	黑垦审玉 20190005	龙垦 20	红 704	适宜在黑龙江省≥10 ℃活动积温 2 350 ℃垦区区域种植

附录 B 黑龙江省 2019 年优质高效玉米品种种植区划布局

表 B1 黑龙江省 2019 年优质高效玉米品种种植区划布局

第一积温带上限（2 650 ℃以上）	第一积温带（2 500~2 650 ℃）	第二积温带（2 300~2 500 ℃）	第三积温带（2 100~2 300 ℃）	第四积温带（2 100 ℃以下）
先玉335 穗轴红色，籽粒中齿型，粗淀粉:73.68%	大民3307（高淀粉） 穗轴红色，籽粒中齿型，粗淀粉:75.64%	绥玉23（高淀粉） 穗轴粉红色。籽粒中齿型，粗淀粉:74.55%	东农254（高淀粉） 穗轴红色，籽粒马齿型，粗淀粉:75.27%	瑞福尔1号 穗轴白色，籽粒硬粒型，粗淀粉:74.25%
中单909（高淀粉） 穗轴白色，籽粒半马齿型，粗淀粉:75.41%	先正达408（高淀粉） 穗轴红色，籽粒中硬粒型，粗淀粉:74.62%	龙单86（高淀粉） 穗轴粉红色，籽粒偏马齿型，粗淀粉:75.96%	德美亚3号 穗轴白色，籽粒马齿型，粗淀粉:73.19%	德美亚1号 籽粒硬粒型，粗淀粉含量:74.12%
翔玉998（高淀粉） 穗轴红色，籽粒偏马齿型，粗淀粉:74.74%	京农科728（高淀粉） 穗轴红色，籽粒偏马齿型，粗淀粉:74.28%	益农玉10号 穗轴红色，籽粒马齿型，粗淀粉:74.20%	禾田4号（高淀粉） 穗轴红色，籽粒半马齿型，粗淀粉:75.03%	鑫科玉1号（高淀粉） 穗轴红色，籽粒硬粒型，粗淀粉:75.51%
华农887（高淀粉） 穗轴红色，半马齿型，粗淀粉:74.0%	先玉696 穗轴红色，籽粒马齿型，粗淀粉:72.77%	东农259 穗轴红色，籽粒马齿型，粗淀粉:72.57%	龙辐玉9号 穗轴红色，籽粒偏硬粒型，粗淀粉:73.16%	克玉16 穗轴红色，籽粒中间型，粗淀粉:74.30%
龙垦10（高淀粉） 穗轴粉色，籽粒偏马齿型，粗淀粉:75.07%	敦玉213（高淀粉） 穗轴粉色，籽粒马齿型，粗淀粉:74.63%	龙育10（高淀粉） 穗轴红色，籽粒中齿型，粗淀粉:75.93%	绿单2号（高淀粉） 籽粒半硬粒型，粗淀粉:74.39%	华美2号（高淀粉） 穗轴红色，籽粒硬粒型，粗淀粉:76.39%

续表

第一积温带上限 （2 650 ℃以上）	第一积温带 （2 500～2 650 ℃）	第二积温带 （2 300～2 500 ℃）	第三积温带 （2 100～2 300 ℃）	第四积温带 （2 100 ℃以下）
	嫩单 18 穗轴粉色,籽粒偏马齿型, 粗淀粉:71.51%	富尔 116 穗轴红色,籽粒半马齿型, 粗淀粉:72.90%	合玉 27 穗轴红色,籽粒马齿型, 粗淀粉:71.84%	垦沃 2 号 穗轴红色,籽粒硬粒型, 粗淀粉:72.94%
双城、肇东、肇源南部。	哈尔滨市区、五常、宾县、大庆市红岗区、大同区、让湖路区南部、肇东中北部、肇源、齐齐哈尔市富拉尔基区、昂昂溪区、泰来、杜蒙、东宁	巴彦、呼兰、木兰南部、方正、绥化市、庆安东部、青冈、安达、林甸、富裕南部、甘南西南部、龙江、牡丹江市、海林、宁安、鸡西市恒山区、城子河区、密山、八五七农场、兴凯湖农场、佳木斯市、汤原、依兰、汤旺、桦南南部、勃利	延寿、尚志、通河、木兰北部、方正林业局、庆安北部、绥棱南部、明水、拜泉、依安讷河、甘南北部、富裕北部、齐齐哈尔市华安区、克山、林口、穆棱、绥芬河南部、鸡西市梨树区、滴道区、虎林、七台河市、双鸭山区、桦林、岭东、宝山区、桦南北部、同江南部、鹤岗南部、宝泉岭农场、绥滨、建三江农管局、八五三农场	苇河林业局、亚布力林业局、虎林北部、鸡西西北部、东方红、河、饶河农场、胜利农场、青龙山农场、前进农场、伊春市西岗北部、鹤北林业局、鹤岗北区、南岔区、带岭区、大丰区、美溪区、翠峦区、友好区南部、上甘岭区南部、铁力、同江东部、北安、嫩江、海伦、五大连池、绥棱、克东、九三农管局、黑河、迎克、嘉荫、呼玛东北部

附录 C 黑龙江省 2020 年优质高效玉米品种种植区划布局

表 C1 黑龙江省 2020 年优质高效玉米品种种植区划布局

积温带 作物	第一积温带上限 (2 650 ℃以上)	第一积温带 (2 500~2 650 ℃)	第二积温带 (2 300~2 500 ℃)	第三积温带 (2 100~2 300 ℃)(高淀粉)	第四积温带 (2 100 ℃以下)
玉米	先玉 335 穗轴红色，籽粒中齿型，粗淀粉:73.68% 翔玉 998(高淀粉) 穗轴红色，籽粒马齿型，粗淀粉:74.28% 华农 887(高淀粉) 穗轴红色，半马齿型，粗淀粉:74.0% 龙垦 10(高淀粉) 穗轴红色，籽粒偏马齿型，粗淀粉:75.07%	嫩玉 19 穗轴粉红色，籽粒偏硬粒型，粗淀粉:72.22% 京农科 728(高淀粉) 穗轴红色，籽粒偏马齿型，粗淀粉:74.28% 先玉 696 穗轴红色，籽粒马齿型，粗淀粉:72.77% 敦玉 213(高淀粉) 穗轴红色，籽粒马齿型，粗淀粉:74.63% 龙单 96(高淀粉) 穗轴白色，籽粒偏马齿型，粗淀粉:74.90% 龙单 90(机收籽粒) 穗轴红色，籽粒偏马齿型，粗淀粉:72.81%	龙单 86 穗轴粉红色，籽粒偏硬齿型，粗淀粉:75.96% 益农玉 10 号 穗轴红色，籽粒马齿型，粗淀粉:74.20% 东农 264 穗轴粉色，籽粒马齿型，粗淀粉:72.42% 龙育 10(高淀粉) 穗轴红色，籽粒中齿型，粗淀粉:75.93% 富尔 116 穗轴红色，籽粒半马齿型，粗淀粉:72.90% 龙单 83 穗轴红色，籽粒偏硬粒型，粗淀粉:71.81%	东农 254 穗轴红色，籽粒马齿型，粗淀粉:75.27% 德美亚 3 号 穗轴白色，籽粒马齿型，粗淀粉:73.19% 龙辐玉 9 号 穗轴红色，籽粒偏硬粒型，粗淀粉:73.16% 克玉 19 穗轴白色，籽粒偏硬粒型，粗淀粉:73.58% 合玉 27 穗轴红色，籽粒马齿型，粗淀粉:71.84% 益农玉 12 穗轴粉色，籽粒半马齿型，粗淀粉:74.12%	瑞福尔 1 号 穗轴白色，籽粒硬粒型，粗淀粉:74.25% 德美亚 1 号 籽粒硬粒型 穗轴红色，粗淀粉含量:74.12% 东农 257 穗轴红色，籽粒偏马齿型，粗淀粉:71.12% 先达 101 穗轴红色，籽粒硬粒型，粗淀粉:72.71% 垦沃 2 号 穗轴红色，籽粒硬粒型，粗淀粉:72.94% 克玉 17 穗轴红色，籽粒马齿型，粗淀粉:72.90%

续表

积温带 作物	第一积温带上限 （2 650 ℃以上）	第一积温带 （2 500~2 650 ℃）	第二积温带 （2 300~2 500 ℃）	第三积温带 （2 100~2 300 ℃）	第四积温带 （2 100 ℃以下）
适宜区域	双城、肇东、肇源南部。	哈尔滨市区、五常、宾县、大庆市红岗区、大同区、让湖路区南部、肇东中北部、肇源、肇州、齐齐哈尔市富拉尔基区、昂昂溪区、泰来、杜蒙、东宁	巴彦、呼兰、木兰南部、方正、绥化市、庆安东部、兰西、青岗、安达、林甸、富裕南部、甘南西南部、龙江、鸡西市恒山区、城子河区、密山、兴凯湖农场、八五七农场、佳木斯市、汤原、勃利、桦南南部、依兰	延寿、尚志、通河、木兰北部、方正北部、庆安局、明水、拜泉、绥棱南部、甘南北部、富裕北部、齐齐哈尔市华安区、克山、林口、穆棱、绥芬河、鸡西市梨树区、虎林、七台河市、双鸭山市岭西区、岭东区、桦南北部、同江南部、鹤岗南部、宝泉岭农管局、建三江农管局、八五三农场	苇河林业局、亚布力林业局、虎林北部、鸡西市东方红、饶河、饶河农场、胜利农场、红旗岭农场、前进农场、青龙山农场、鹤岗北部、鹤北林业局、伊春市、西林区、南岔区、带岭区、大丰区、美溪区、翠峦区、友好区南部、上甘岭区、铁力、海伦、五大连池、绥北安、嫩江、克东、九三农管局、黑河、逊克、嘉荫、呼玛东北部